中国燃气应用优秀原创技术成果

Top Original Gas Utilization Technology Achievements in China

中 国 土 木 工 程 学 会 燃 气 分 会
国 家 燃 气 用 具 质 量 监 督 检 验 中 心　著
中国市政工程华北设计研究总院有限公司

中国建筑工业出版社

图书在版编目（CIP）数据

中国燃气应用优秀原创技术成果 ＝ Top Original
Gas Utilization Technology Achievements in China /
中国土木工程学会燃气分会，国家燃气用具质量监督检验
中心，中国市政工程华北设计研究总院有限公司著. —
北京：中国建筑工业出版社，2021.7
ISBN 978-7-112-26284-7

Ⅰ. ①中… Ⅱ. ①中… ②国… ③中… Ⅲ. ①气体燃
料-研究 Ⅳ. ①TQ517.5

中国版本图书馆 CIP 数据核字（2021）第 131364 号

本书主要针对燃气应用领域企业自主研发的技术成果，包括各种新产品、新技术、新
观点、新理论、专利及论文等，为具有独立的自主知识产权，或通过权威机构或部门技术
成果鉴定或验收，或获得省部级等奖励的项目，内容翔实，创新程度高，质量可靠，经济
效益和社会效益突出。本书收集了 68 项燃气应用优秀原创技术成果，分 6 部分：燃气应
用技术发展概述、优秀原创燃气具新产品与设备、优秀原创燃气具零部件产品、燃气应用
优秀原创新技术、燃气应用优秀原创专利、燃气应用技术发展展望。这些技术成果权威、
准确、全面，充分展示了燃气具行业深厚的技术积淀和科研传统，促进了燃气行业的高质
量发展。

本书可供国内外城镇燃气应用行业从业者，包括燃气具（整机、零部件）生产制造企
业、相关产业链从业者、城镇燃气运营企业使用，也可供高校热能工程专业、具有城镇燃
气方向的科研院所、燃气应用质检机构使用。

责任编辑：胡明安
责任校对：李美娜

中国燃气应用优秀原创技术成果
Top Original Gas Utilization Technology Achievements in China

中 国 土 木 工 程 学 会 燃 气 分 会
国 家 燃 气 用 具 质 量 监 督 检 验 中 心 著
中国市政工程华北设计研究总院有限公司

*

中国建筑工业出版社出版、发行（北京海淀三里河路 9 号）
各地新华书店、建筑书店经销
北京鸿文瀚海文化传媒有限公司制版
临西县阅读时光印刷有限公司印刷

*

开本：787 毫米×1092 毫米 1/16 印张：15¾ 字数：381 千字
2021 年 8 月第一版 2021 年 8 月第一次印刷
定价：**138.00** 元
ISBN 978-7-112-26284-7
（37725）

主编单位：中国土木工程学会燃气分会
国家燃气用具质量监督检验中心
中国市政工程华北设计研究总院有限公司

参编单位：
广东万家乐燃气具有限公司
广东万和新电气股份有限公司
青岛经济技术开发区海尔热水器有限公司
万家乐热能科技有限公司
广东万和热能科技有限公司
迅达科技集团股份有限公司
艾欧史密斯（中国）热水器有限公司
宁波方太厨具有限公司
杭州老板电器股份有限公司
杭州德意电器股份有限公司
中山市铧禧电子科技有限公司
浙江春晖智能控制股份有限公司
广州市精鼎电器科技有限公司
浙江美大实业股份有限公司
山西三益科技有限公司
华帝股份有限公司
广州迪森家居环境技术有限公司
北京庆东纳碧安热能设备有限公司
安徽中科智能高技术有限责任公司
广东瑞马热能设备制造有限公司
中山市华创燃具制造有限公司
浙江帅丰电器股份有限公司
广州市红日燃具有限公司
湖北谁与争锋节能灶具股份有限公司
广东顺德大派电气有限公司
永康市华港厨具配件有限公司

编　委　会

专家委员会

序一

　　燃气应用是城镇燃气系统中的重要组成部分，燃气应用专业是城镇燃气工程的重要专业方向。作为城镇燃气的终端，通过应用发挥燃气的最终用途，应用技术的先进程度，直接影响到燃气的高效利用、环境保护，以及人民生产生活的便利。由于燃气应用所涉及面广、产品较多，从满足居民生活的家用产品，商业用燃气燃烧器具，各式各样的食品加工设备，到工业用的各类燃气应用设备终端，以及燃气燃料电池等新的燃气应用技术等，不一而足。在未来，燃气应用技术的发展空间非常广阔。

　　中国是世界上最早应用燃气的国家。《华阳国志》记载，东汉到蜀汉时期，四川临邛"有火井，夜时光映上照，民欲其火，先以家火投之，顷许，如雷声，火焰出，通耀数十里。以竹筒盛其光藏之，可拽行终日不灭也。井有二，一燥一水。取井火煮之，一斛水得五斗盐；家火煮之，得无几也。"这是世界上最早使用天然气的记载。在国外，英美两国使用天然气较早，据《大英百科全书》记载，在欧洲最早使用天然气的是英国，其始于1668年，美国使用天然气在1821年，而我国四川临邛人利用天然气的历史，比英美等国早了一千多年。我国作为城市燃气，则从1865年由英商在上海建水平炉生产人工煤气用于照明、设立了最早的煤气公司开始，但发展极为缓慢。中华人民共和国成立后，燃气事业始有较大的发展。

　　20世纪90年代，陕气进京、西气东输、川气东送、海气登陆等大型工程的实施，拉开了中国大规模应用天然气的序幕。据公开的文献资料，2020年我国天然气全年消费量为3262亿m³，其中城镇（含城市和县城）天然气消费量为1903亿m³。从2011年到2020年，我国城镇天然气消费量增长近2.6倍。预计2025年我国天然气消费量将达到4300亿m³，年均增速为5.7％。目前我国城镇燃气企业超过3000家，规模化燃气具整机生产企业超过2700家，配套企业1000余家，创造数千亿元的经济产值，从业人员40余万人，日益成为我国不可忽视的重要行业。

　　2021年是"十四五"开局年，天然气及能源行业面临巨大挑战与机遇，中国燃气产业链的所属企业要未雨绸缪、洞见未来，开创高质量发展之路。"能源结构转型""碳达峰""碳中和"的实施，将推动天然气能源科技创新模式的发展和变革，形成多层推进、协调促进、立体互动的创新生态。我国自主创新能力得到进一步提升，部分技术达到国际先进水平或国际领先水平。科技创新已体现和渗透到从燃气开采生产、长输配送到燃烧应用的各个环节。

　　适逢中国土木工程学会燃气分会成立40周年（1949～2019），燃气应用专业，伴随燃气分会，经历了从弱小、成长到快速壮大的发展过程。为鼓励中国燃气具行业在推动科技进步和创新中的积极性和创造性，中国土木工程学会燃气分会分别于2019年、2020年相继开展中国燃气应用行业优秀原创技术成果征集和遴选，对全行业近年来具有原创性、促进性的优秀技术成果，进行成果总汇，并编制成册。这是我国燃气应用发展历史上首次进行的相关工作。本工作的开展和实施，将有利于燃气应用行业和企业突破技术壁垒，进行科技成果技术共享、优势互补和相互借鉴，共同促进行业良性发展进步。

　　"十四五"是我国城镇燃气快速发展的重要时期和阶段，祝城镇燃气事业在新时代取得更大进步，燃气应用专业得到更好更快发展。

中国工程院院士　李献嘉

2021 年 5 月 12 日于天津

序二

十九届五中全会指出，"坚持创新在我国现代化建设全局中的核心地位，把科技自立自强作为国家发展的战略支撑""要强化国家战略科技力量，提升企业技术创新能力，激发人才创新活力，完善科技创新体制机制"。通过科技创新，为我国发展提供有力保障。当前，我国进入新发展阶段，发展基础更加坚实，发展条件深刻变化，进一步发展面临新的机遇和挑战。同时国际环境日趋复杂，不稳定性不确定性明显增加，国际经济政治格局复杂多变，以创新驱动发展是我国适应新形势、推动高质量发展的必然选择。

原创技术是企业乃至国家生存、发展的关键要素，科技创新有原创性的鲜明特质。科技成果的原创性是科技创新的灵魂，提倡科技创新，最根本的是要多出原创的技术成果。原创性技术成果是从产品的基础研究及创意，到产品的研发、制造和生产，全部由企业自己主导完成的一类科技成果。近几年，随着我国燃气具企业的发展壮大及科技研发投入的持续增长，燃气应用行业综合实力不断提升，优秀科技人才团队接力构建，涌现出了一大批具有代表性的燃气具行业原创性科技成果。

恰逢中国土木工程学会燃气分会成立 40 周年（1979～2019）契机，为深入贯彻落实党中央、国务院关于加快实施创新驱动发展战略，鼓励中国燃气具行业在推动科学技术进步中的积极性和创造性，梳理我国燃气具行业的科技成果进展，查摆行业内的"卡脖子"问题，提升企业对知识产权保护意识，中国土木工程学会燃气分会于 2019 年 5 月发出征集燃气应用行业优秀原创技术成果的通知，并于 2019、2020 两个年度，成功征集并发布了历年来形成的中国燃气应用行业优秀原创技术成果。现将征集的优秀原创技术成果整理汇总，编制为《中国燃气应用优秀原创技术成果》。本书首次对中国燃气具行业内的优秀原创技术成果进行展示，详细介绍了我国城镇燃气应用专业的核心科技与掌握此技术的优秀企业，内容涵盖了新型燃气热水器、燃气壁挂炉、燃气灶具等整机产品，水路模块、燃烧器、控制总成等零部件产品，高效燃烧技术、低碳与低氮减排技术、自适应恒温技术等新技术，零冷水、智能抗风与静音燃烧等原创专利。

本书的出版是对燃气具行业已取得科技成果的认可，是对做出杰出贡献燃气具企业的鼓励，将促进科技成果尽快转化为现实生产力，进一步激励科技人员多出成果；同时，本书册的推出突破了企业壁垒，实现科技成果资源共享，为国内外城镇燃气应用行业从业人员提供技术参考指南，成为获取科研信息的重要窗口；本书具有一定的存史价值与借鉴意义，起到教育功能与咨询作用，真实记录了中国燃气具行业前进的脚步，同时也为燃气具企业提供了前进的阶梯和借鉴，对我国燃气具行业发展具有里程碑式的意义。

戮力同心，奋楫笃行。2021 年是"十四五"开局之年，希望我国燃气具行业立足自身优势，坚持自力更生，紧跟世界科技发展前沿，着力推动以质量和效益为核心的创新战略，注重培养顶尖人才和团队，支持原创性科研攻关，创新产品研发模式，突破高效燃烧与低碳环保等先进技术，持续稳步增强我国燃气具行业的科技创新实力，为国家尽早实现碳达峰、碳中和的目标贡献智慧和力量！

住房和城乡建设部燃气标准化技术委员会 主任

2021 年 05 月 10 日

前　言

2019～2020 年，中国土木工程学会燃气分会为深入贯彻落实党中央、国务院关于加快实施创新驱动发展战略，鼓励中国燃气具行业在推动科学技术进步中的积极性和创造性，特面向全行业征集近年来具有原创性、促进性的优秀科技成果，进行成果总汇，并在中国燃气具行业年会上对优秀成果进行了发布。

汇总工作主要针对燃气应用领域企业自主研发的技术成果，包括各种新产品、新技术、新观点、新理论、专利及论文等，为具有独立的自主知识产权，或通过权威机构或部门技术成果鉴定或验收，或获得省部级等奖励的项目，创新程度高，质量可靠，经济效益和社会效益突出。两年来已完成成果总汇 68 项。

相关技术成果具有如下特色：

1）符合国家和地方法律法规、产业技术政策和其他相关产业政策的规定。

2）技术成果应具有以下创新性之一：

（1）经技术查新表明，该技术成果（成果形成前）在国内或国际上尚未见研究和报道；经技术鉴定表明，该技术成果达到国内领先、国际先进或国际领先水平。

（2）技术成果在原理、方法上取得突破性进步，能够替代现有的落后技术或替代引进的技术，能够明显提高技术性能、功能和效果。

3）技术成果应具有以下经济实用性之一：

（1）具有广阔的市场化前景，该技术应用后，可以显著地提高产品市场竞争力，并能极大地提高市场规模，具有显著经济效益。

（2）技术应用后，能够淘汰或改进传统落后技术，或能够制定完整的技术标准和产品标准，特别是能够显著地提高节能减排和环境保护水平，形成良好的节能、减排和环保效益。

本书系统论述了近年来城市燃气应用领域具有原创性、促进性的优秀技术成果。全书按 4 个类别进行汇总，分别是：燃气具新产品与设备（简称"产品类"）、燃气具零部件产品（简称"零部件"）、新技术、先进管理与技术理念（简称"理念类"）、相关专利及论文。

本书首先总结了燃气应用优秀原创技术成果征集入选基准、企业和技术成果情况；其次，按照类别划分，分类逐项详细说明技术成果原创性、权威性和严谨性；最后，对入选的技术成果进行总结归纳。

这些提出的优秀原创技术成果，突破了企业壁垒，可为行业发展进步提供技术参考和支撑。本书稿可为本行业提供最新的关于燃气应用领域的优秀原创技术成果，这些技术成果权威、准确、全面，充分展示了燃气具行业深厚的技术积淀和科研传统，促进了燃气行业的高质量发展。

本书稿的读者主要是国内外城镇燃气应用行业从业者，包括燃气具（整机、零部件）生产制造企业、相关产业链从业者、城镇燃气运营企业、高校热能工程专业、具有城镇燃气方向的科研院所、燃气应用质检机构等。

目　录

第1章　燃气应用技术发展概述

1　我国城镇燃气整体概况

根据《中国城乡建设统计年鉴》（2019）数据，截至 2019 年底，我国城镇（含城市和县城）燃气供气管道总长度为 95.55 万 km，人工煤气供应量 31.30 亿 m^3，人工煤气用气人口为 746 万人，液化石油气供应量 1257.91 万 t，用气人口为 17425 万人，天然气供应量 1810.43 亿 m^3，用气人口为 46545 万人；城市燃气普及率达到 97.29%，县城燃气普及率达到了 86.47%。2020 年我国天然气全年消费量为 3262 亿 m^3，其中城镇（含城市和县城）天然气消费量约为 1963 亿 m^3。从 2011～2020 年，城镇天然气消费量增长近 2.6 倍。2020 年，我国天然气消费结构中，城镇燃气（居民、供暖、交通、公服）用气约占 37.9%、工业燃料约占 34.3%、燃气发电占 17.6%、化工用气占 10.2%。

随着我国社会经济的迅猛发展，以及科学技术水平的不断完善和提升，城镇燃气建设技术水平有了突破性的进展。

（1）城镇燃气基础设施已形成一定规模。我国城镇燃气基础设施在设施设备、管网建设方面已经具备了相当的规模；随着国外先进技术的引进，工程建设和设备装备技术水平与国际水平相比，差距逐渐缩小，为我国城镇燃气工程的进一步发展提供了基础条件。

（2）城镇燃气输配系统更加科学、合理及安全。近年来，我国城镇燃气采用的都是高压输气、中压配气的原则，有效解决了燃气系统中的供气能力不足等问题，同时在城镇燃气系统中建立了多级压力级制的管网，管网安全性高，输配效率高，从而促进我国城镇燃气输配系统更加具有合理性、经济性和安全性。

（3）城镇燃气技术标准规范体系已经初步建立。随着城镇燃气事业的发展，为确保燃气安全生产、输送和应用，促进科技进步，保护人民生命和财产安全，燃气工作者在研究 WTO/TBT 协议以及欧盟标准体系的基础上，形成由城镇燃气基础标准、通用标准和专用标准三个层级组成的城镇燃气技术标准体系。并在对接国际标准化工作的基础上，完成一大批相关标准的国际接轨和升级，整体上我国燃气行业已和国外体系及技术内容形成良好接轨。

（4）城镇燃气信息化系统快速发展。随着信息技术的推广和应用，城镇燃气企业逐步建立了以数据采集与监视控制系统（SCADA）、地理信息系统（GIS）、企业资产管理系统（EAM）、应急调度、客户服务等信息化系统为代表的信息技术应用体系，初步实现了燃气信息数字化。在管网建设运营方面，借助定位系统，实现了管网规划、运行、管理、辅助决策的现代化处理手段；在数据监测方面，实现了远程数据采集、监控设备工作状况、反馈故障信息等；在用户服务方面，形成了用户在线服务系统，进一步提高了服务质量；整体而言，初步形成了智能燃气信息系统框架。

目前我国城镇燃气基本形成了以天然气为主，液化石油气和人工煤气为辅的供气格局。本书以天然气技术为主要研究对象，紧密围绕城镇燃气燃烧器具产品研发、燃气设备应用安全、高效清洁燃烧技术水平提升，描述近年来城镇燃气应用行业，在产品、零部件、理念和技术、专利等方面取得的技术进展及科技成果，总结城镇燃气应用行业在清洁低碳经济、改善城市环境质量、推动行业可持续发展等方面的科技创新活动。

在国家政策利好的大背景下，燃气应用终端产品市场规模得以发展，在受 2019 年新冠疫情影响下，据统计，2020 年国内燃气供暖热水炉总销量为 420 万台，同比增加了4.5％；家用燃气热水器累计产量为 2098.8 万台；燃气灶产量为 3850.8 万台，同比下降0.2％；我国工业锅炉产量为 43.91 万蒸 t，同比下降 1.2％。

2 燃气应用发展概述

燃气应用是城镇燃气系统中的重要组成部分，作为城镇燃气的终端，通过应用发挥燃气的最终目的，应用技术的先进程度，直接影响着燃气的高效利用、环境保护，以及给人民带来舒适的生活。由于应用所涉及的面较广，产品较多。居民生活用的产品有燃气灶具、燃气热水器、燃气采暖热水炉、燃气烤箱、燃气干衣机、燃气空调等多种产品；商业用的有商用燃气炒菜灶、蒸箱蒸柜、各式各样的食品加工设备（例如：烤鸭炉）；以及各种类型供暖设备；工业用的各类燃气应用终端；还有燃料电池等新的燃气应用技术等。

2.1 燃气灶应用现状

2.1.1 燃气灶具应用现状

20 世纪 80 年代以前，我国燃气灶具产品结构较简单，功能单一。经历了改革开放和市场发展，产品技术逐步提升，耐用性、可靠性、安全性大幅提高，燃气灶产品质量和外观有了根本改变，产品品种和功能不断完善，在工艺水平、自动化和智能化程度、性能指标的先进性、节能和环保、安全使用等方面都有大幅提升。2010 年以后，燃气灶行业产量稳步增长，市场需求与产量进入相对平衡阶段，智能化产品逐步进入市场，人机交互应用场景不断完善。

目前市场上家用燃气灶种类繁多，按使用燃气类别分为人工煤气灶具、天然气灶具、液化石油气灶具三种；按灶眼分为单眼灶、双眼灶、多眼灶；按功能可分为燃气灶、燃气烤箱灶、燃气烘烤灶、燃气烤箱、燃气烘烤器、燃气饭锅、气电两用灶具、集成灶、燃气烤炉。按结构形式可分为台式、嵌入式、落地式、组合式、其他形式；按面板材质可分为铸铁灶、搪瓷灶、不锈钢灶、钢化玻璃灶等；按燃烧方式可细分为部分预混式（大气式）和全预混式。随着燃气灶具行业的发展，具备越来越多功能的燃气灶出现在市面上，如集成灶、卡式炉等。

（1）台式灶

台式灶的最大特点是放置在台面上使用。可以轻松看到台式灶的全部结构。台式灶的热效率一般比嵌入式灶要高一些。由于台式灶具出现的时间最早，生产工艺已相对成熟，因此价格相对较低。台式灶的最大优点是结构简单，便于清理和维护。

（2）嵌入式灶

嵌入式灶是将灶具嵌入烹调面的一种灶具，需要拆开面板后才能看到燃气灶的整体结构。该种燃气灶出现时间较短，但是发展迅速，已成为城镇用燃气灶的主流结构。嵌入式灶具有美观大方、安装容易、油污不易污染灶内部结构等特点，嵌入式灶安装时，底壳不能完全与外界空气隔绝，以免橱柜因密封而可能造成积聚的燃气浓度太高，引发事故。

（3）集成灶

集成灶为一种新型燃气灶，行业发展仅18个年头（2003年至今）。集成灶结合了燃气灶和吸油烟机的特点，并且在此基础上将消毒柜、蒸箱或烤箱等不同功能的厨电产品，安置于燃气灶下方形成一种多功能集成化产品。集成灶的基本结构为燃气灶、排风装置，根据用户需求，可以增加电灶、消毒柜、冰箱等厨房设备。但集成灶烟机在排烟的同时会带走部分热量，降低了集成灶整体使用的热效率。2012年，住房和城乡建设部发布首部《集成灶》CJ/T 386-2012行业标准，为产品的质量保证和行业健康发展带来技术和标准支持。

2.1.2 家用燃气灶生产规模现状

根据国家统计局数据显示，2015～2019年，我国燃气灶产量波动较大，2015年我国燃气灶产量为3668.7万台，2016年猛增至4224.1万台，同比增长15.1％；2017～2019年，燃气灶产量均未突破4000万台，增速显著放缓。2019年，我国燃气灶具产量为3886.8万台，较2018年下降0.2％。

2020年初，随着新冠肺炎疫情暴发，全行业在疫情冲击下均遭到重创，经济活动疾速放缓，市场增速急转直下。根据奥维云网（AVC）全渠道推总数据显示，2020年，燃气灶零售量为2803.9万台，同比下滑8.1％，零售额为188.4亿元，同比下滑5.9％。目前，燃气灶全行业已经复苏。

2.1.3 集成灶生产规模现状

2016～2019年，集成灶行业零售量分别为90.1万台、126.7万台、174.8万台和210.0万台，比2015年的69.0万台，分别大幅同比增长30.6％、40.6％、38.0％和20.1％，行业发展增速显著领先于传统烟灶。随着集成灶产品的升级迭代，行业标准的相继落地，前期受到诟病的产品质量、安全、噪声等问题均得到了很好的解决。

根据奥维云网（AVC）推总数据显示，2020年我国集成灶市场整体零售额为182.2亿元，同比上涨13.9％；零售量为238.0万台，同比上涨12.0％。2020年集成灶销量占厨电品类（油烟机、燃气灶、消毒柜、嵌入式蒸箱、嵌入式烤箱）4.2％，同比提升0.7％。

2.2 燃气热水器应用现状

2.2.1 燃气热水器应用现状

1979年，中国第一台燃气热水器在南京研制成功，标志着我国用锅烧水洗澡的时代结束，老百姓的洗浴生活进入了一个新的时代。我国燃气热水器经历了直排、烟道、强排、平衡、户外式5个阶段，每个阶段都是一次技术突破，都是在能效、安全和舒适上的一次迈进。

燃气热水器按使用燃气种类可分为人工煤气热水器、天然气热水器和液化石油气热水器；按安装位置可分为室内型和室外型；根据给排气方式其室内型热水器可分为自然排气式（烟道式）、强制排气式（强排式）、自然给排气式（平衡式）和强制给排气式（强制平衡式）；按使用用途分为供热水型、供暖型和两用型；按供暖热水循环方式可分为开放式和密闭式；按结构类型可分为快速式热水器和容积式热水器；按换热方式可分为非冷凝式和冷凝式；按燃烧方式可分为部分预混式（大气式）和全预混式。

（1）室外型热水器

室外型热水器将热水器安装在室外，不占用室内空间，噪声影响低，使用时不用考虑室内空气流通问题。但是室外型热水器需要考虑防风、防雨、防冰冻和防紫外线等。

该类热水器包括风机、燃烧器、热交换器、电控板、电磁阀、电加热装置、水流开关、温度传感器，以及各种保护装置。结构上比较复杂，由于必须采用电加热装置，该类热水器基本上比较类似于强排式热水器的结构。

（2）烟道式热水器

烟道式热水器是直排式热水器的改进，在原来直排式结构上部增加了防倒风排气罩与排烟系统，燃烧烟气经烟道排向室外，在一定程度上解决了室内空气污染问题，但是其抵抗外界气流干扰的能力不足。

烟道式热水器内部结构简单，主要部件有水汽联动阀、热交换器、防倒风排气罩、电点火器、燃烧器、电池盒、过热保护装置。由于部件工艺和技术成熟，很多部件为通用件，易于更换。但是无法准确控制水温，通常用冷热水混合的方法进行调节。

（3）强制排气式热水器

强制排气式热水器（简称强排式热水器）采用强制排风或者强制鼓风的方式将燃烧烟气排出室外。强制式热水器的安全性能更为完善，安装相对简便，有两种典型结构：排风式与鼓风式。

早期排风式热水器是将烟道式热水器的防倒风排气罩更换为排风装置（包括集烟罩、电机、排风机、风压开关等），同时适当改造原控制电路即可完成。后期增加电控板、温度调节按钮、调压阀等部件使其功能更加完善。

鼓风式强排热水器的结构与排风式有很大不同。鼓风式热水器的风机位于燃烧器附近，通常为直流风机（排风式热水器为交流风机），采用水流传感器代替水汽联动阀，优化了内部空间；同时，鼓风式热水器采用强化燃烧的结构，相同热负荷的热水器，鼓风式热水器体积更小；另一方面，鼓风式热水器均为自动恒温式热水器，控制板结构千变万化，不具有通用性。

（4）自然平衡式热水器

自然平衡式热水器内部结构与烟道式热水器类似，最大的不同是自然平衡式热水器的燃烧系统完全与室内空气隔绝，自然平衡式热水器主要依靠燃烧产生的热烟气上升产生吸力，将新鲜空气引入燃烧室进行燃烧，由于其吸力有限，因此自然平衡式热水器的烟管比较大，有利于空气流动时沿程阻力的减小。

（5）强制平衡式热水器

强制平衡式热水器的内部结构与强排式热水器类似，但燃烧系统完全与室内空气隔绝，其燃烧用新鲜空气完全由风机引入燃烧室，由于采用强制排风的方式，其烟管比自然平衡式热水器的烟管要小。烟管通常采用同轴硬质烟管，内管为排烟管，外管为进气管；也有部分采用波纹管连接，内管为耐高温不锈钢制波纹管，外管为铝制波纹管，为了防止烟气回流进热水器，不锈钢波纹管通常为一根长管，而铝制波纹管可以由多段波纹管连接而成。

（6）非冷凝式热水器

目前市场上大部分热水器为非冷凝式热水器，排烟温度要求在110℃以上，因此不会产生冷凝水，在材料的耐腐蚀性方面要求不高。该类热水器额定热负荷热效率普遍在84%～92%之间。

（7）冷凝式热水器

冷凝式热水器是将烟气中水蒸气的汽化潜热吸收，达到更高的热效率，其排烟温度低于100℃。在运行过程中，会产生酸性冷凝水，因此机器结构内部须配备冷凝水收集系统，同时未配备冷凝水中和系统的热水器，冷凝水不应排放至地表，只能排入排污管。

冷凝式热水器又可分为二次换热式和全预混燃烧式。二次换热式热水器有两个热交换器，冷水先与即将排出机器的烟气进行换热，然后再与燃烧产生的烟气进行二次换热。全预混燃烧式热水器的燃烧器位于热水器的上部，热交换器和冷凝水管位于下部，这样便于冷凝水的收集。该类热水器采用燃气/空气比例控制器，燃烧充分、热效率高，烟气中低碳、低氮，更加符合环保的要求。

（8）容积式热水器

容积式热水器一般由内胆、外筒、保温层、燃烧器、自控阀门、水路泄压阀等部件构成。根据内胆（储水筒）的结构，容积式热水器可分为开放型和封闭型两种。开放型热水器的筒顶有罩盖，但不紧固连接，因而热水器是在大气压下把水加热的，其热效率低，但便于清除水垢。筒体一般采用钢板焊制，用翅片管、火管或水管增大热交换面积。封闭型热水器的储水筒顶部是密封的，故热水器可承受一定的蒸汽压力，热损失较小，但由于密封，清除内壁污垢较困难。

2.2.2　燃气热水器生产规模现状

国家统计局数据显示，2015年全国燃气热水器累计完成产量同比增长1.0%（1492.2万台），2016年燃气热水器年产量同比增幅19.5%，为2015~2019年期间的最大增幅，总产量达到了1782.6万台；而随着房地产市场趋于稳定，燃气热水器产量增速逐渐放缓，到2019年增长率由正转负，相比2018年出现断崖式下降，降幅达到了14.4%，年产量仅为1669.0万台。2020年，随着新冠肺炎疫情暴发，燃气热水器行业面临严峻挑战。

2.3　燃气采暖热水炉应用现状

2.3.1　燃气采暖热水炉应用现状

国内燃气采暖热水炉产品起步晚，20世纪90年代初期，韩国产品及供暖方式被引进中国，之后欧洲产品也逐渐进入中国市场，"燃气壁挂炉"开始逐渐进入大众视野。随着国内供暖市场快速发展，国外主要品牌进入我国市场，国内的生产企业也不断增多。进入2000年后，燃气采暖热水炉行业开始逐渐发展，随着国家标准《燃气采暖热水炉》GB 25034-2010的发布实施，燃气采暖热水炉逐步走向正规、成熟。2017年随着北方"煤改气"工程的持续推进，燃气采暖热水炉产品得以大范围进入北方农村地区，市场销量成爆发式增长，且随着"煤改气"政策的持续实施，燃气采暖热水炉产品市场销量维持稳定增长趋势。

燃气采暖热水炉按烟气中水蒸气利用分类，可分为冷凝炉和非冷凝炉，其中冷凝炉又分为全预混燃烧冷凝炉和烟气回收式冷凝炉；按用途分类，可分为单供暖型和两用型；按燃烧方式分类，可分为全预混式、大气式；按供暖结构形式，可分为封闭式和敞开式；按供暖最大工作水压，可分为2级耐压、3级耐压；按热水换热方式，可分为快速式、储水式。

（1）快速换热式

快速换热式有板式换热和套管式换热之分。生活热水通过板式换热器或套管式换热器与供暖水换热。

板式换热器产品主热交换器内只有供暖水，生活热水通过板式换热器与供暖水，进行水-水换热。优点：停水温度低、主热交换器不易堵塞；缺点：无论使用供暖功能还是洗浴功能，水泵一直运转，电能消耗高于套管式产品，加热时间长。

套管式产品主热交换器由几根并排的同轴管组成，内管流动生活热水，外管流动供暖水，供暖水吸收燃气燃烧释放的热量，生活热水在主热交换器内和供暖水换热。由于供暖管内包含生活热水管，所以供暖水管有效通径小。优点：使用生活热水时水泵不工作耗电少、加热时间短；缺点：停水温升高、主热交换器易堵塞。

（2）储水换热式

储水换热式燃气采暖热水炉内装有一个水容量 30～400L 不等的储水罐，储水罐内介质为生活热水，供暖水盘管浸在生活热水内。此种产品能够快速的提供生活热水，短时间内提供生活热水量大。长时间不用的情况下，加热生活热水时间长，且体积大，自重高，安装条件要求严格。

（3）全预混冷凝炉

冷凝炉可有效吸收烟气中的汽化潜热，降低烟气带走的热量，热效率高。全预混式产品装有燃气-空气比例控制器，燃烧充分，热效率高，烟气中 CO 含量低，全热输入范围内热效率比较接近。根据燃烧器形式不同，全预混冷凝炉又包含两种形式：

1）圆柱形热交换器全预混冷凝炉，主热交换器材料为不锈钢管或铝管。优点：抗腐蚀性强，加热时间快，瞬时效率高。缺点：加工难度大，要求使用软水，供暖管使用阻氧管。

2）板式燃烧器全预混冷凝炉，燃烧器在上，主换热器在下，火焰向下燃烧，主换热器材料为铸铝。优点：体积小，易加工，价格便宜。缺点：自重高、瞬时热效率低，虽然有较好的导热性但为了保证坚固性厚度必须加大，加热时间长，燃烧产物易附着在主换热器表面，需要及时清洁。

（4）烟气回收式冷凝炉

烟气回收式冷凝炉，在主热交换器后装有一个烟气回收换热器，经过主热交换器的高温烟气和低温供暖回水在此换热，供暖回水再进入主热交换器；该炉型可吸收一部分高温烟气中的热量，热效率高于非冷凝炉，但其排放阻力大，烟气中 CO 含量偏高，二次换热器易腐蚀，部分热负荷热效率与额定热负荷热效率偏差大。

2.3.2　燃气采暖热水炉生产规模现状

2017 年在"2+26"北方"煤改气"工程的推进下，全年燃气采暖热水炉销量达到了550 万台，同比增长了 162%，创历史新高。随着"煤改气"市场逐渐恢复理性，2018 年和 2019 年燃气采暖热水炉市场逐渐回归常态化稳步发展趋势，2018 年全国销量为 320 万台（原装进口机 64 万台），2019 年全国销量达到了 402 万台（原装进口 58 万台）。

2020 年我国燃气采暖热水炉全年总产量为 398.5 万台，其中国产品牌产量为 328.3 万台，进口品牌在国内生产的产量为 70.2 万台；2020 年全年总销量为 420 万台，其中国产品牌销量为 307.3 万台，进口品牌国内生产销量为 70.2 万台，原装进口品牌销量为 42.5 万台。

2.4　商用燃气灶燃烧器现状

我国商用燃气具发展始于 20 世纪 80 年代以前，改革开放以后，随着人民生活水平逐步改善，商业活动日益增多，商用燃气具迎来大发展时期，煮面炉、矮汤炉、平头炉、扒炉、烧烤炉、烤箱、石窑披萨炉、多功能组合炉等诸多产品逐渐出现。2014 年商用燃气灶具能效标准《商用燃气灶具能效限定值及能效等级》GB 30531-2014 发布实施，对中餐燃气炒菜灶、炊用燃气大锅灶和燃气蒸箱的能效进行了分级规定。2018 年商用燃气具产品标准《商用燃气燃烧器具》GB 35848-2018 发布实施，对商用燃气具产品规范化、标准化、安全性能等方面提出了要求，促进了商用燃气具行业更规范发展。

按以前统计，目前我国具有生产许可证的商用灶厂商超过 1200 家，而具备一定竞争规模的生产企业不到 50 家，其余均为规模较小的加工厂。近几年，受国家"节能减排"政策的影响，商用燃气具市场逐渐被大众所关注。由于新的商用燃气具能效标准刚刚颁布，国内商用燃气具的市场调整还处于初期阶段。随着行业的不断发展和规范，商用燃气具必然会在提高居民生活水平、保护城市环境等方面发挥积极的作用。

国内的商用燃气具以中餐燃气炒菜灶、大锅灶和蒸箱为主。中餐燃气炒菜灶主要用于酒店、饭店等商业活动场所，其特点是需要烹饪迅速，火头大，在现阶段热效率低下的情况下，需要增大热负荷来弥补热效率的不足。燃烧与效率是所有燃具的核心环节，而在商用燃气具的发展历程中，中餐燃气炒菜灶经历了不对燃烧效率作具体要求的 10 年，生产企业一味地追求大负荷、猛火焰，直接导致了商用灶燃烧技术的停滞不前。随着新的产品标准与能效标准发布实施，越来越多的企业将产品开发侧重于燃气燃烧与热量吸收的研究，注重热效率的提升上。

2.5　燃气干衣机应用现状

人们通常利用太阳的热量和自然风将湿衣物晾干。随着科技发展和社会进步，传统晾晒衣物的方式已经无法满足人民追求高品质生活的需要，干衣机应运而生。相比较太阳光的杀菌能力来说，干衣机的干燥热气流温度更高，杀菌效果更加显著。家用干衣机的使用解决了人们的晾衣烦恼，保障了穿衣健康。

截至 2016 年，我国有超过 3 亿家庭使用洗衣机，这些洗衣机中只有 0.5 亿台是洗干一体机，而有单独干衣机的家庭数量更是微乎其微。干衣机对于我国大多数家庭来说是一个陌生的家用产品，其在干衣方面的优势还不为广大民众所知。随着人们进一步认识到传统晾晒衣物存在的诸多潜在不便，干衣机将迎来快速发展期。

燃气干衣机是众多干衣机类型中的一种，人们对燃气干衣机的使用安全存在顾虑，担心燃气干衣机在使用过程中会产生燃气泄漏，或者燃气系统故障，导致燃烧不完全而产生 CO。燃气干衣机相当于家用燃气单眼灶，一般 4 口之家的衣物，干燥时间小于 1h，只要按照要求合理使用，就不会出现安全问题。同时为了确保燃气干衣机的使用安全，产品自带熄火保护等安全装置。因其须安装在可以对接燃气管道的空间，运行所产生的废气、温湿气体都需要排出室外，一定程度上限制了燃气干衣机的推广使用。

2.6　燃气取暖器发展现状

我国家用燃气取暖器发展较晚，目前主要以出口产品为主。非家用取暖器在初期完全依赖进口，随着天然气的大规模使用，非家用取暖器市场日益火爆，近几年开始出现自主生产的产品。由于非家用燃气取暖不需要大型供热站，不需要铺设供暖管道，不需要空间单独建设供热站，且运行成本明显低于集中供暖，加上近几年受全球气候异常的影响，国内南北地区商业供暖用户均呈现逐步增多的趋势。办公楼宇、通用厂房、车库、温室大棚等区域均可以采用相对应的取暖器，其中以红外辐射式取暖器为主。

3　燃气应用技术发展概述

伴随着我国城镇燃气的高速发展，天然气长输管道逐步成环成网，供气安全可靠性达到更高程度。预计到 2021 年末，我国天然气消费量将达到 3542 亿 m^3，同比增长 8.6%。燃气燃烧技术、安全用气技术和燃气具检测技术的发展，拓展了城镇燃气的用气领域。随着用户对燃气燃烧应用器具产品能效、安全和环保的需求，未来燃气具技术发展的重点是向着更好舒适性、更高安全性、更高效节能、更低碳环保方面发展，这是行业发展的趋势和潮流。

通过多学科融合交叉，城镇燃气用气设备从常规家用燃气具，延伸为五大用具类型，分别是热水用具类、炊事用具类、供暖供冷用具类、洗涤干燥用具类、热电联产类等。按其使用功能每个类别均发展或引入了不同类型的产品设备：燃气采暖热水炉、太阳能-燃气集成热水系统被引入热水用具类产品，炊事用具类发展了烤箱灶、集成灶等用气设备，供暖供冷用具类产品发展了供暖器，洗涤干燥用具类产品发展了燃气洗衣机、燃气干衣机等设备。

伴随能效与减排的双重要求，基于产品设备的燃气燃烧技术也在不断进步。从变更传热结构入手，开发了旋流燃烧技术、半封闭式燃烧技术、三环燃烧技术、聚能燃烧技术、全预混燃烧技术以及冷凝燃烧技术等；为降低排放，发展了低氮燃烧技术、浓淡燃烧技术；近年来随着燃气采暖热水炉的推广，零冷水技术得到广泛应用，极大地改善了产品设备节能减排性能和用户舒适性。

燃气安全技术也在不断更新换代，燃气管道电磁阀、热电偶、离子熄火保护技术等有效提高了燃烧技术中对故障状况的处理能力；从橡胶软管到不锈钢波纹管，从减压阀到过流过压切断阀，从普通燃气表到智能燃气表，燃气安全技术的进步代表着城镇燃气领域从业者对于燃气安全的不懈追求及努力。

在燃气具气质适应性方面，根据燃气工业的发展历程可知，发达国家对燃气互换性的研究已有近百年的历史。我国对国外燃气互换性的理论和实践研究的进展也十分关切，《进入长输管网天然气互换性一般要求》GB/Z 33440-2016、《天然气》GB 17820-2018、《城镇燃气分类和基本特性》GB/T 13611-2018 等系列标准的制定和实施，解决了在燃气行业中的质量指标、气质适应性、多气源互换性等根本问题。

参考文献

[1] 住房和城乡建设部 编. 中国城市建设统计年鉴（2019）[M]. 北京：中国统计出版社，2021.
[2] 住房和城乡建设部 编. 中国县城建设统计年鉴（2019）[M]. 北京：中国统计出版社，2021.
[3] 国家能源局石油天然气司. 中国天然气发展报告（2020）[M]. 北京：石油工业出版社，2020.
[4] 高鹏，高振宇，刘广仁. 2019 年中国油气管道建设新进展 [J]. 国际石油经济，2020，28（3）：52-58.

［5］王启，高文学，赵自军，等. 中国燃气互换性研究进展［J］. 煤气与热力，2013，33（2）：B14-B20.

［6］曹蕃，陈坤洋，郭婷婷，等. 氢能产业发展技术路径研究［J］. 分布式能源，2020，5（1）：1-8.

［7］Balat M. Potential importance of hydrogen as a future solution to environmental and transportation problems［J］. International Journal of Hydrogen Energy，2008，33（15）：4013-4029.

［8］《中国北斗卫星导航系统》白皮书［J］. 卫星应用，2016（7）：72-77.

［9］同济大学，重庆建筑大学，哈尔滨建筑大学，等. 燃气燃烧与应用［M］. 北京：中国建筑工业出版社，2000.

［10］White Paper on Natural Gas Interchangeability and Non-Combustion End Use，NGC＋ Interchangeability Work Group，2005.

［11］金志刚，王启 主编. 燃气检测技术手册［M］. 北京：中国建筑工业出版社，2011.

［12］"Gas Burner Design，" Chapter 12，Section 12，Gas Engineers Handbook，1965. Industrial Press，New York，NY.

［13］姜正侯 主编. 燃气工程技术手册［M］. 上海：同济大学出版社，1993.

［14］Rossbach，E. O.，S. I. Hyman，Interchangeability：What It Means，Catalog No. XL0884，1978. American Gas Association，Arlington，VA. 2012（11）：118-120.

第 2 章 优秀原创燃气具新产品与设备

1. 冷凝循环换热式恒温燃气热水器

1 基本信息

成果完成单位：广东万和新电气股份有限公司；

成果汇总：经鉴定为国内领先水平；共获奖 2 项，其中国际奖 1 项、省部级奖 1 项；共获专利 11 项，其中发明专利 2 项、实用新型专利 7 项、外观专利 2 项；

成果完成时间：2014 年。

2 技术成果内容简介

本技术成果通过冷凝循环换热技术实现高效节能，使用环形不锈钢冷凝波纹管道水路结构，使进水换热效率更高，耐腐蚀性更强，寿命更长，使用安全可靠，适应不同区域的水质。

通过直流变频自适应技术，加入电流和风压检测模块后，最大限度地满足热水器燃烧时所需的风量，特别是环境恶劣地区以及高层用户，热水器仍可正常运行。

通过离子流控制技术，摒弃传统强排热水器上使用传感器判断保护模式，解决了燃气热水器应用的关键技术问题；恒温、恒流、混水装置是三种加热方式实现协同优化控制，得到稳定的热水的关键装置，也是提高热水利用效率、达到节能的有效途径之一。

通过 V 形聚能燃烧降噪技术，有效降低燃气热水器的燃烧器噪声，使燃气热水器更安静。

图 1 为万和 LS 系列冷凝式燃气热水器。

图 1　万和 LS 系列冷凝式燃气热水器

3 技术成果详细内容

3.1 创新性

针对普通恒温燃气热水器出现能耗高、安装环境要求高、出热水慢、安全系数低、抗风差、噪声大等缺陷，项目综合利用冷凝循环换热技术、直流变频自适应技术、V形聚能燃烧降噪技术、离子流控制技术等，形成冷凝式直流变频恒温燃气热水器，解决用户的关切点，不仅更快、更稳定的用到热水洗浴，而且长时间使用热水器将更省气，满足国家对燃气热水器节能环保的要求，也符合国家的各项方针政策，为燃气热水器行业转型升级提供了技术保障。

3.1.1 攻克的技术难点

（1）冷凝循环换热技术

普通型燃气热水器受其换热器结构的限制，排烟温度高，只利用了燃气的低热值部分；而冷凝式燃气热水器由于排烟温度很低，不仅能够充分吸收烟气的显热还能吸收潜热，利用了烟气的高热值。而冷凝技术的关键在于高效冷凝换热器，热水器的进冷水管紧贴着冷凝换热器，排放的高温烟气经过冷凝换热器时，绝大部分热量被冷凝换热器吸收，而换热器的结构决定着换热效率高低；通过使用环形不锈钢冷凝波纹管道水路结构，如图2所示，燃气燃烧可供利用的热量包括烟气中水蒸气的潜热，烟气经过换热器，在环形不锈钢冷凝波纹管道进行循环充分换热，高温烟气连续在不同层次空间循环，水路充分吸收热量，使得燃气热水器热效率更高，同时更省燃气。

冷凝燃气热水器跟普通燃气热水器相比，多增加了一级冷凝换热器，采用中和剂对排放的冷凝水进行无害处理，真正实现节能环保。此冷凝换热循环技术内部结构简单，工艺要求不高，可满足大批量生产。

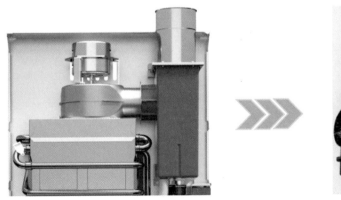 

图2 环形不锈钢冷凝波纹管道水路结构

（2）直流变频自适应技术

本项目开发直流变频技术的过程中，通过对直流调速风机特性曲线的分析，设计出一种恒风量控制系统，其流程如图3所示。

整个风机控制系统包括主控制器、直流调速风机、风机控制电路、转速反馈电路、电流反馈电路。主控制器根据当前负荷自动计算燃烧所需的空气量，输出PWM信号至风机

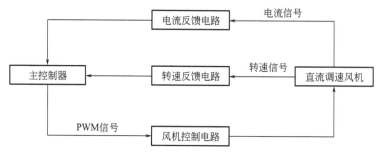

图 3　风机控制原理框图

控制电路控制直流调速风机按照设计转速运转，提供所需的空气量，当负荷发生变化时，主控制器及时调节 PWM 信号的占空比，调节风机转速，保证空气-燃气配比始终处在最佳状态。同时，通过转速反馈电路及电流反馈电路，主控制器检测当前直流调速风机的转速信号和电流信号。当异常状态时，转速及电流值超出限定的异常转速的预设范围及异常电流的预设差值时，补偿设定直流调速风机的电流，从而可以提高风机转速。现在市场上的强抽恒温热水器大多使用交流风机，最高风机转速只能达到 2800r/min 左右；而相比较搭载直流风机的强抽恒温热水器，在程序中加入电流和风压检测模块后，热水器启动时若检测到烟管处风压异常，即提高风机转速，最大限度满足热水器燃烧时所需的风量，而最高风机转速可达到 6000r/min 左右，最高可抗 12 级的大风，适合环境恶劣地区以及高层用户使用。

（3）V 形聚能燃烧降噪技术

采用 V 形燃烧器聚能燃烧降噪技术，通过热水器的热负荷计算火孔面积，并合理布置火孔之间位置，使燃烧器里燃气与二次空气能充分混合，使燃烧更加充分，而使用 V 形结构的顶板，火焰传播速度接近燃气流速时，燃烧时不会出现脱火现象，这样可以大大降低燃烧噪声。在燃烧器内芯上，普通热水器在燃烧时火焰趋向水平，燃气空气混合物从火孔流出后燃烧，混合气从火孔出气速度大于燃烧速度，火焰容易频繁出现周期性离焰抖动，造成不完全燃烧，噪声也会变大；经过实验证明，适当更改火孔倾斜角，如图 4 所示，可以降低混合气火孔出口速度，混合气火孔出口速度更接近燃烧速度，形成稳定内焰，让燃烧火焰更稳定，从而可以降低火焰离焰抖动，火孔倾斜角越大，燃烧强度也更好，噪声也会越小；不同倾角燃烧器内芯的火排可以有效地降低燃烧噪声，测试数据证明可降低约 3～10dB，而烟气的含量也同时降低，火孔倾斜角越大效果越明显。

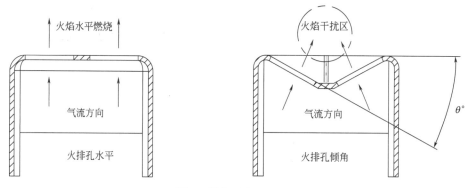

图 4　燃烧器内芯示意图

（4）离子流控制技术

离子流是燃烧反应过程由于气体电离产生大量的自由电子和正负离子等带电粒子，在火焰反馈针与燃烧器之间外加一个偏置电场，使带电粒子沿电场方向移动，正离子向阴极方向运动，电子和负离子向阳极方向运动，就会形成离子电流，并且具有单向导电特性。单位时间内在电场内移动的带电粒子越多，也就是带电离子浓度越大，电流就越明显。通过对火焰离子电流信号（大小和电流形态）采集和处理，可以对燃烧系统实现自动控制和燃烧状况的实时监控。火焰离子电流检测技术应用如图 5 所示。

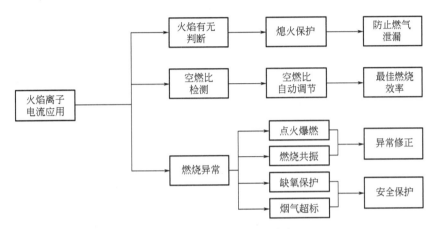

图 5 火焰离子电流检测技术应用

在燃烧效率方面，提高燃气热水器燃烧热效率关键在于提供稳定最佳的空燃比，我们可以看到，通过调节不同的风机转速和烟道堵塞阻力，测试不同的风机转速对应火焰离子电流变化。火焰离子电流与空燃比关系图如图 6 所示，实验样机为强排燃气热水器（天然气），外加电压。

由上述实验数据可知，A1、B1、C1、A2、B2、C2 等 6 个点对应的是各燃烧工况火焰离子电流最大值状态，其燃烧性能效果如表 1。

实验数据证明空燃比最佳时火焰离子电流值最大的理论是成立的。空燃比过大时，多余空气带走热量并稀释带电离子浓度；而过小时，燃烧反应不充分，未能产生足够多的带电粒子，只有空燃比最佳时，燃烧产生的带电离子浓度最高，即火焰离子电流最大，并且燃烧效率较高和烟气参数较好。

3.1.2 主要技术成果

围绕上述技术申请并获得了 2 项发明专利和 7 项实用新型专利以及 2 项外观专利，拥有冷凝循环换热技术、离子流控制技术等核心技术知识产权，整体技术处于国内领先水平。

3.2 技术效益和实用性

随着冷凝式热水器在中国家庭的普及，相比普通燃气热水器，每年每台冷凝式热水器为消费者节省燃气费约 300 元以上；以每年每户使用 2h，每万台冷凝式热水器可减少二氧化碳排放近百吨，具有显著的经济效益和社会效益。虽然目前冷凝式热水器价格较高，但随着人们生活水平及节能环保意识的不断提高，人们对燃气热水器产品的选择已不再只停留

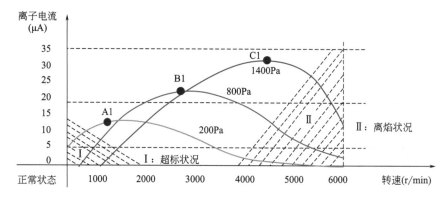

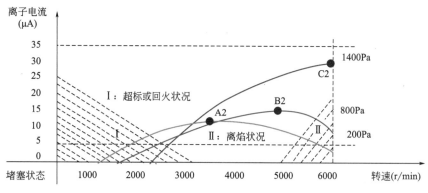

图6　火焰离子电流与空燃比关系图

火焰离子电流最大状态燃烧性能表　表1

性能参数		CO (ppm)	O₂ (%)	热效率 (%)	燃烧性能 评价
负荷点	负荷状态				
A1	正常状态小负荷	58	16	89	较佳
B1	正常状态中负荷	62	12	91	较佳
C1	正常状态大负荷	74	10	92	较佳
A2	堵塞状态小负荷	105	14	90	较佳
B2	堵塞状态中负荷	115	11	90	较佳
C2	堵塞状态大负荷	135	10	89	较佳

在产品价格上，而是从价格、产品制造工艺、外观及环保等诸多方面因素来考虑，而且随着企业生产量的不断增加，生产成本必定会降低，价格必定会慢慢被消费者所接受，就像目前市场上的强排热水器一样会得到大力推广，故冷凝式燃气热水器必将以其卓越的表现，适宜的价格受到广大消费者的欢迎，成为燃气热水器发展史上的又一里程碑。而冷凝循环换热式恒温燃气热水器就是其中的一款，本项目采用的多项领先技术，引领行业向高效、节能、舒适、环保的技术方向发展，不断提高用户使用热水的稳定性和舒适性。本项目的技术起点高，创新能力强，成果转化快，扩大了燃气具产品的范围，提高了燃气具产品在国内和国际市场的影响力，同时对国家可持续发展具有重要意义。

4 应用推广情况

目前，普通燃气热水器热效率基本在86%～92%范围内，用传统方法已无法进一步提高热效率，要想进一步提高热效率进而节省能源，就必须考虑到降低排烟温度，充分回收烟气中的余热（包括潜热）来提高热效率；在此背景之下，冷凝循环换热式恒温燃气热水器通过解决消费者使用热水关切的问题，创新性的提出冷凝循环换热式恒温燃气热水器技术方案并将此技术产业化，打破了过去燃气具行业新产品只注重产品外观而不能迎合消费者实际生活需求的新产品开发思路。本技术成果具有节能、开机出热水快、低排放、静声、使用舒适、方便的特点，使用本技术成果生产的燃气热水器必将成为现代家庭的首选，为家家户户节约燃气资源和生活成本。

该项目的设计与投入市场，夯实了万和燃气具的技术沉淀，进一步确立了其在燃气具行业的领导者地位，为行业燃气具的发展指明了一个全新的发展方向，开启了现代热水生活的新篇章；对行业技术的创新发展、科技进步、传统燃气热水器的转型升级以及国家的节能环保绿色发展政策起到了非常大的示范作用。

2. 超低CO、安全、环保、舒适型燃气热水器

1 基本信息

成果完成单位：青岛经济技术开发区海尔热水器有限公司；
成果汇总：共获专利34项，其中发明专利13项、实用新型专利21项；
成果完成时间：2014年。

2 技术成果内容简介

采用燃气热水器分段供风蓝火苗技术，实现热水器最佳燃烧状态，烟气中CO的含量在200ppm以下，热效率高于88%；采用智能燃气控制技术，通过建立燃气热负荷与风量配比模型，燃气热值智能判定以及电阻分压控制技术，实现燃气热水器正常燃烧并出水温度稳定；应用催化模块降低CO排放技术的燃气热水器的CO排放浓度可降低到30ppm以内，低于普通强制排气式家用快速燃气热水器排放的烟气中CO浓度约200ppm；同时，搭载LED无边界显示、CO气体报警和无线遥控等功能，在保证用户舒适洗浴的同时，解决了用户安全洗浴的问题，消除用户对燃气热水器安全性能顾虑，使燃气热水器操作简单，运行可靠（图1）。

图1 超低CO、安全、环保、舒适型
燃气热水器外观图

3 技术成果详细内容

3.1 创新性

超低CO、安全、环保、舒适型燃气热水器主要技术成果如下：

3.1.1 蓝火苗分段供风技术

在热水器中，设有一 n 路分配器，其燃气阀通过 $n-1$ 个电磁阀连接 $n-1$ 分配器，n 路分配器中的一路直接连接燃气阀，每路分配器设有多个燃气喷嘴，每一个燃气喷嘴正对一火排燃烧器的引射孔；其风机是 n 速风机。将进气通道分成多段控制，结合无级变速风机分别对应燃烧器的小火、中火、大火，使燃烧时的空气系数始终维持在1.5左右，使燃烧器以最佳的状态燃烧，烟气中CO的含量在200ppm以下，热效率高于88%。

3.1.2 CO触媒催化燃烧减排技术

应用贵金属作为催化反应的催化剂，开发了基于蜂窝陶瓷载体的催化模块，并通过调节风机的风量和风压，解决了催化模块破坏燃烧工况的技术难题。经过大量的试验测试，分析了陶瓷模块孔隙率与孔隙厚度对催化效率的影响，优选孔隙率、孔隙厚度的陶瓷模块作为载体；进行了燃气热水器燃烧室、换热器和催化模块几何结构的优化设计，提高了催化模块在热水器中催化氧化反应特性，有效降低了CO排放。

选用蜂窝陶瓷作为载体，非贵金属催化剂与贵金属催化剂配合使用，能够保证催化能力的需要，同时又保证烟气中CO与催化剂有足够的接触反应面积，达到了很好地降低CO浓度的效果，非常适合进行产业化推广。此种CO催化模块已经在海尔燃气热水器上批量使用。采用该技术家用燃气热水器烟气中CO排放量由200ppm（折算后）降低到30ppm以内。

3.1.3 智能燃气控制系统技术

建立燃气热负荷与风量配比模型，燃气热值智能判定以及电阻分压控制技术实现燃气智能控制，自动判定热值，切换热值曲线；实现燃气、风量及水流最佳配比。高层燃气热水器用户在大风天、用水用气高峰时段照常使用。

3.1.4 CO报警技术

强制排气式燃气热水器解决了将烟气直接排放在室内的问题，但是CO发生泄漏导致中毒、引起爆炸、火灾等事件时有发生，该项目实现了CO自动报警功能。CO报警系统充分考虑到燃气热水器内部的高温环境影响，有效利用其空间，将CO检测装置嵌入热水器内部，无需单独安装；当检测到环境CO浓度及时间超过规定值时，可以切断机器内燃气阀，进行蜂鸣报警并启动风机旋转清扫，直至CO浓度达标为止。

该项目技术特点：（1）使用了半导体CO传感器；（2）用单片机判断CO浓度值和延时时间并与设定值进行比较；（3）当达到报警浓度和延时时间后，通过主控板关闭燃气阀，启动风机排气。当浓度恢复到正常值后回到正常的监视状态；（4）对传感器作自动温度补偿和自动清洗；（5）具有85分贝蜂鸣报警和LED红灯报警功能。

3.2 技术效益和实用性

目前城镇用气家庭户数逐年升高，燃气热水器销量也在节节攀升，用户最关心的问题就是安全性及舒适性体验。海尔运用催化燃烧技术将燃气热水器的CO降低到30ppm,对消费者的安全增加新的砝码,具有里程碑的意义。搭载智能燃气控制系统后,适应更加宽广的燃气范围,改善了燃气热水器工作不恒温问题,提高了用户洗浴舒适度。

燃气热水器CO报警技术、CO触媒催化燃烧减排技术,以及智能燃气控制系统技术已经成功的应用在了海尔热水器CT3、CS、CT1、T3等系列20多款燃气热水器产品上,由于产品的适应性极强,一经投入市场就得到了用户的好评,使得产品销量持续上升。热效率均达到90%以上,额定产热水效率达到93%以上,CO含量30ppm以下(行业内恒温机在200ppm左右),适应燃气压力范围在500~3000Pa,适应气质10T、12T、13T,可以满足全国绝大部分地区。

4 应用推广情况

本着以用户安全、节能、环保为基础设计原则的新型燃气热水器,将热水器产品提高到一个更高的档次,体现了行业的发展趋势和潮流,可带动热水器行业技术上一个新的台阶,提高我国热水器产品在国际市场的竞争力。

家用燃气热水器排放烟气含CO、NO_x等多种有害气体,国家积极倡导环保,燃气热水器受水压和气压的影响,如果水压小或气压小就不能正常使用,安全系数相对较低。所以,让用户享受更安全、更环保、更舒适的洗浴是行业整体的发展方向,海尔研发出"超低CO、安全、环保、舒适"燃气热水器具有很好发展前景,满足用户需求,符合国家政策要求。

3. 缝隙孔旋流燃烧技术及旋流燃气灶

1 基本信息

成果完成单位:迅达科技集团股份有限公司;

成果汇总:经鉴定为国内领先水平,共获奖14项,其中省部级奖2项、市级奖4项、行业奖4项、其他奖4项;共获专利9项,其中发明专利6项、实用新型专利3项;

成果完成时间:1986年。

2 技术成果内容简介

迅达首创ZL 86207821.0"缝隙孔旋流燃烧器",开创了大气式燃烧旋流火焰结构之先河,完善了燃气灶燃烧技术,率先突破60%热效率,解决了烟气排放高等关键技术瓶颈,促使国家标准修订了不允许连焰燃烧的规定;自主研发的完全上进风旋流燃烧器,具有高负荷、高热效率、高安全性、高保洁性及低烟气排放等特点,该技术填补了国内空白,同时突破了国际上完全上进风结构燃烧器热负荷小的瓶颈。

研发旋流燃烧技术,成功开发了7代旋流燃烧器,各项性能不断攀升,推动了燃气节能技术的发展,对促进我国燃气具行业的发展具有重要意义,目前得到了全球的广泛应用,创造了巨大的经济效益和社会效益(图1、图2)。

图 1   旋流燃烧器结构

图 2   旋流燃气灶

3 技术成果详细内容

3.1 创新性

该项目采用"旋流集中燃烧"技术,通过对各个部件优化组合,形成一个合理的燃气供给、空气补充、烟气排放的系统结构,在锅支架、节能盘、燃烧器与锅底之间形成半封闭燃烧室,实现集中燃烧,使热能聚集,充分提高了热效率;面板整体成形,全封闭,避免汤水和污物进入灶内腔;燃烧器装拆方便,喷嘴沿水平方向喷射,喷嘴口高出承液盘,不易堵塞,易于清洁。灶具内腔温度低,有效保护灶具内腔零部件正常使用,延长使用寿命。

产品经国家燃气用具质量监督检验中心检测,主要性能指标优于《家用燃气灶具》GB 16410 标准的要求,具备批量生产条件。用户使用结果表明,该产品操作简单、使用方便、性能可靠、节能效果好。该产品具有多项自主知识产权,经专家鉴定综合技术性能居国内领先水平。

3.1.1 主要技术成果

迅达首创 ZL 86207821.0 "缝隙孔旋流燃烧器",开创了大气式燃烧旋流火焰结构之先河,突破了直流燃烧的技术,完善了燃气灶燃烧技术,率先突破 60% 热效率,解决了烟气排放高等关键技术瓶颈,促使国家标准修订了不允许连焰燃烧的规定。

缝隙孔旋流燃烧器,分火盖为倒圆锥形,铆合与燃烧器主体,采用不锈钢薄板冲压成型,火孔为均布的百叶窗式缝隙孔,燃烧时,混合气体从缝隙孔的切向流出,产生集中旋流燃烧,形成旋流火焰,热流成螺旋状上升,二次空气从分火盖周边和中心同时补充,燃烧更加充分,且延长了热交换时间,大幅提升热效率,其结构简单、成本低,制造、装配和维护都很方便,耐高温耐腐蚀性强,使用寿命长。

3.1.2 主要技术性能指标

完全上进风旋流燃烧器各项结构与性能同其余类型燃烧器的对比如表1。

燃烧器性能对比表 表 1

项目	完全上进风旋流燃烧器	下进风燃烧器	意大利萨巴夫燃烧器
进风方式	完全上进风:一、二次空气在面板上方提供	下进风:一、二次空气在面板下方提供	完全上进风:一、二次空气在面板上方提供
灶具嵌入安装	完全封闭嵌入部分,对燃烧无影响	不能完全封闭嵌入部分,需通风口补充一、二次空气	完全封闭嵌入部分,对燃烧无影响
热效率	≥65%	≥60%	55%～60%
安全性	面板全封闭,面板与灶具内腔不相通,喷嘴位于面板上方,内腔无回火可能,因此无爆炸可能	面板不能封闭,喷嘴位于内腔内,内腔有回火可能,有爆炸可能	面板全封闭,面板与灶具内腔不相通,喷嘴位于面板上方,内腔无回火可能,因此无爆炸可能
底壳温度	低	偏高	低
喷嘴	喷嘴不易堵塞,即使意外堵塞清理非常方便	喷嘴不易堵塞,但意外堵塞后难以清理	较易意外堵塞,清理较为方便

项目	完全上进风旋流燃烧器	下进风燃烧器	意大利萨巴夫燃烧器
热负荷	4.0kW	≥3.5kW	3.0kW
气密性检测	易检测整个供气通路	不易检测整个供气通路	易检测整个供气通路
保洁性	面板全封闭,承液处较浅,炉头一体化设计,方便清洁	面板不封闭,污物很容易进入底壳内,污染严重,不便于清洁	面板全封闭,安装喷嘴的下沉腔体内容易积存脏物,腔体较深,不便于清洁
CO 含量	<0.03%	<0.05%	<0.05%

3.2 技术效益和实用性

缝隙孔旋流燃烧器应用于家用燃气灶具和家用沼气灶,已开发台式、嵌入式百余种,迅达燃气灶具均为国家 1 级能效产品,各项技术性能指标均达到或超过国家标准《家用燃气灶具》GB 16410 要求,通过国家节能环保产品认证,经多次成果鉴定、评价,综合技术性能居国内领先水平。自上市以来,市场反应强烈,公司在全国各地兴建大量经销网点进行推广应用并销往欧美国家以及中国香港地区,自 1986 年的最初 5 年,迅达旋流灶卖出 60 万台的销售成绩,50 多万个家庭用上了更适合中国人烹饪习惯的燃气灶,8 年时间,成为改善超 100 万户中国家庭烹饪条件、提高生活水平的日常用品。

4 应用推广情况

4.1 经济和社会效益

旋流燃烧技术,推动了燃气节能技术的发展,对促进我国燃气具行业的发展具有重要意义,目前得到了全球的广泛应用,创造了巨大的经济效益和社会效益。

迅达完全上进风旋流燃气灶在全国推广,热效率可达到 75% 以上(国家标准要求热效率大于等于 50%),按最低 65% 的热效率计算,每户可省气 30% 左右,按每户家庭每年耗用天然气 150m³ 保守估算,则每户可减少天然气消耗 45m³,2 亿用户一年可节省天然气 90 亿 m³,减少 CO_2 排放 1800 万 t,使家用燃气用具的年排放量降低 30% 左右,节能效益显著。

迅达完全上进风旋流燃气灶具备火力大、燃烧稳定、高效节能、安装方便、安全性更好、便于清洁等优点,是一款适合中餐烹饪、性能优越的完全上进风燃气灶,在行业内率先将热效率提高到 75% 以上,有助于提升我国燃气燃烧技术水平,加快燃气具发展进程、促进燃气燃烧技术的发展,产生了良好的社会效益,且烟气排放低,健康环保、安全节能,对促进低碳环保具有重要意义。

4.2 发展前景

中国目前已成为世界上最大的家用燃气用具使用国,有大约 2 亿用户。据统计,家用能源的 CO_2 排放量占我国能源总排放量的 21%,因此,降低家用燃气用具的能源消耗、减少排放,无疑将对我国的低碳环保事业做出很大的贡献。

随着我国政府对能源问题越来越重视,大力提倡使用可再生和清洁能源,加上"西气东输"等重大工程项目的推进实施,天然气和燃气用具的需求量将会迅速增加,高效节能灶具将更具市场前景。

4. 万家乐 BX7 零冷水壁挂炉

1 基本信息

成果完成单位：万家乐热能科技有限公司；

成果汇总：共获奖 3 项，其中国际奖 1 项、其他奖 2 项；共获专利 28 项，其中发明专利 3 项、实用新型专利 24 项、外观专利 1 项；

成果完成时间：2018 年。

2 技术成果内容简介

如图 1，BX7 零冷水壁挂炉搭载万家乐"东方恒热芯"换热系统，突破性地解决了用户"壁挂炉热水洗浴体验差"的尴尬和痛点，通过恒热池、热力门，精准终端控温，保持出水温度恒定不变，解决洗浴过程中受水压、气压，以及中途开关水而引起的水温忽冷忽热问题；搭载双泵系统，智能循环管道，实现全屋热水即开即热；在保证壁挂炉供暖功能的前提下，极大地提高了生活用水的舒适度。

其中东方恒热芯技术，实现水温超调幅度变为：－1.3K～＋1.1K、热水稳定时间：0s、单点用水温度波动：－2.5K～＋0.5K、多点用水温度波动：－1.6K～＋0.3K；直流风机变频技术可以达到最佳的燃气空气配比，达到最佳的燃烧工况，达到相同的燃烧工况更低噪声、更节能；直流水泵变频技术，具有三种模式：恒流模式、恒压模式、自动模式，以便适用各种管道水路环境。双直流变频技术使得整机运行噪声低至 37dB。技术成果产品获得 2018 国际工业设计奖——德国红点奖。

图 1　BX7 系列零冷水壁挂炉产品外观

3 技术成果详细内容

3.1 创新性

3.1.1 Pre 恒热池，热水即开即用

万家乐 BX7 零冷水壁挂炉的 Pre 恒热池设计解决了壁挂炉洗浴过程中水温忽冷忽烫、夏天温度下不来等痛点问题，做到了热水恒定，实现热水即开即用，零冷水零等待，在壁挂炉行业中堪称"首开先河"。BX7 零冷水壁挂炉完美融合了万家乐自主研发的"东方恒热芯"核心技术，通过结构变革升级，创造出套管和板换之外的第三种换热模式。这台

BX7 零冷水壁挂炉，相当于打造了一个五星级酒店的中央热水系统，安装后实现热水即开即用，零冷水零等待，而且水量源源不断，恒温零波动。BX7 零冷水壁挂炉颠覆了人们糟糕的热水体验，打破了"壁挂炉乃单暖炉"的使用壁垒。

3.1.2 Hot 热力环，水温零波动

"一机双芯，暖热恒芯"。针对洗浴过程中容易出现水温波动的问题，万家乐 BX7 零冷水壁挂炉采用了双涡轮、双擎芯，能够智能回收管道中的冷水，迅速加热然后输送到全屋每一个用水点，并根据实际应用情况，智能秒速切换系统。所以无论开启花洒洗浴，还是开启供暖系统，都能快速实现速暖速热，并 24h 无间断供应，多个水龙头同时用水或供暖，相互之间无干扰、无温差，热水与供暖均无波动，全程恒温。

3.1.3 Easy 热力门，一步热水循环

万家乐 BX7 零冷水壁挂炉针对中国家庭的房屋布局里大多数无回水管路的实际情况，特别设计了"Easy 热力门"。这一设计让国内大众家庭在原有管道布局下，一步就能实现热水的定向循环。采用"Easy 热力门"，安装极为便利，无论是新房装修，还是旧系统替换升级，整个安装过程只需 30min，不用重新打孔布管，不影响家居整体装修。迄今为止，这一设计可能是业界最好的供暖热水解决方案，广泛适用于两管和三管家庭，能够适配 90% 以上的中国城镇家庭。

3.1.4 iCloud 控制云，掌上洗浴舒、快、好、省

iCloud 控制云技术的应用，是 BX7 零冷水壁挂炉非常人性化的一项设计，"人未归家，水先热"。用户通过万家乐自主研发的这款定制化商用级 APP，随时随地实现云端远程控制，无论用户身在何地都能开关、调节家中壁挂炉运行状态，以及实时掌控能耗情况，不仅最大限度实现了节能，还能充分利用时间，提高洗浴舒适性、便捷性。同时，也能很好地解决家中有人不会操作的问题。

3.1.5 ECO 行为节能技术

许多老人比较节约，就算安上壁挂炉也不舍得用。因此，万家乐针对能耗费用高的问题，在该产品上应用了 ECO 独特的行为节能技术，一个供暖季（120 天）可为用户省电 155 度，省气 527m³，节省费用 1434 元，平均节能达 23%（按电价 0.6 元/度、气价 2.54 元/m³ 计算）。

3.1.6 Easy 热力门结构原理及安装方式（图 2）

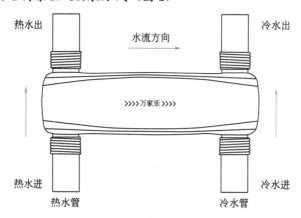

图 2 Easy 热力门结构原理图

水流在热力门具有单向导通性，只允许水流从热水端流到冷水端。实现两管安装结构下对管道中水的预加热。

3.1.7 有回水管的安装结构原理（图 3）

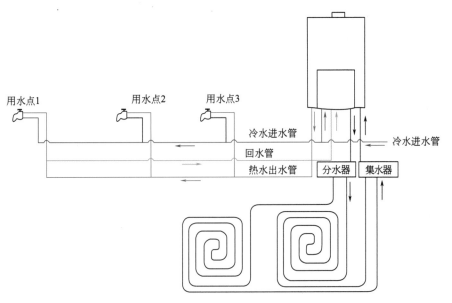

图 3　有回水管的安装结构原理图

即开即热，冷热水同时可以使用。

3.1.8 无回水管的安装结构原理（图 4）

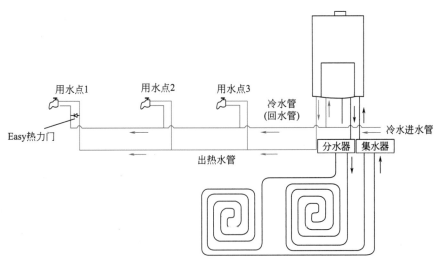

图 4　无回水管的安装结构原理图

不需要预设回水管，即开即热。

3.2 技术效益和实用性

万家乐 BX7 零冷水壁挂炉已销售至北京、山东、陕西、河北、河南、湖北、湖南等地，安装数量超过 3000 台。其中，湖北襄阳三供一业壁挂炉供暖改造项目中，安装 BX7 零冷水壁挂炉超过 500 台，其供暖及热水体验得到了用户的一致好评。

4 应用推广情况

4.1 经济效益和社会效益

BX7 零冷水壁挂炉在热水体验上的突破，可以说是壁挂炉行业一次划时代的变革，对整个行业技术的研发方向影响深远。该产品颠覆了人们对壁挂炉糟糕的热水体验的认识，打破了"壁挂炉乃单暖炉"的使用壁垒，使得壁挂炉成为真正名副其实的"供暖＋热水"两用炉。

另外，这款产品对消费者痛点把握精准，通过技术突破将用户体验提升到了新的高度，为壁挂炉行业产品的创新提供了方向，起到了引领作用。

4.2 发展前景

随着"煤改气"的普及，壁挂炉的安装数量剧增，然而我国每年供暖周期基本在 4 个月左右，而生活热水却是全年 12 个月都必需的。这就意味着，一年 12 个月中有将近 8 个月的时间壁挂炉会被闲置，无论是对于消费者还是社会而言，都是一种资源的浪费，预计在不久的将来，零冷水功能将成为壁挂炉的标配功能，未来市场不可限量。另外，本技术极大地改善了生活热水的用户体验，解决了现有壁挂炉生活热水的问题，在实际应用中具有良好的用户反馈，实用性兼舒适性并存。

5. 确定燃气具燃烧特性的实验测试技术与装置

1 基本信息

成果完成单位：国家燃气用具质量监督检验中心；

成果汇总：经鉴定为国际先进水平；共获奖 1 项，其中省部级奖 1 项；获专利 11 项，其中发明专利 4 项、实用新型专利 7 项；

成果完成时间：2014 年。

2 技术成果内容简介

本技术成果首创了实验快速测试燃气具气质适应性区间的技术，研发了燃具燃烧特性测试实验系统，建立了多气源互换性及燃气具气质适应性测试实验平台，形成了量化测试燃气具产品性能与设计质量的技术方法，为我国燃气具行业产品设计、质量评定和技术升级提供了综合实验平台。

主要特点如下：

（1）国际上首次提出了燃气具气质适应性区间的量化测试方法，并研发出燃气具燃烧特性区间测试装置，实现了燃气具"多气源、多燃烧工况或多指数配气"的随机实验测试。

（2）首次实验测定了不同燃气具的气质适应域，形成了燃气具质量测试和性能评价的实验平台。

（3）首次研发了实时、宽流量、高精度、多管路配气原料气的自动化连续配气方式，建立了燃气具极限燃烧特性工况界限气的配制方法和流程。

3 技术成果详细内容

3.1 创新性

自 20 世纪 70 年代以来，由于受实验配气技术、测试水平和燃气转换互换理论的制约，确定燃气具的燃烧特性区间，量化燃具对燃气气质的适应域，对燃气用具进行质量评价或性能测试，为城市燃气互换性提供实验手段和技术方法，一直没有进行系统的研究，也未见相应研究报道，在国际上也属于空白。

经项目组科技检索，国内外没有同类测试技术与实验装置。

燃气具生产企业、质检机构亟待一种可以量化和评价燃气具燃烧性能的实验系统或装置，以指导和研究我国的燃气用具的气质适应性范围；城镇燃气运营企业、研究机构等也急需一种评价城镇燃气互换性的实验测试手段，以确定和管理我国的城镇燃气气质质量和城市燃气互换性。

3.1.1 攻克的技术难点

系统研究要点和技术难点主要有：（1）基于互换性原理的燃气多气源配气装置研究；（2）基于高精度、动态控制的燃气组分控制装置研发；（3）瞬态响应的精密燃气配气控制系统开发；（4）基于压力、流量联控调节的闭环控制技术研究；（5）燃气互换性测试与配气综合实验装置与系统研发；（6）基于以上平台的燃气具气质适应性区间的测试；（7）离散测试数据处理和动态三曲线（脱火、回火、CO 超标等）绘制等。

本研究在国际上没有现成的样本和测试设备可供参考和借鉴，完全是自主研发创新，所有的节点技术都是在逐步逐项的研究过程中探索形成和得出的；本技术所形成的系列成果，项目组具备完全独立自主知识产权。

3.1.2 主要技术成果

根据我国各类燃气的气源燃烧特性及互换性技术的研究进展，研发典型燃气具的适应域测试装置或系统，建立多气源互换性测试及燃气具气质适应性测试实验平台；测定典型燃气具的燃烧特性和气质适应性区间，以指导燃气具的综合设计和技术升级，实验确定城市燃气的互换域，并形成测试方法和技术平台。

本项目成果主要内容如下：

（1）提出了燃气具燃烧特性区间测试的测试方法和技术路线

在燃气用具燃烧特性实验测试方面，确定了燃具燃烧特性区间的关键参数和曲线；测定了不同燃气具的燃烧特性区间，形成了燃具的气质适应域；根据各极限试验气形成燃具的极限燃烧特性区间，得出燃具的封闭气质适应域，将燃气互换性理论与燃具适应性测试相结合，形成了燃具燃烧工况量化测试的实验方法（核心成果 1）。

本研究提出了确定保证燃气具正常燃烧的各界限气所围成的适应性区间（即燃具适应域）的解决方法。其特点是将配制的试验气在燃气具上进行燃烧测试，根据出现不完全燃烧、回火、脱火等工况时的燃气所对应的燃烧特性指数，选取具有代表性的基准气及试验气的某两个或三个燃烧特性指数，建立二维或三维坐标系；以对应测试工况坐标点形成的曲线所围成的封闭区域，构成燃气具的稳定燃烧适应性区间（适应域）。

本成果可根据多种配气原料气形成的各种燃烧工况的试验气，准确定位燃气具的适用范围和适应域；采用多种燃气燃烧特性参数，建立清晰、多维的坐标系，对燃气具在不同极限燃烧工况下的状态点进行定义。解决了当前燃气具燃烧适应域的确定方法缺失问题，为对燃气具的稳定性进行量化评价，提供切实、可行的技术方法。

（2）研发燃具燃烧特性测试实验系统与装置，建立了多气源互换性及燃具气质适应性测试实验平台

项目组实验确定了燃气具的气质适应性区间，开发出实时连续、流量可调可控、无需缓冲罐，自动化配制各种燃气，进行燃气具燃烧特性区间测试的实验装置，如图1所示；该系统与装置形成了量化燃气具设计质量、性能测试的实验手段，为我国燃气具行业的产品设计和质量评定、技术升级提供了实验测试技术。由此建立了产业化应用的燃气用具燃烧特性测试实验装备（核心成果2），形成了完整的测试手段和实验平台，利用燃气转换理论与自动化控制理论，在产品、工艺等方面实现了自主创新，填补了国际空白。

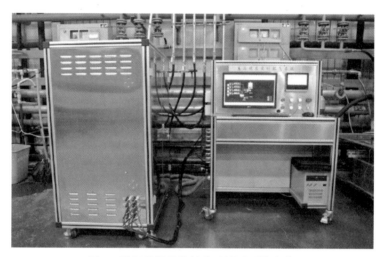

图1 燃气具燃烧特性实验测试系统实物
（大负荷燃气具如燃气热水器用设备）

项目组设计、建造了新型的配气站、实验室用高精度实时配气系统（核心成果3），能够进行动态、实时、连续式、测控型的精准实验配气，如图2所示；研发、建立了基于流量控制的大流量、高精度质量流量调节控制技术；在国际上首次测试了不同热负荷燃气具（如高热负荷燃气热水器、低热负荷燃气灶具）的极限燃烧特性曲线，确定了不同燃气器具的气质适应域。

3.1.3 主要技术性能指标

本测试装置和测试技术流程是国内外目前所没有的，主要技术性能指标有：

（1）采用小型、集约的技术装置，进行高精度（配气组分精度在1%以内）、宽流量（单路气体流量控制在0～500L/min）配气和燃具极限燃烧工况的迅速响应（单参数点测试时间小于30s），极大地提高了测试工作效率，改变了以往手工配气或间歇性配气无法进行该类研究的技术难题。

图 2 燃气用具燃烧特性实验测试系统实物

（小负荷燃气具如燃气灶具用设备）

（2）首次创立了动态（不需缓冲罐装置）、实时（配气稳定时间小于 6s）进行燃气具燃烧特性测试的技术模式，为简约、集成化的进行燃气具检验测试提供了实验平台，为行业内进行该类燃气具的实验测试提供了全新的技术手段和思路。

（3）首次提出了燃气具极限燃烧特性工况界限气的配制方法和流程，建立了燃气具燃烧适应域或燃烧特性区间的确定方法，为进行燃气具的量化质量评定和产品检验提供了测试技术。

（4）依据燃气用具燃烧特性区间测试装置，进行了燃气具"多气源、多燃烧工况或多指数配气"的随机实验测试，在我国首次提出了实验确定燃具适应域和城市燃气互换域的技术路线。

（5）进行了完全预混燃烧方式燃气具燃烧性能的系统系列实验研究，在国内首次实验测定和明确提出了以"华白数、热值"两个指标参数表述与完全预混燃气具互换相关的燃烧特性。完善和发展了我国的燃气互换性和燃气具适应性的理论和思路。

3.2 技术效益和实用性

本成果在国际上首次提出了燃气具气质适应性区间测试方法并研发出实验装置，实现了高精度、宽流量配气和燃具极限燃烧工况的随机测试，独创了动态、实时进行燃具燃烧特性区间测试的实验方法和技术流程。由此开发的技术成果，形成了具有独立知识产权的技术群（共计 11 项国家专利），其中 6 项专利技术于 2012 年获得天津市科技成果登记，并由此开发形成了燃气用具精准实验测试技术与装备。

本技术成果——燃气用具燃烧特性及其区间的表征和测试方法，可以测定燃气具的气质适应域、燃烧特性区间及燃烧工况，对燃具设计质量和功能进行量化评定。

成果所属设备装置——高精度实时配气系统、燃气用具燃烧特性实验系统，已在国家级燃气用具检测实验室、知名燃气具企业和高等院校等得到推广应用，实时、精确的试验气和界限气配制技术，节约了投产配气站、缓冲罐设施及实验用基准气和界限气的高昂购买费用，经济效益显著。

该技术与装置的使用，为优化燃气具的燃烧、提高燃气具的质量品级提供了技术手段，可促进行业持续更新技术，推出更节能高效的技术产品，如在行业内推广，将带动相关产业的技术升级和产品更新，实现节能、环保、可持续应用，具有很高的社会效益。

本产品系列技术成果具有很高的社会效益和行业影响力。

4 应用推广情况

2011年至今，上述成果已在我国燃气具生产企业和城镇燃气行业进行了成果转化和应用。2012年，在国家燃气用具质量监督检验中心进行了装置的中试应用，并于2013年初步进行了产业化生产，对我国燃气行业发展、产业结构升级和实现行业技术跨越，产生巨大的促进作用。

自2009年至今，上述实验测试技术、测试系统和燃气互换性相关技术成果已成功应用于中石油、中海油等大型公司的技术咨询和科研工作；海尔、方太、华帝、樱花卫厨、老板电器、A.O.史密斯、湖南迅达、创尔特、美的、万家乐、万和等知名的大中型燃气具生产企业，高等院校如同济大学、重庆大学热能实验室，国家权威研究机构如中国标准化研究院、国家燃气用具质量监督检验中心等的产品检验和开发，具有很高的应用推广价值。

6. 高效环保3D速火燃气灶具研发与产业化

1 基本信息

成果完成单位：杭州老板电器股份有限公司；

成果汇总：经鉴定为国内领先水平；共获奖2项，其中省部级奖1项、行业奖1项；共获专利4项，其中发明专利4项；

成果完成时间：2013年。

2 技术成果内容简介

根据节能、环保的需求，研发出的新型燃烧器，通过多维度立体结构分布，增设各维度燃烧空气进入路径，形成了360°全方位空气供给系统，解决了燃烧时二次空气吸入与排烟有效分隔，二次空气进入燃烧器更顺畅，使排烟沿着锅壁，可以有效利用排烟中的余热，热效率由传统灶具的55%提升至67.8%左右。与国家标准要求的最低限定值55%相比，节省12.8%的燃气消耗，按288万台销量计算，应用6年就可以节约燃气约为35.4万t，减少二氧化碳排放约为97.5万t，极大地提高了热效率又降低了废气排放。

本项目获授权发明专利4项，应用于13款灶具中，技术成果有力的支撑了现行国家标准《家用燃气灶具能效限定值及能效等级》GB 30720-2014、浙江制造团体标准《嵌入式家用燃气灶》T/ZZB 0197-2017、现行国家标准《燃气燃烧器具排放物测定方法》GB/T 31911-2015等标准的编制，推动了国内燃气灶行业的发展。本项目经浙江省经济和信息化委员会组织专家认定为省级工业新产品（新技术），鉴定为国内领先水平（图1）。

图1 高效环保3D速火燃气灶

3 技术成果详细内容

3.1 创新性

针对中国家庭厨房的烹饪必须是大功率的习惯，采用4项创新技术解决了主要的共性技术难点。

3.1.1 构建360°全方位空气供给，实现高效率、低排放燃烧

创新性地在炉芯和火盖上各设计了4组和8组出火孔，通过出火孔的角度和交叉排列使炉芯火焰和火盖内圈火焰交叉，各维度燃烧所需空气的进入路径设计，使其形成360°全方位空气供给系统；同时火孔通过合理的多维度立体结构分布，确保了燃烧所需空气的有效补充，达到最佳燃烧状态，远超过国家标准一级能效63%，达到67.8%，且锅底受热更均匀。

3.1.2 首创多段收缩聚能技术，满足不同燃烧工况的工作，实现聚能、高效

针对现有技术的整体式聚能结构存在结构较笨拙且燃烧不充分的技术问题，提供了一种能聚集灶具火焰热量、燃烧充分的多段收缩聚能装置，采用不同直径大小的聚能环套叠组合构成上宽下窄的筒状结构，可满足不同燃气灶锅架高低带来的通用性问题，实现多段可调的聚集热量、反射热量的聚能作用，也可根据需要增加或减少聚能环的数量，满足不同燃烧工况的工作。

3.1.3 突破现有结构，通过热效能导流技术提升热效率

配合该燃烧器的结构，创新性地设计出一种热效能导流装置，在燃烧器与锅具中间设置导流圈，热效能导流装置实现了燃烧时二次空气与排烟的有效分隔，二次空气进入燃烧器更顺畅，使排烟沿着锅壁，可以有效利用排烟中的余热，在该燃烧器上使用该导流装置，使得燃烧器的热损失大大减小，持续提升燃烧器的热效率。

3.1.4 创新运用重力浇铸技术，燃烧器寿命提升一倍

该燃烧器炉头座由原来的铸铁材质翻砂铸造工艺创新地优化为铸铝材质重力浇铸工艺制造，铝材质使得抗腐蚀能力较铸铁材质有了很大的提升，且引射管内壁光滑使得燃烧器的引射能力得到了有效的加强，该加工工艺相比铸铁材质翻砂铸造更为环保，相比易生锈的传统翻砂工艺铸铁的材质，寿命增加一倍。

3.2 主要技术性能指标

国内外同期同类技术指标见表1。

国内外同期同类技术指标 表1

主要技术指标	本企业产品	竞品同时期产品		
	58B1	HA21BE	12EQ98X	168QA-168-G
热效率(%)	67.80	63.54	59.32	63.36

3.3 技术效益和实用性

研发完成的运用多维度燃烧技术的燃烧器，先后应用于公司内13款灶具产品中，累计销售约288万台。运用该燃烧器技术的灶具产品，其热效率最高可达67.8%，与国家标准要求的最低限定值55%相比，能为家庭节省12.8%的燃气消耗，按288万台销量计算，应用6年可节约燃气约为35.4万t，减少二氧化碳排放约为97.5万t。

4 应用推广情况

日常烹饪所耗费的燃气能源十分巨大，灶具中燃烧系统是核心部件，如果燃烧不充分，要达到与完全燃烧相同的效果，要耗费更多的燃气和产生更多的废气。在同期行业还在摸索突破一级能效（63%）门槛时，老板公司率先推出67.8%高效率灶具产品，对整个行业带来巨大的冲击力，启发拓展了行业思路，行业内大大小小的企业都在模仿并摸索新的提高燃烧效率的方法。

高效率灶的研发在未来几年依然将是行业内热门话题，可以展望，在未来的灶具行业，70%以上高效率产品将成为各大品牌高端机型标配。

7. ZH3、QH3 等智能浴燃气快速热水器

1 基本信息

成果完成单位：广东万家乐燃气具有限公司；

成果汇总：共获专利18项，其中发明专利4项、实用新型专利13项、外观专利1项；

成果完成时间：2009年。

2 技术成果内容简介

经过多年的研究，万家乐推出初具智能思维的"智慧浴"和"模式"功能，搭载万家乐智能MAC系统，集合了十多种智能模式、8种智能防护功能，满足不同的用户人群、不同的热水使用环境和不同的用户使用习惯，打开了燃气热水器对AI智能运用的大门，踏出了智能的第一步。

万家乐"智能浴"采用业内首创的智能MAC系统，一次触控，后台以每秒超过160万次的速度发送指令，精确控制所有部件，用户无需费心，热水器自动完成所有操作；数

十种智能模式满足不同人群的热水需求。其中，"智温感"采用高新记忆合金材料，根据环境温度，自动调节出水温度，一年四季，无需操作；"浴缸"使用全新开发的智能水阀，真正实现缸满水停；"智能增压"使用直流增压技术，一键启动，高层和低水压用户用水无忧；8种智能防护，实时监测和控制，水气电全方位智能防护；并通过无线载波、Wi-Fi和APP等技术实现人机交互，用户随时随地可监控，为用户提供一个智能化的热水器产品（图1）。

图1　智能浴燃气快速热水器系列产品

3　技术成果详细内容

3.1　创新性

以数十年对用户研究的数据为基础，在行业首次提出"智能浴"功能。

3.1.1　万家乐智能 MAC 系统

万家乐智能浴燃气热水器采用业内首创的智能 MAC 系统，一次触控，后台以每秒超过160万次的速度发送指令，精确控制所有部件，热水器通过系统对水、电、气三种能源的相互协同，自动完成所有操作，满足消费者"个性化"的热水需求。

3.1.2　智能模式

集成舒适浴、儿童浴、老人浴、成人浴、小厨宝、洗衣、浴缸、智温感、经济、ECO、智能变升、卫浴管家、智能增压等多种模式。

其中，舒适浴、儿童浴、老人浴、成人浴、小厨宝、洗衣模式，可满足不同人群的热水需求。主动分析沐浴用水习惯，可根据个人喜好自动调节，一键开启最舒适的沐浴用水量和用水温度，舒享恒温沐浴；

浴缸模式，全新开发智能水阀，水量调节和截止集成为一体，实现真正的缸满水停。畅享60～500L的热水泡泡浴，在使用浴缸模式时，可在60～500L和36～60℃范围内设置恒温热水，热水器将自动运行无需等待，热水放满后自动鸣音提示并断水；

智温感，采用高新记忆合金材料，记忆进水温度和用户设置温度，根据环境温度，自动调节出水温度，一年四季，无需操作，洗浴温度舒适宜人；

经济、ECO、智能变升、卫浴管家，高效节能的组合用水方式，以 10L 机型为例，流量可选 5～8L 任意一种，温度可设定 36～60℃，实现高效节能，一机多用。卫浴管家可实时记录水气的耗用情况；

智能增压，采用直流增压技术，一键启动，增加高层和低水压用户的水流量，提供大水量的沐浴。

3.1.3 智能防护

包含了风压防护、气压防护、电压防护、超时防护、防冻防护、水压防护、CO 防护、碳氧双防。实时监控热水器使用环境和使用状态，出现问题快速智能切断和提示，从水、电、气、时间全方位保护用户和产品的安全，并通过无线载波、Wi-Fi 和 APP 等技术实现人机交互，用户随时随地可监测和控制热水器。

3.2 技术效益和实用性

"智能浴"功能在大量的用户研究基础上，结合智能技术，提出了提高用户洗浴舒适性和使用便捷性的多种智能模式，并从水、气、电多方位进行智能防护。使燃气热水器从满足用户的基础需求和安全需求，提升到满足用户高质量需求，也为行业进一步对接家居物料和全 AI 智能打下了深厚的基础。

2009 年万家乐推出了具备智能思维的"智慧浴"和"模式"功能的燃气热水器产品，在 Z3 系列（智慧浴）和 ZH3 基础版系列（模式）实现批产，并推向市场，深受用户的喜爱。

2012 年万家乐在行业内首次提出"智能浴"概念，"智能浴"产品大面积推出（ZH3 舒适版、ZH3 豪华版、QH3 等产品），市场占比逐年增加，引领行业内智能产品的热潮。其中 Q3 热水器首创行业的"技艺体"（技术与艺术结合）路线，集美学灵感于一身，斩获了广东省专利金奖；2014 年增加了智温感；2015 结合了智能防护并连接了互联网。截至目前，智能浴产品已经是中、高端产品必备的功能。

4 应用推广情况

"智能浴"产品应用互联网、AI 智能技术，智能化程度高，使用方便舒适安全，很受不同年龄阶段消费者欢迎，满足广大消费者对高品质热水生活享受的追求的诉求，提高人民的生活水平。并且"智能浴"产品市场的不断扩大，新配套的零部件（记忆合金水阀、CO 防护装置、碳氧双防装置等）产能也不断扩大，为社会新增大量的就业岗位，带来了良好的社会收益。

随着对"智能浴"不断的升级、改进，"智能浴"产品与物联网和 AI 智能结合度会越来越大。在未来，完全接入家居物联网的智能浴产品，会实现 AI 高智能控制，实现真正的智能浴。

8. 烟气余热回收冷凝式燃气快速热水器

1 基本信息

成果完成单位：广东万家乐燃气具有限公司；

成果汇总：经鉴定为国内领先水平；共获奖 4 项，其中市级奖 3 项、行业奖 1 项；共获专利 3 项，其中发明专利 3 项；

成果完成时间：2005 年。

2 技术成果内容简介

万家乐经过近 6 年的技术研究和攻关，突破了制约冷凝式燃气热水器的冷凝换热器材料、防腐技术、换热技术、冷凝换热冷凝水排放技术、冷凝水收集及中和处理、冷凝换热器与显热换热器及整机结构的设计等核心技术，在国内首次推出热效率达到 98.4% 的强制排气烟气余热回收冷凝式燃气热水器，较以往燃气热水器热效率得到大幅提升，开创了我国燃气热水器进入"节能"的新时代（图 1）。

3 技术成果详细内容

3.1 创新性

从 20 世纪 90 年代末，万家乐开始进行烟气余热回收冷凝式燃气热水器技术研究，其中涉及冷凝换热器材料、防腐、换热技术、冷凝换热器设计、冷凝换热器冷凝水排放、冷凝水收集及中和处理等全新技术的研究。受制于国内技术的缺乏，万家乐公司联合国内大学及科研机构，进行了大量的材料基础性研究工作，突破了主要技术瓶颈，开创性地

图 1　烟气余热回收冷凝式燃气
快速热水器产品外观

解决了我国燃气热水器在冷凝换热方面无法解决的难题，为冷凝式燃气热水器在我国的推广揭开了新的开端。经鉴定，烟气余热回收冷凝式燃气热水器技术水平和性能指标达到了国内领先水平，推动了我国燃气热水器向国际领先水平的同步发展。

3.2 主要技术成果

（1）冷凝换热器材料、防腐、换热技术研究

普通的燃气热水器工作时，排放的烟气温度高达 180℃，这部分热量被白白地浪费掉，而余热回收冷凝技术的关键在于高效冷凝换热器如何对这部分的热量进行再次的利用，使排出的烟气温度降低至 60℃ 左右，从而提高热效率，因此冷凝换热器利用了烟气中的潜热部分，但同时会产生冷凝水，而烟气中的碳氧化物、氮氧化物等随烟气冷凝必将产生酸性的冷凝水，对换热器形成腐蚀。因此，解决冷凝换热器的防腐问题是重要的难点，经过对各种材料的筛选、针对性材料的配比调制、涂制工艺研究，大量对比实验，形成了一种能够针对燃气燃烧后烟气中酸性物腐蚀的专业涂料，配合专门设计的涂层设备和工艺流程，对新的换热器进行涂层涂制，达到了对换热器的防腐目的，并使换热效率得到提高，新的冷凝换热器能够抗燃气燃烧冷凝酸性物的腐蚀，使用寿命长，有效解决了冷凝热水器的换热要求，图 2 为烟气余热回收冷凝式燃气热水器结构。

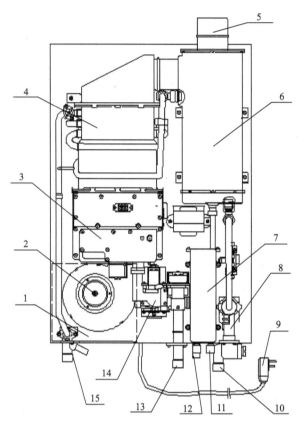

图 2　烟气余热回收冷凝式燃气热水器结构

1—主电控器；2—风机；3—燃烧器；4—显热热交换器；5—排烟口；6—冷凝换热器；7—冷凝水
收集中和装置；8—水比例阀；9—电源接头；10—进水口；11、12—冷凝水排放口；13—进气口；
14—燃气比例阀；15—出水口

（2）换热技术研究

余热回收冷凝式热水器如何有效提高对燃烧热能利用是整机设计的关键，在此项目中经过研究分析，采用显热换热加潜热换热的两段式换热方式，达到提高热交换能力，结构如图 2 所示，燃气由进气口进入燃气比例阀、燃烧空气由风机鼓入燃烧器与燃气比例阀调节后燃气混合燃烧，燃烧后产生的高温烟气经显热热交换器换热后，水经过显热热交换器换热热效率达到 80%、烟温降至 140℃，此时烟气从上至下进入冷凝换热器再次进行二次换热，热效率达到 20%，经冷凝换热器换热后烟气从底部向上由排烟口排出，烟温降至66℃，为增加两换热器交换效率，热水器进水水路设计成经水比例阀调节后的冷水先进入冷凝换热器加热后再进入显热热交换器，有效地提高了换热效率，最终可实现总效率达到99%（低热值计算）的效果。整机右侧冷凝换热器和冷凝水收集中和装置的设置，充分解决了冷凝水的向下流向问题，起到收集作用，避免冷凝水进入显热换热器端。

（3）冷凝换热器冷凝水排放、冷凝水收集及中和处理等全新技术的研究

冷凝换热器的布置采用烟气从上向下进入方式，使烟气的流向与冷凝水聚集的方向一致，有效避免了冷凝水在换热片表面的聚集、利于换热效率提高，冷凝水在冷凝换热器底

部聚集后流入冷凝水收集中和装置，在该装置中设置了水气密封装置，可以避免烟气经冷凝水排放口进入室内，此外在该装置中增加了一定量的碱性中和剂，流入冷凝水收集中和装置的冷凝水与碱性中和剂进行中和后，由冷凝水排放口排出，排放的冷凝水为中性水质，满足排放要求。

3.3 技术效益和实用性

通过对关键技术的突破、攻关，达到了国外同类产品的指标要求，其技术更有利于在行业内推广实施，推动冷凝式燃气热水器进步。

从 2004 年 JSQ20-12U1 冷凝式燃气热水器投放市场后，高效的燃气热水器应用得到了社会的广泛认同，国家此后推出的家电节能补贴政策，极大促进了冷凝燃气热水器的发展，万家乐公司在此基础上相继推出了 12L、14L、16L、18L、20L、24L 各类型号的冷凝式燃气热水器，在 12U1 产品基础上又相继开发了更多的冷凝换热技术产品，如具有全预混燃烧技术的冷凝式燃气热水器，实现了节能低排放的双重效果。

凭借万家乐在烟气余热回收冷凝式燃气热水器上开创性成果，由万家乐公司主导、我国第一个针对冷凝式燃气热水器的行业标准——《冷凝式家用燃气快速热水器》CJ/T 336-2010 于 2010 年 5 月 18 日正式发布，为我国冷凝式燃气热水器的发展注入了新动力。

4 应用推广情况

万家乐烟气余热回收冷凝式燃气快速热水器的开发、推广应用，代表了我国燃气热水器从仅满足供热水需求、向注重提高燃气热水器对环境和节能效果的社会综合影响力的进步，根据我国实际情况，通过利用现有技术能力和制造工艺手段自主创新、自主研发，走出了一条具有我国特色的燃气热水器发展道路，全部的零部件加工和生产都能够利用我国已有的设施完成，完全满足产品的大规模制造，对燃气热水器的冷凝技术推广应用起到有力保障。随着万家乐冷凝式燃气热水器开拓性的出现，同时也带动了行业内各厂家的积极响应，在此后纷纷投入对冷凝式燃气热水器的开发，涌现了更多的此类产品，产品的热效率指标被不断的突破，使我国冷凝式燃气热水器的发展进入到世界发达国家同步水平。

万家乐烟气余热回收冷凝式燃气快速热水器的开发，实现了燃气热水器在节能方面的突破，完全符合国家节能减排的长远国策，是燃气热水器发展的方向，提高燃气热水器的能效、降低排放在未来也将是燃气热水器发展的主要目标。

9. 不锈钢烟气回收型冷凝换热器及其壁挂炉

1 基本信息

成果完成单位：万家乐热能科技有限公司；

成果汇总：获专利 9 项，其中发明专利 1 项、实用新型专利 8 项；

成果完成时间：2009 年。

2 技术成果内容简介

万家乐烟气回收型冷凝换热器及其壁挂炉，采用不锈钢材质作为冷凝换热器的首选材

图1 烟气回收型冷凝壁挂炉产品外观

质，通过对不锈钢材料加工工艺多年的研究，并对不锈钢冷凝换热器的结构进行优化升级，如波纹管盘管、并联翅片管、并联光管等结构优化升级，避免了冷凝壁挂炉冷凝换热器发生腐蚀而漏水的行业问题，并解决了冷凝换热器因水流冲击而产生的噪声或水阻过大的冷凝炉行业共性难题，其换热效率可提升至103％。其普通冷凝产品和水冷低氮冷凝壁挂炉产品上市至今，产品质量稳定（图1）。

3 技术成果详细内容

3.1 创新性

3.1.1 不锈钢大管径波纹管两管并联结构冷凝换热器

率先采用不锈钢大管径波纹管两管并联结构形式，结合不锈钢冷凝器外壳，自主设计。波纹管其相对表面积大，换热面积增加，有效提高冷凝换热能力，其冷凝换热器具有水阻小，换热效率高，耐腐蚀性强的特点，其换热效率由89％可提升至103％（图2）。

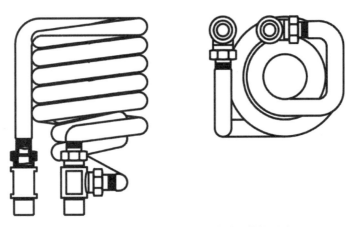

图2 不锈钢大管径波纹管两管并联结构形式

3.1.2 不锈钢管翅式结构冷凝换热器及其壁挂炉

优化不锈钢材料加工工艺的研究以及冷凝换热器结构，采用了SUS 304不锈钢管翅式结构，解决了冷凝腔因水流冲击而产生共振、噪声等行业共性技术难题，并具有原创性自主发明设计，独有的冷凝换热器焊点防护设计，避免冷凝换热器管路接口焊点发生腐蚀，有效提高产品的可靠性（图3）。

3.1.3 钢、塑混合结构冷凝换热器及其壁挂炉

为了更好地优化不锈钢烟气回收型冷凝换热器的结构，降低加工工艺和制作难度，并

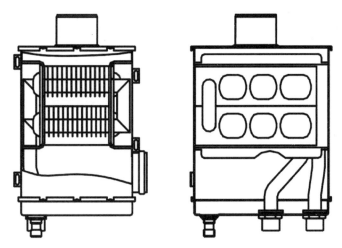

图 3 不锈钢管翅式结构冷凝换热器及其壁挂炉

在保证产品性能的前提下，降低冷凝换热器的成本。内部采用 SUS 304 不锈钢光管多管并联结构、外部壳体采用工程塑料混合结构，该冷凝换热器不仅性能满足标准条件，还具有烟气流阻小的特点，便于冷凝炉整机的烟气控制和排放，而且降低了冷凝换热器的加工工艺难度，成本降低 80 元左右/件（图 4）。

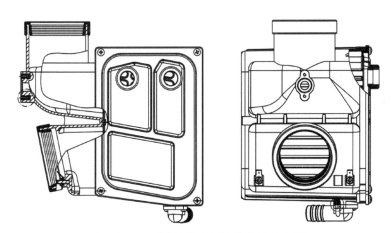

图 4 钢、塑混合结构冷凝换热器及其壁挂炉

3.1.4 应用 ECO 行为的壁挂炉节能技术

针对壁挂炉运行能耗费用高的痛点，在产品上实现了 ECO 独特的行为节能技术，再结合冷凝壁挂炉高换热效率的特点，一个供暖季（120 天）可为用户省气 302m³，节省费用 768 元/年，平均节能达 22%（按气价 2.54 元/m³ 计算），让用户用得放心，买得起更用得起。

3.1.5 应用 Wi-Fi 控制的壁挂炉便捷监控技术

通过万家乐自主研发的定制化商用级 APP，随时随地实现云端远程控制，无论用户身在何地都能开关、调节家中壁挂炉运行状态，以及实时掌控能耗情况，不仅最大限度实现了节能，还能充分利用时间，提高供暖的舒适性、便捷性。同时，也能很好地解决家中有人不会操作的问题。

3.2 技术效益和实用性

万家乐烟气回收型冷凝壁挂炉已销售至山东、山西、陕西、河北、河南等地，近 3 年安装总数量超过 20000 台。随着"煤改气"的普及，壁挂炉的安装数量剧增，然而我国每年供暖周期基本在 4 个月左右，生活热水却是全年 12 个月都必需的。同时，国家对节能减排的要求变得越来越严格，在这双重因素下，冷凝壁挂炉作为将来壁挂炉的发展趋势，市场不可限量。

目前普通燃气壁挂炉的热效率在 89% 左右，烟气回收型冷凝壁挂炉热效率更高，可达 103%，节能达 14% 以上。一般燃气壁挂炉的供暖面积在 $60\sim200\text{m}^2$，为了方便评价比较燃气壁挂炉与燃煤锅炉的节能情况，假设供暖面积 150m^2，锅炉平均每天运行时间 18h，根据设计规范，供暖热负荷指标取 $60\text{W}/\text{m}^2$，一个供暖季按 120 天计算，则每天每户需要的热量约为 $60\times150\times24=216\text{kWh}$（$1\text{kWh}=3600\text{kJ}$）。

对于普通燃气壁挂炉而言，天然气的热值为 $36\text{MJ}/\text{m}^3$，热效率为 89%，则每个供暖季需要消耗的燃气约为 2912.4m^3。折算冷凝燃气壁挂炉供暖时，每户每个供暖季能够节能 $2912.4\times0.14=407.7\text{m}^3$ 天然气。按照目前 20000 台安装数量，则每年可节能约 8154720m^3 的天然气，民用气按 2.54 元/m^3 单价计算，每年可节省燃气费用 2071.3 万元。

基于多年对不锈钢烟气回收型冷凝换热器的研究，历经三代的研究和应用，有效解决行业冷凝壁挂炉共性技术难题，避免水流冲击共振而产生的噪声、焊点发生腐蚀漏水、水流流阻过大而导致整机水阻力大、排烟阻力大而导致烟气排放超标等问题。经过不锈钢加工工艺的研究以及冷凝换热器的结构优化设计，降低不锈钢冷凝换热器的加工工艺，提升产品品质，同时提升产品的适应性和可靠性。

4 应用推广情况

不锈钢材质的冷凝换热器是烟气回收型冷凝壁挂炉的标杆冷凝换热器，在冷凝换热器的防腐性、换热、加工及制作工艺及成本上，相对于其他材质的冷凝换热器有一定的优势。

随着"煤改气"政策的落地，节能减排高标准的发布和实施，冷凝壁挂炉所占的份额越来越大；受欧洲壁挂炉的发展趋势影响，中国壁挂炉即将进入大力推广冷凝壁挂炉的时代，冷凝炉的市场切换和需求度也相应增加。

由于冷凝产品对国内环境水质和外界环境的适用性和可靠性等方面问题，导致冷凝炉的发展和推广相对普通壁挂炉较缓慢。全预混型冷凝壁挂炉鉴于目前中国的水质环境下，并结合当前并不完善的售后服务机制，暂时也不会得到大力的推广，相反烟气回收型冷凝壁挂炉在近几年和接下来的 3~5 年有较好的发展空间，会成为行业高端节能型壁挂炉的主导者，而且冷凝壁挂炉是行业壁挂炉的发展方向。不锈钢冷凝换热器的研究对整个行业冷凝技术的研发与推广，具有深远影响。

同时，不锈钢烟气回收型冷凝换热器不仅可批量应用在普通型烟气回收型冷凝壁挂炉，还可批量应用在低氮型水冷烟气回收冷凝壁挂炉。不锈钢冷凝换热器进一步升级将会主导全预混型冷凝壁挂炉，成为冷凝壁挂炉不可或缺的核心部件，进一步助力冷凝壁挂炉的发展。

10. 预防干烧传感控火及智能技术在燃气灶的开发与应用

1 基本信息

成果完成单位：广东万和电气有限公司；

成果汇总：经鉴定为国际领先水平；共获专利 6 项，其中发明专利 2 项、实用新型专利 4 项；

成果完成时间：2018 年。

2 技术成果内容简介

项目主要研发了预防干烧、精准温度感知、数字化控制、多点直喷高效燃烧、比例阀无级控火等技术，实现了预防干烧、油温过热保护（防干烧）、离锅节能、定时等功能，使家用燃气灶具保证出色的燃烧性能，热负荷达 4.5kW、热效率达 65％以上，创新具备了防干烧保护、一键烹饪等安全、智能功能。

针对以上特性，本项目具体的研究内容包括：

（1）从燃气灶工作原理出发，分析燃烧器的性能指标和结构参数，并根据国内燃气灶目前普遍的热负荷和热效率实际水平，提出了更高的大负荷、高效率的设计目标，对燃烧器的喷嘴、引射腔、混合腔、分气盘、火孔等参数进行设计计算，确定带防干烧装置的燃烧器的关键结构尺寸。

（2）分析防干烧温度传感器的应用原理，根据传热的特性，提出降低该传感器所使用的环境温度的思路，通过材料的选型，结构的改良，特别是其安装场所——燃烧器的配合结构优化，实现温度环境的大幅降低。

（3）使用 CFD 仿真软件进行数值仿真计算，通过反复计算验证燃烧器初步的设计方案，通过不断进行优化设计，找出最佳方案。

（4）通过对干烧保护及温度控制功能的需求及传感器技术原理、实际使用情况进行分析，对比研究目前控制方法的原理和缺陷，创新提出新的判断方法及控制逻辑，实现防干烧保护、健康油温控制、一键快捷烹饪等智能功能。

图 1 为防干烧控火及"一键"智能燃气灶。

图 1 防干烧控火及"一键"智能燃气灶

（5）通过对发生回火和燃气泄漏的实际情况进行分析，采取温度传感器和燃气浓度传感器反馈技术结合电控同步控制燃气比例阀进行燃气关闭动作，保证在异常工况下的安全性，避免事故发生。

3 技术成果详细内容

3.1 创新性

中国燃气具的发展近乎与改革开放同步，至今超过 40 年。在 40 多年的发展中，中国燃气灶呈现出符合中国炒菜需求的性能特点：猛火、爆炒，也就是大负荷、高效率。国内燃气灶热负荷平均水平在 4.2kW。在安全控制方面，处于基于火焰检测的熄火保护阶段，防止过热、温度控制的技术及应用处于起步阶段，仅个别品牌零星应用于产品上；相应的，基于温度控制所对应及延伸的防干烧和其他智能功能也处于起步阶段。

同时，根据对大负荷燃烧器及防止过热、温度控制所使用的防干烧传温度传感器的研究表明，防干烧温度传感器不适合直接应用于大负荷燃烧器中。防干烧温度传感器对使用环境有严格的温度要求，环境温度较高时，将直接影响到防干烧装置的取样精度和使用寿命；而大负荷燃烧器的环境温度往往过高，这就存在矛盾。目前针对适合防干烧温度传感器使用的大负荷燃烧器的研究是比较匮乏的。

3.1.1 预防干烧控火技术

通过设置由温度检测装置和锅具状态检测装置构成的防干烧控火传感器，温度检测装置与锅具底部接触，检测锅具温度；锅具状态检测装置安装在温度检测装置上，用于检测灶具上是否放置锅具。燃气灶的控制器根据防干烧控火传感器的信号来控制电磁阀、燃气比例阀的开闭以调节火力大小，防干烧和控火功能用一套电路控制，控制系统简化，控制精度高。

3.1.2 带防干烧装置的多点直喷高效燃烧技术

（1）向外直流火孔设计

燃烧器分火器设计为向外直流结构，其出火孔与水平面成一定夹角，沿分火器圆周均匀向外布置。在燃烧时燃气以一定压力经喷嘴喷出，带入空气进入炉头引射腔混合后经过分火器出火，在燃烧器中心形成负压力，促使燃烧器中心不断吸入二次空气，加速与燃气再混合并推动高温烟气向外向上流动，避免高温烟气倒流影响温度传感器对锅底温度的测量。

（2）中心二次空气通道优化设计

通过减少外环燃烧通道上的二次进风孔面积，增加中心二次空气进孔面积及流量，将中心二次空气进风孔设计成末端收缩的文丘里管结构来形成低压，提高二次空气流速，显著降低了高温烟气对防干烧装置的热影响，达到大负荷、高能效的目的。

（3）多点直喷出火孔排布设计

在分火器上设计了多排不同角度，不同大小的出火孔，使得可燃混合气体与二次空气混合更均匀，燃烧更充分，可有效减少烟气，从而可以缩小出火孔与锅底的距离，减少热量散失，提高热效率；主火孔燃烧的高温区由锅底外向里延伸，主火孔换热区面积增加40%，换热效果明显提升。燃烧器的外环分火器的外周壁设有区域间隔设置的大火孔和小火孔，小火孔区域与炉架上的炉耳相对设置，使与炉耳相对的火焰较短，避免因两者接触产生黄焰而导致烟气排放超标。

（4）经久耐用的内燃火燃烧器结构

由炉头主体、外环分火器、连接座组成的燃烧器，连接座由耐 700℃以上的耐高温材料制成，安装在炉头主体上，外环分火器安装在连接座上。连接座的使用大大提高了炉头上部高温下的抗变形能力与抗腐蚀能力，确保了燃烧器在长期、反复的高温环境中能够不变形、不生锈。

（5）具有二次空气和排烟通道功能的炉架结构

由炉耳及与之相连接的炉架底座构成，炉耳凸起于炉架底座，相邻两个炉耳之间形成排烟通道，炉架底座与燃气灶具面板之间形成至少 1 个二次空气通道，具有聚能、隔热、燃烧稳定、提高燃烧效率的益处。

3.1.3 燃气灶智能安全控制技术

燃气灶智能安全控制装置由微处理控制器、传感器模块、燃气阀模块、Wi-Fi 通信模块和报警模块组成，传感器模块包括锅底温度传感器、热电偶火焰传感器、燃气泄漏传感器，可以分别检测锅底温度、燃气灶上是否有火焰、燃气灶周围的燃气浓度等，并与用户通过 Wi-Fi 通信模块进行人机交互，有效地保障用户的安全。

3.1.4 燃气灶防烫提示功能设计

采用与控制器电连接的防烫提示装置，并在燃烧器和/或灶具面板上安装热度检测装置，热度检测装置对燃烧器和/或灶具面板的热度检测后，在预设的温度提醒范围内通过控制器生成防烫提示指令，提醒用户注意防烫伤。

3.2 主要技术性能指标

项目组委托国家燃气用具产品质量监督检验中心（佛山），依据《家用燃气灶具》GB 16410-2007 及《家用燃气灶具能效限定值及能效标准》GB 30720-2014 进行检验测试，所有项目符合标准要求（表 1）。

主要性能指标   表 1

主要参数	左炉	右炉
热负荷（kW）	4.19	4.28
热效率（%）	65.5	65.4
CO 排放（ppm）	310	240

该项目经国家燃气用具产品质量监督检验中心（佛山）进行技术对比，结论如表 2。

技术参数对比   表 2

比较内容		万和	国内某品牌防干烧灶	国外某品牌防干烧灶具
预防干烧功能	煎炸功能	有	有	有
	煲汤功能	有	无	无
	烧水功能	有	无	无
离锅节能功能		有	无	无
额定热负荷		有	无	无

比较内容	万和	国内某品牌防干烧灶	国外某品牌防干烧灶具
热负荷(kW)	左 4.5 右 4.5	左 4.5 右 4.5	左 3.2 右 3.8
CO 排放(%)	左 0.031 右 0.023	左 0.037 右 0.030	左 0.002 右 0.003

项目技术应用在公司防干烧智能灶具产品，其中 B9 系列产品于 2016 年上市，包含 7 个主要型号（B9-B10Z-12T、B9-B10Z-20Y、B9-L10Z-12T、B9-L10Z-20Y、B9-L745ZW-12T、B9-L16Z-12T、B9-L16Z-20Y），近 3 年累计产量 18.72 万台，累计已完成销售 18.56 万台。S2 系列产品于 2016 年上市，主要型号 S2-L02Z-12T，试销 400 台，市场反应良好，随着消费升级的加速，后续的产品市场占有率有望不断地提高。

3.3 技术效益和实用性

本项目预防干烧传感控火及智能技术在燃气灶的开发和应用，属于节能环保技术领域，已应用在公司防干烧智能灶具产品（B9 系列、S2 系列），累计已完成 18.6 万台产品销售，市场反应良好。项目主要研发了预防干烧、精准温度感知、数字化控制、多点直喷高效燃烧、比例阀无级控火等技术，实现了预防干烧、油温过热保护（防干烧）、离锅节能、定时等功能，使家用燃气灶具保证出色的燃烧性能，热负荷达 4.5kW、热效率达 65%以上，同时创新具备了防干烧保护、"一键"便捷烹饪等安全、智能功能，避免了因干烧而导致的产品损坏和意外事故，解决了行业关键技术难题，经用户使用，反映良好，经济和社会效益显著。

4 应用推广情况

4.1 经济效益和社会效益

（1）节约能源，减少用户成本

项目产品热效率超过 65%，比普通 2 级能效产品高出 10%，比国家标准要求值高 18%。以每个用户每月消耗 10kg 液化石油气计算为例，使用本产品替代普通 2 级能效产品，则每户可节省液化石油气 12kg；2016 年至今，本项目产品销量 18.6 万台，则每年可节省液化石油气 223.2 万 kg；按 100 元/15kg 计，约节省 1488 万元。随着销售数量的增加，此数值亦在增加。

（2）避免燃气泄漏

据不完全统计，65%的燃气事故发生在民居上，90%的燃气事故是由于胶管过长、老化，燃气用具过期服役，日常用气操作不当，使用燃气未及时关闭阀门而造成的。新型燃气灶的安全燃气泄漏报警设计，可有效避免或减少居民在使用燃气灶时因燃气泄漏而造成的事故。

随着城镇化的快速发展及人们生活水平的提升，人们对燃气灶提出了更高的安全、健康、智能的要求。本项目预防干烧传感控火及智能技术在燃气灶的开发和应用，不仅可大幅度降低厨房火灾的发生，还满足人们对智能控制、健康、美食方面的需求，提高居民的生活质量和健康指数，同时将引领行业的技术升级，随着该款机型大量投放市场，必将引发燃气灶具新的安全智能技术革命，带领整个行业向安全、智能及节能环保的高端技术道路上前进，对提高公司产品的市场竞争力、扩大燃气灶更多的市场份额具有实际意义。

4.2 发展前景

随着国内老龄化程度的加剧，燃气灶具使用过程中因忘记关火发生干烧而导致的火灾事故也日益增加。经煤气公司调查，燃气事故的厨房火灾往往是燃气灶及相关产品所引发，如忘记关火干烧、油温过高燃烧、意外熄火导致漏气、燃气泄漏、回火燃烧等。燃气灶具的安全性特别是防干烧、防泄漏已经成为产品的关键指标。

在日常生活烹饪过程中，很多菜品烹饪的第一步都需将烹饪用油倒入干燥洗净的锅中，然后将锅内的烹饪用油加热烧熟，其目的一为了将油烧熟，并杀死相关细菌，其目的二是为了将油的一些气味加热去除，从而确保菜品的香味和口感。然而，由于每个人的烹饪习惯及烹饪经验的区别，以及人们对油的烧熟的认知程度的不一致，人们很难保证火候，将油加热至合适温度。在油温没达到时，油未被烧熟，且气味不能有效去除，而油温过高则导致油被烧坏且产生大量的致癌物质，对人体产生极大损害。可见，带油温控制功能的智能燃气灶将更能满足消费者的需求，更能赢得消费者的青睐。

猛火、节能是中国燃气灶必须具备的基本性能。根据中国人的饮食习惯，人们在烹饪的时候喜欢选择猛火、爆炒的模式，以保证食材的色、香、味俱全。同时，随着能源匮乏的宣传及认识日益加深，消费者越发自觉地选择高效节能、低排的产品。当下中国普通的燃气灶以大气式燃气灶为主，火力在 3.6～4.2kW，热效率在 60% 左右，有效火力只有 2.4kW 左右，烹饪时难以达到理想的烹饪效果，无法满足消费者的需求。因此，开发"猛火、节能"灶具产品，是消费者所需，也是社会所需。

随着互联网渗透率逐渐升高，物联网被赋予了"引发下一次工业革命"的重大历史使命，而其中最有想象力并已具捷足先登之势的就是智能家居，尤其是智能家电，这也是物联网生态中落地速度最快的一个领域，相应产品和技术的智能化浪潮必将迅速崛起，燃气灶的智能化发展趋势锐不可当。

11. 直驱热循环恒温燃气热水器

1 基本信息

成果完成单位：广东万和新电气有限公司；

成果汇总：经鉴定为国内领先水平；共获奖 2 项，其中行业奖 2 项；共获专利 9 项，其中发明专利 1 项、实用新型专利 8 项；

成果完成时间：2016 年。

2 技术成果内容简介

本技术成果通过直驱热循环技术实现开机即出热水，节约水资源，安装方便，有回水管用户与无回水管用户都能轻松安装，消除用户重新装修布置管道的麻烦。

通过火焰离子电流技术，燃料在燃烧过程中电离产生大量的自由电子和正离子、负离子等带电粒子，通过主控制器对火焰反馈针反馈的离子电流进行实时监控，从而准确有效地判断燃烧工况，进而调节燃气热水器空燃比，提高燃气热水器抗风压能力，为实现低 NO_x 排放与稳定燃烧提供保障，保证燃气热水器安全、可靠的工作；通过三芯短焰燃烧技术，有效降低燃气热水器的 NO_x 排放，使燃气热水器更环保；通过研制恒温滤波技术，减少使用过程中停水温升高以及由于水压波动出现的水温超调现象，洗浴更舒适（图 1）。

图 1   万和零冷水 L7 热水器

3   技术成果详细内容

3.1   创新性

本成果通过研制直驱热循环技术、火焰离子电流技术、三芯短焰燃烧技术、恒温滤波技术，迎合市场需求，直驱热循环技术解决用户使用燃气热水器的问题，实现了花洒一开、热水即来的功能；燃烧控制技术（火焰离子电流技术与三芯短焰燃烧技术）使燃烧更稳定、更安全可靠，真正实现了低 NO_x 排放，很好地响应了国家绿色可持续发展要求；恒温滤波技术突破了燃气热水器行业电控恒温控制技术面临的技术瓶颈，引领行业恒温技术的转型升级，大大提高业界燃气热水器的恒温性能与用户的使用舒适性。

该产品通过应用冷凝换热技术、燃气/空气伺服技术，达到了高效节能目的；应用低温火焰稳焰技术，降低了烟气中的 NO_x 浓度；采用无氧钢钎焊技术，消除浸铅技术造成的污染；采用了智能恒温技术，用户使用方便、舒适。产品热效率、烟气中 CO 含量等主要技术指标达到国外同类产品先进水平。

该产品具有创新性和实用性，经专家鉴定技术成果处于国内领先水平。

3.2   主要技术成果

3.2.1   直驱热循环技术

通过直流水泵与进水管并联水路结构，如图 2 所示，将水路系统中最远端用水点混水阀冷水管与热水管短接连通，燃气热水器内部采用回水连接管连通燃气热水器回水嘴与进水管，使无回水管用户和有回水管用户均能与本成果燃气热水器有效实现闭合循环水路系统，如图 3、图 4 所示，在直流水泵的驱动下，实现燃气热水器对循环管中冷水预热的功能，出热水时间仅为 2s，相对于普通燃气热水器，大幅缩短出热水时间，节约水资源。直流水泵与进水管并联设计大大提高燃气热水器水路的可靠性，水泵支路与主水路并行设计，提高用户洗浴时的水流量，提高洗浴舒适性。

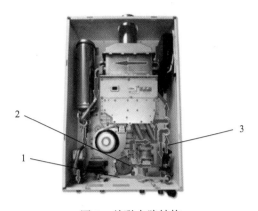

图 2　并联水路结构

1—回水连接管；2—水泵支路；3—主水路（进水管）

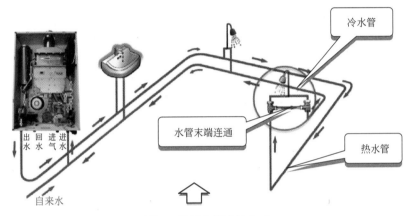

图 3　无回水管实施方式

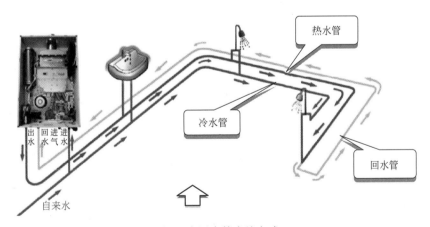

图 4　有回水管实施方式

3.2.2　火焰离子电流技术

火焰离子电流控制技术主要是通过控制火焰离子电流，实现产品的最佳运行状态，确保燃烧稳定性和安全性。

空气和燃气混合物在燃烧室燃烧的过程中，会发生剧烈的化学反应，生成大量的正负离子电子，火焰在电场的作用下，使得燃烧室内的可燃气体具有一定的导电性。如图 5 所示，在一定的输入电压范围时，火焰离子电流随着输入电压增大而增大，并且线性变化，过高的电压会导致离子电流信号不稳定，过低的电压会导致离子电流太弱而容易受其他信号干扰，合适的电压取道范围为 100～150V，图 6 为不同燃烧状态下的离子电流值曲线图。

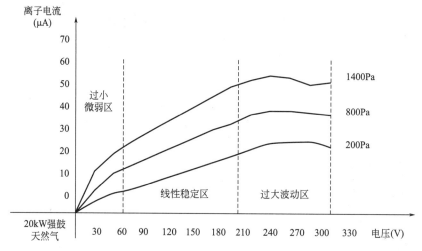

图 5　火焰离子电流与电压关系曲线图

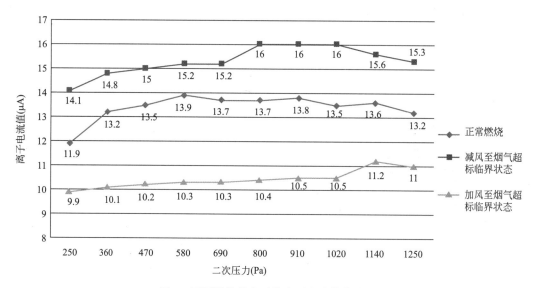

图 6　不同燃烧状态下的离子电流值曲线图

3.2.3　三芯短焰燃烧技术

本成果采用浓淡两级燃烧来实现 NO_x 低排放，这种燃烧方式从理论上讲属于非化学当量比燃烧。其主要目的是降低燃烧高温区的温度，减少热反应型 NO_x 的生成。结构上采用双引射口平行气流引射技术。浓火焰入口通道，氧浓度低，燃烧温度较化学当量比时低，烟气中 NO_x 含量降低；淡火焰入口通道，氧浓度高，一次空气过剩，过剩的空气也会减少一次燃烧温度；从而减少烟气中总的 NO_x 含量，在本成果中，燃气热水器烟气中 NO_x 的排放符合国标 5 级标准（烟气中 $NO_{x(\alpha=1)}$ ≤40ppm）。

3.2.4 恒温滤波技术

恒温滤波器内储存恒温水，冷水经过换热器一次换热后与恒温滤波器中的恒温水进行二次换热，如图 7 所示。当水压波动时，水流量发生变化，经过热交换器一次换热后必然存在一定的水温超调，流进恒温滤波器后，与恒温滤波器内恒温水进行二次充分换热，二次换热后可以大幅过滤掉水温波动，减小热水器的水温超调幅度，水温波动可以达到±1℃，相对于普通燃气热水器（水温超调±3℃），恒温性能得到了大幅提高。

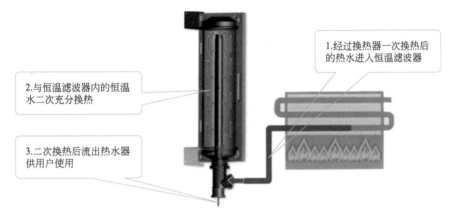

1.经过换热器一次换热后的热水进入恒温滤波器

2.与恒温滤波器内的恒温水二次充分换热

3.二次换热后流出热水器供用户使用

图 7 恒温滤波技术

4 应用推广情况

4.1 经济效益和社会效益

本技术成果包含的多项领先技术，引领行业向高效、节能、舒适、环保的技术方向发展，不断提高用户使用热水的便利性和舒适性。该成果的实施符合国家低碳经济发展要求，能缓解全球性水资源紧张的现状。

技术成果产品销售潜力巨大，与普通燃气热水器相比在节约水源方面效果明显。中国燃气热水器市场全年销量达到 1200 万台，若 1200 万台普通单一水路燃气热水器全部采用本成果研制的循环预热技术，则每天可节省 0.72 亿升生活用水。

此外，该技术成果低 NO_x 排放，积极响应国家低氮排放绿色可持续发展的政策要求，可见该成果的推广应用，不仅大大提升万和新电气的品牌知名度、引领行业技术升级，而且还给社会带来了显著的经济与社会效益。

4.2 发展前景

本成果直驱热循环技术解决了普通热水器需要放一段冷水的用户使用问题，开启了花洒一开、热水即来的全新现代热水生活新篇章，节约水资源，应用于国内热水器市场，燃气热水器市场规模将会进一步扩张，市场潜力巨大；火焰离子电流技术使整机始终处于最佳空燃比状态工作，燃烧稳定、安全，有效解决了燃气热水器抗风压的技术难点，成为燃烧领域的一大技术创新，引领行业技术转型升级，为燃气热水器的静音、舒适提供了技术保障；三芯短焰燃烧技术有效减少 NO_x 的排放，其 NO_x 排放符合国标 5 级标准，随着国家绿色环保政策的实施，燃气热水器的低 NO_x 排放必将成为行业的一种发展趋势；本成果恒温滤波技术通过水与水之间的均衡换热，弥补恒温控制程序的缺陷，进一步提升整机的恒温性能与用户的使用舒适性。

本项目成果创新性强，切合市场需求，符合燃气具行业技术转型升级与国家节能减排绿色发展要求，目前应用于万和新电气直驱热循环燃气热水器，并取得了良好的销售业绩，为燃气热水器行业树立了很好的市场口碑，是燃气热水器未来的发展趋势，具有很好的发展前景。

12. 一种新型火盖的燃气灶

1 基本信息

成果完成单位：杭州德意电器股份有限公司；

成果汇总：经鉴定为国内领先水平；共获专利 4 项，其中发明专利 2 项、实用新型专利 2 项；

成果完成时间：2017 年。

2 技术成果内容简介

在家用燃气灶具的燃烧器中，采用带有上置稳焰火的燃烧火焰结构设计，在主火焰上部增加一圈稳焰火，使燃烧器的一次空气量得到提高，强化了燃气燃烧强度，有效提高火焰温度，同时调整火焰的高温处与锅底的接触位置，提高火焰与锅底的热交换，提升 10% 左右的热效率；设置了主火孔上部的稳焰火，燃烧器的传火速度更快；在与炉架的脚片对应位置不设置主火焰，避免因火焰烧到炉架而产生的接触黄焰，有效降低燃烧产物中有害气体一氧化碳产生，使灶具的一氧化碳排放小于 0.03%（图 1）。

图 1 新型火盖的燃气灶

3 技术成果详细内容

3.1 创新性

　　家用燃气灶是以液化石油气、人工煤气、天然气等气体燃料燃烧进行火焰直接加热的厨房用具，而燃烧器是家用燃气灶的一个主要部件。现有技术的燃烧器多为在火盖周边均匀布置一层或者两层火孔，也有部分燃烧器在主火孔的下方设置有稳焰槽，即稳焰槽下置结构，此外还有燃烧器主火孔在外圈火盖上延周边均匀分布等形式，但三种结构形式均存在一定的缺陷。采用在火盖周边均匀布置一层或者两层火孔形式的燃烧器，利用燃气喷嘴的射流引射形式吸入一次空气，经过文丘里管使得燃气与空气均匀混合的技术来实现稳定燃烧。这种结构的空气量随着燃气压力、环境等参数的变化而变化，实际存在无法保证充分供氧以达到良好的燃烧质量的技术问题，因燃烧不充分，出现火焰长、火焰温度低、燃烧效率低的现象。从燃烧工况来看，这种结构的燃烧器在使用时的适应范围也相对较小，很容易出现燃烧火焰的黄焰、离焰等情况；采用稳焰槽下置结构的燃烧器，由于为了适应国内尖底锅的使用，灶具燃烧器的主火孔都是向上倾斜出火，使得稳焰槽火焰在主火孔火焰的下方，稳焰槽火焰的上部与主火孔火焰融合，这样使得稳焰槽流出的流速较小的燃气流与主火孔底部较大流速的燃气流结合，因此这种稳焰方式的火焰还不够稳定，稳焰效果有待加强，而这种结构的稳焰槽受到结构的限制，往往将火盖的主火孔单独做在火盖上，稳焰槽的出气口通过火盖与火盖座一起配合形成，这样不仅结构复杂，还会使得一次空气过多时出现脱火（离焰），调小一次空气时又出现黄烟，燃烧不充分进一步导致烟气中一氧化碳超标。这种燃烧火焰的强度低而导致热交换效率不够高，稳焰效果差；采用在外圈火盖上延周边均匀分布结构形式的燃烧器，其主火焰直接烧到锅支架的脚片上，这样会出现火焰与炉架脚片之间的接触黄焰而产生较多的一氧化碳排放，当经过改进火孔结构进一步提高燃气流速而达到较高的火焰强度时，废气中的一氧化碳排放更高甚至超标，现在往往都在采用加高炉架高度的方式来降低一氧化碳排放。所以，目前该类燃烧器普遍存在热效率低、燃烧工况不够稳定的问题而无法有效解决。

　　为了解决现有技术中存在的上述不足，本项目团队创新设计一种结构合理的稳焰槽上置的燃烧器，提高了火孔出口的燃气气流速度，使得燃烧更加充分、稳焰效果更好，并且外圈火焰的主火也不直接烧烤锅支架，减少能量损失、降低一氧化碳排放。

　　根据燃气大气式燃烧原理，燃气燃烧的火焰温度与一次空气量成正比关系，创新设计了在主火焰上部增加稳焰火的结构形式，来提高一次空气量，扩大燃烧器的工作范围，提高火焰温度，增加火焰与锅具的热交换量，进而提高燃气灶具的热效率。在燃烧器主火孔上部增加稳焰火的结构设计，如图 2 所示。

　　此结构形式在主火焰的上部设置了一圈稳焰火焰，其火焰是连续的小火形式存在，因此在使用中燃烧火焰传递速度更快，且不会出现部分火焰不着火的现象。

　　根据炉架脚片的数量，在与炉架脚片对应位置不设置主火焰，避免因火焰烧到炉架而产生的接触黄焰，有效降低燃烧时的有害气体产生，使灶具的 CO 排放小于国家标准要求。新型灶具结构设计如图 3 所示。

3.2 技术效益和实用性

　　本技术成果的完成，是一次理论分析到产品实现的重要实践过程。通过对灶具燃烧

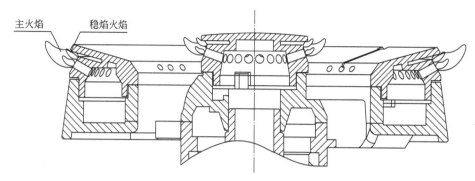

图2　燃烧器主火孔上部增加稳焰火的结构设计图

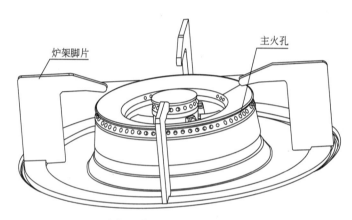

图3　新型灶具结构设计图

器火焰温度、火焰与锅具热交换效率、能量辐射损失、能量传递损失、对流热损失等影响热效率参数的梳理分析，抓住主要影响热效率的参数，包括火焰燃烧强度和锅底热交换效率等，进而优化燃烧器设计，在燃烧器上采用稳焰火在主火焰上部的结构设计，有效提高了燃烧火焰强度，通过改善锅底与火焰的接触位置，提高灶具使用的热效率；同时对灶具燃烧器的一次空气、二次空气、接触黄焰、脱火离焰等影响燃烧稳定性及废气中一氧化碳的因素进行分析，通过增加上置稳焰槽的结构来提高一次空气量、增加火焰强度，同时采用炉架脚片的对应位置不设置主火孔的方式来减少接触黄焰，有效减少燃烧系统中一氧化碳的产生及火焰烧烤炉架脚片造成的能量损失。通过对本技术成果的开发应用，积累了丰富的节能高效燃气灶具的开发经验，为以后开发更高能效等级的灶具产品奠定良好的基础。

本技术成果已经于2015年初在家用燃气灶具系列产品上得到推广应用，采用现有成熟的加工工艺就可以完成生产，产品制造质量、性能稳定，在批量生产后产品的热效率能够保持在65%以上，可以为用户节约10%以上的燃气消耗，具有较大的应用价值。

4　应用推广情况

4.1　经济和社会效益

家庭生活离不开厨房。厨房用具从最古老的石器、土灶台等，到现在的油烟机、燃气灶，很大程度地提升了人们在厨房中的体验。人们生活水平越来越高，对生活品质的追求也越来越高，不仅体现在消费层面上，更体现在自己的居家生活中。而厨房作为一个家居生活中使用非常频繁的地方，有着"第二客厅"之称，在家居生活中占据着举足轻重的位置。此外，现在人们在生活中越来越注重饮食，研究表明更多的人会选择在家中就餐。因此，好的厨电设计方案对家庭生活至关重要，燃气灶具作为厨房必不可少的一部分，其安全性能和节能性能现已作为大部分人们考量的因素。

本技术成果为一种新型火盖燃气灶具，提供了一种结构设计合理、稳焰效果更好的带稳焰槽的外圈火盖，本火盖的主稳焰槽位于主火孔上方和外圈火盖顶部下方，传火性能更好，火焰更加稳定，且结构简单，还可以提高一次空气供给量，提高热效率及稳焰效果，并且此产品是 14°角黄金聚能火盖，纯蓝火焰，可提高燃烧温度，降低能耗，改善燃烧废气带来的环境污染。

4.2 发展前景

本技术成果最大限度地利用能源来实现节能减排，燃气燃烧时火力集中锅底，更适合中式烹饪中急火快炒的需要，减少了热量损失，全面提高热效率，符合现在快节奏、高效率生活方式。因此，该产品的研发具有广阔的应用前景。

13. ECO 节能技术燃气采暖热水炉

1 基本信息

成果完成单位：广州迪森家居环境技术有限公司；

成果汇总：共获奖 4 项，其中行业奖 1 项，其他奖 3 项；共获专利 2 项，其中发明专利 2 项；

成果完成时间：2015 年。

2 技术成果内容简介

采用 ECO 节能技术的燃气采暖热水炉（以下简称"壁挂炉"）特点主要有供暖功能、供热水功能、ECO 节能调控功能、人性化设计及自我保护功能。供暖功能是产品通过燃烧天然气加热水产生暖气，并通过散热末端（散热片或地暖等）为家庭提供温暖舒适的室内环境，达到冬季供暖目的；供热水功能是产品通过燃烧天然气，通过换热系统将热水加热，为家庭提供热水使用；ECO 节能调控功能是通过拥有 ECO 一键节能功能，根据室外温度自动调节供水水温，同时控制燃烧时间，最高可达 30% 节能效果；人性化设计是在智能化控制的前提下，开放了时间参数、温度系数的设置项，只需长按 ECO 键 3s，即可进入界面进行加减调节；自我保护功能是拥有限温保护、缺水保护、熄火保护、三级防冻功能等 20 项自我检查监视保护功能，确保产品使用安全。本技术成果提供了一种基于分室控温的燃气型供地暖的控制方法及系统，以解决当用户供暖负荷与壁挂炉的功率不匹配造成壁挂炉频繁启动，室温忽高忽低的问题（图 1）。

图 1 ECO 节能技术燃气采暖热水炉

3 技术成果详细内容

3.1 创新性

在本技术成果形成之前，燃气壁挂炉在地板供暖领域中的分室控温技术，是利用设定温度上下限来控制壁挂炉的启停。即当所有室内控温开关关闭时，壁挂炉由于热量不再传递，水温上升至壁挂炉设定的上限而停炉。当分室控温其中之一开启时，壁挂炉开始运行，但由于壁挂炉的水泵只有一个开关量控制，水泵一直按工频在最大负荷下运行，当供热负荷低于 30% 或只有单室供暖时，壁挂炉水温会迅速加热至温度上限而停炉。

当经过一段时间散热后，水温下降至壁挂炉启动温度，壁挂炉点火运行，加热系统水。由于供热与散热端不匹配，壁挂炉出现频繁启停现象，若调低壁挂炉的热负荷，则壁挂炉温度下降，从而导致地暖房间温度下降，造成供暖室内温度忽高忽低，给人忽冷忽热的感觉，而壁挂炉的频繁启停也降低了系统热效率，增加能耗，减少了壁挂炉的使用寿命。

当壁挂炉水温超温停炉后，若只有单个房间地暖运行，极易造成地暖管超温，随着地暖继续运行，地暖管的供水温度逐渐下降，地暖系统的供热量减少，当水温低于壁挂炉设定温度的下限，壁挂炉重新启动。这种水流速度不稳定的情况也会对系统连接件造成损坏，甚至导致漏水等严重事故。

本技术产品通过室外温度监控、室内温度设置与检测及系统节能控制的方式，模拟人为调节,根据室外温度与室内温度的变化情况,始终将燃气采暖热水炉的运行控制在最佳的参数工况,从而达到提高适合人体的最佳供暖温度与使用最少能源的目的。

3.1.1 攻克的技术难点

1) 技术方案

基于分室控温地板供暖的壁挂炉恒温控制系统,包括有壁挂炉、水力分压器、分水器、集水器和至少一个供暖装置。壁挂炉包括壁挂炉控制器、换热器、燃烧器和燃气调节阀,换热器上设有壁挂炉热水管和壁挂炉回水管,壁挂炉回水管上设有壁挂炉变频循环泵。水力分压器上设有热水进水管、热水出水管、回水进水管和回水出水管,热水进水管连通壁挂炉热水管,回水出水管连通壁挂炉回水管,热水出水管上设有供暖变频循环泵;分水器上设有分水器进水接头和若干个分水器出水接头,分水器进水接头通过连接管连通水力分压器的热水出水管;集水器上设有集水器出水接头和若干个集水器进水接头,每个集水器进水接头设有分电动阀,集水器出水接头通过连接管连通水力分压器的回水进水管。供暖装置为地暖盘管和/或卫浴散热架,地暖盘管和卫浴散热架具有终端进水接头和终端出水接头,终端进水接头通过连接管连通分水器出水接头,终端出水接头通过连接管连通集水器进水接头。分水器的进水接头连接管上设有供暖进水温度传感器,集水器的出水接头连接管上设有供暖回水温度传感器,壁挂炉变频循环泵、供暖变频循环泵、分电动阀、分室温控器、供暖进水温度传感器、供暖出水温度传感器分别与变频恒温控制器电连接。

2) 实施过程

(1) 开启一个或多个分室温控器

通过供暖开关模块开启分室温控器,通过该分室温控器的分室温度设定模块设定温度,同时分室温度传感器检测温度。

(2) 分室温控器对应的供暖装置的接入

变频恒温控制器的变频恒温控制模块检测到该分室温控器的供暖开关模块启动,同时接收到该分室温控器的设定温度和检测温度;当检测温度低于设定温度2℃以上时,变频恒温控制模块开启集水器上的分电动阀,使该分室温控器对应的供暖装置接入;当检测温度与设定温度相差小于2℃时,变频恒温控制模块不开启集水器上的分电动阀,使该分室温控器对应的供暖装置不接入。

(3) 壁挂炉点火运行

至少有1个供暖装置接入时,变频恒温控制模块开启供暖变频循环泵和壁挂炉变频循环泵,壁挂炉控制器控制壁挂炉的燃烧器点火运行。

(4) 调节水流量进行供热

运行过程中,变频恒温控制模块接收供暖进水温度传感器检测的供暖进水温度和供暖回水温度传感器检测的供暖回水温度,控制壁挂炉变频循环泵和供暖变频循环泵的频率进行水流量调节,壁挂炉控制器控制燃气调节阀的开度,保证在适当水流量下对接入的供暖装置进行供热。

(5) 壁挂炉停止运行

逐一关闭分室温控器,当没有供暖装置接入时,壁挂炉控制器首先关闭壁挂炉的燃气调节阀,然后变频恒温控制模块关停壁挂炉变频循环泵和供暖变频循环泵。

3.1.2 主要技术成果

本产品为 ECO 节能技术燃气采暖热水炉（壁挂炉）。ECO 这一名称由 Ecology（生态）、Conservation（节能）和 Optimization（优化）合成而得从一诞生开始，便是以技术、环保和经济性为设计研发的基本理念。

在供暖季里，燃气采暖热水炉产品是 24h 不间断使用。在用户设定供暖温度后，由于室外环境的变化造成热量损失速度不一样，会导致室内温度过高而引起能源浪费。本产品采用 ECO 节能技术，实时调整燃气采暖热水炉的出水温度，确保热量供应与损失的平等，从而达到舒适与节能的目的。

本技术方案通过在燃气采暖热水炉上配置室内、室外温度传感器，时刻采集室内及室外温度变化数据，通过预设程序计算热量供应与损耗平等，对燃气采暖热水炉出来温度进行实时调整，减少室内温度过高而造成的能源浪费，实现程序自动控制的人为节能，同时提供更舒适的供暖体验，本产品设计方案如图 2 所示。

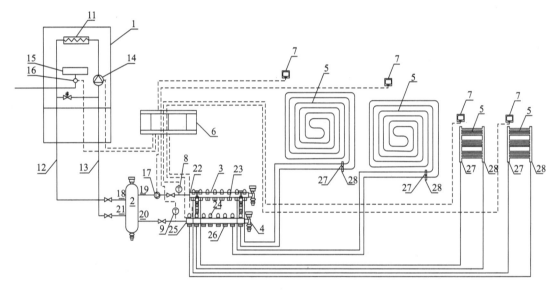

图 2　产品设计方案图

1—壁挂炉；2—水力分压器；3—分水器；4—集水器；5—采暖装置；6—变频恒温控制器；7—分室温控器；
8—进水温度传感器；9—回水温度传感器；11—换热器；12—壁挂炉热水管；13—壁挂炉回水管；
14—壁挂炉变频循环泵；15—燃烧器；16—燃气调节阀；17—采暖变频循环泵；18—热水进水管；
19—热水出水管；20—回水进水管；21—回水出水管；22—分水器进水接头；23—分水器出水接头；
24—分电动阀；25—集水器出水接头；26—集水器进水接头；27—终端进水接头；28—终端出水接头

本技术成果根据供暖需求供应供暖水，供热端和供暖端匹配，可持续稳定的供热，一是不会出现壁挂炉频繁启停现象，壁挂炉不易损坏；二是各分室温度稳定，不会忽冷忽热，分室舒适度高；当所有分室的分室温控器关闭、无供暖装置接入时，壁挂炉自动停机，不会等到水温升至上限才停炉，能耗低，节能环保。

依据此技术申请并授权发明专利 2 项，同时本产品被中华人民共和国工业和信息化部列入"能效之星"产品目录；被广州市工业和信息化委员会、广州市财政局列入省级工业和信息化专项资金企业技术中心专题项目；被广东省高新技术企业协会认定为广东省高新技术产品；被中国建筑金属结构协会舒适家居分会选入舒适家居行业“四新”科技成果项目。

3.2 技术效益和实用性

3.2.1 技术先进性

本技术成果是在燃气采暖热水炉行业内首次提出的以监控室外温度、内部温度变化及互联网智能控制三项要素相结合实现的一种智能行为节能技术，技术水平达到国内领先。

3.2.2 节能效果

本产品应用自动温控方法，其能够根据室外温度的变化实时对采暖炉的出水温度进行调整；控制器会根据供暖出水温度变化，结合运行时间，智能控制燃气采暖热水炉的运行方式，在保证正常供暖需求的同时，达到节约能源的目的，最高可达30％节能效果，为用户节省能源成本的同时，也响应了国家的节能政策。

3.2.3 智能调控作用和强适用性

相比于现有技术，本产品基于在室外配置室外温度传感器，实时监测室外温度信号，对室内温度进行判断，由关联函数计算出维持热能供应与热量损失的平衡点，以自动调整燃气供暖热水炉的工作状态，从而调整出水温度以保证室内的温度始终处在最为舒适的状态。另外，本产品以前期大样本量的消费者人为模式调研为基础，在国内不同的地理、气候与住宅建筑条件下，均具有普遍的适用性。

3.2.4 互联网特征和高度灵活性

本产品技术嵌入了基于消费者个人实时需求设定基础参数下动作的功能，具有互联网控制特征和高度灵活性。室内温度传感器具有 APP 控制功能，用户可以远程操控室内的供暖情况。

4 应用推广情况

4.1 经济和社会效益

本技术产品节能效果好、舒适感强。ECO 节能技术通过改进燃气采暖热水炉的运行方式，配置室外传感器及室内温控器，通过传感器采集室外与室内的温度变化精确数据，对燃气采暖热水炉出水温度进行实时的调整，从而使得燃气采暖热水炉运行时能保证供暖需求前提下，避免天然气能源的浪费，节约了能源。同时，方便用户的操作使用，而且保证了供暖房间的舒适度。

随着越来越多的用户选择用壁挂炉供暖代替集中供暖，天然气的消耗也逐渐增加，因此研发节能型燃气采暖热水炉是发展趋势。本技术的研发，最高可达30％节能效果，进一步提升了公司的创新能力，提高了公司产品的市场竞争力。

本技术为行业内首创提出的行为节能技术，在行业内起标杆作用，促进同行业企业积极进行技术改进，拉低与国际市场的差距，带领行业朝高技术含量、高附加值方向发展。

4.2 发展前景

现国家大力宣传环保和节能减排政策，ECO 节能技术燃气采暖热水炉节能效果显著，响应了国家的政策；同时，本产品是“煤改气”项目的重点产品，在国家“煤改气”政策的大力推动下，本产品预计在未来2～3年将保持良好的市场销量。

此外，本项目团队在 ECO 节能技术的基础上，通过进一步的技术研发，以及与科研院所的合作，将 ECO 技术与互联网技术相结合，实现手机对壁挂炉的远程控制，优化燃气采暖热水炉的性能，提高产品的市场竞争力。

14. 单管巡航零冷水系统

1 基本信息

成果完成单位：艾欧史密斯（中国）热水器有限公司；

成果汇总：共获奖 3 项，其中行业奖 1 项、其他奖 2 项；获专利 5 项，其中发明专利 3 项、实用新型专利 2 项；

成果完成时间：2016 年。

2 技术成果内容简介

开发了小型化适合安装于燃气热水器内部的高压循环泵；开发了能将用户家的冷水管作为循环管路的回水管形成循环系统的定压回水阀，使用户家的用水管路都保持一定的温度，同时为提升用户使用体验，将热水器最小负荷降低到 2kW，防止频繁停机开机，热水管路不热问题；开发了全不锈钢热交换器，大幅提升耐用性，适应长期小负荷工况下使用（图 1）。

通过以上技术的融合成为一个单管巡航零冷水系统，实现用户不用等待使用热水，克服了传统热水器冷"三明治"及开机冷水段的行业难题。

图 1　零冷水壁挂炉和热水器外观图

3 技术成果详细内容

3.1 创新性

为了解决燃气热水器在使用时必须先放掉一段冷水的技术问题，常见的解决方案都需用户铺设回水管路，通过回水管路循环预热管路中的水，在用户用水时，达到即开即热的效果。此项技术成果"单管巡航零冷水系统"打破了现有技术中"即开即热"必须安装回水管的限制，即使家里已经装修好，只要在用水点安装该"定压开关装置"便能够实现以冷水管作为回水管实现预热循环，实现"单管巡航"的目的。

"单管巡航零冷水系统"采用的定压开关装置，基于磁吸原理，在循环泵开启后，磁吸件之间由吸合状态转换为打开状态，由于磁力的大小与距离为负相关，在打开状态下磁吸力减小，只要循环泵维持一恒定压力便可实现热水管路与冷水管路连通，进而形成稳定的循环回路；同时，该定压开关装置配合"缓冲段"，有效避免因冷水管路及热水管路的水压波动引起的冷热水串流的问题。

3.2 技术效益和实用性

该技术成果使用于 A.O. 史密斯（中国）热水器有限公司的零冷水型燃气热水器产品中，零冷水产品在用户中使用口碑良好，有效地解决了用户在使用燃气热水器时必须先放掉一段冷水才能享用到热水的问题，真正实现了即开即热的热水使用体验。该技术成果切实的从燃气热水器的"冷水段"行业难题出发，很好的解决了消费者的使用痛点，市场表现优异。

现有技术供暖炉产品同样在冬季使用生活水时，同样要放掉很长一段冷水，影响用户对生活热水的体验。零冷水型壁挂炉增加预热循环，并在管路设计和控制上实现供暖和预热循环同时进行，既能实现生活水预热，同时又能不影响供暖功能。另外，现有技术预热循环时由于机器运行时最小负荷偏大，导致在预热时机器出现频繁启停、循环管内温度不均匀，预热回水温度偏低等问题，严重影响用户体验，零冷水型壁挂炉增加分段控制，进一步改善生活热水恒温性能。零冷水壁挂炉产品自从上市以来，深受消费者喜爱，短短一年时间里，增加销量 8000 台，产生销售额 8000 万余元，有效改善了 A.O. 史密斯市场销售组合，高端机型动销金额占比大幅提升，并引起壁挂炉行业重视和其他品牌模仿，带动了壁挂炉行业的整体技术进步。

4 应用推广情况

4.1 经济和社会效益

2016 年技术开发完成后即应用到产品上，当年实现上市销售，成为当年和后几年带动销售增长的重量级产品，市场接受度非常好，解决了大量用户对于燃气热水器使用过程中水温忽冷忽热及开机冷水段的困扰。零冷水壁挂炉产品自从上市以来，深受消费者喜爱，经济效益显著。

本技术解决了广大用户对于使用热水的高品质需求，深受市场和行业好评，为企业及社会创造大量的就业、利润和税收，且为整个社会节约了大量的水资源。同时掀起了零冷水行业普及风暴，近 50 个品牌纷纷跟进，燃气热水器行业由此进入零冷水时代，将零冷水的市场份额从零提升至今年的 23%，带动行业向高端用户体验和高品质良性发展。

4.2 发展前景

带有该先进技术的热水器产品是当前热水器发展的趋势，引领行业追赶，也带动了行业良性发展和竞争，升级换代空间很大，发展前景很好。

带多项专利技术的史密斯零冷水壁挂炉产品的成功推广，推动了壁挂炉行业技术发展，并引导行业其他品牌企业基于我国市场用户需求，解决供暖行业难题。

15. 燃气灶强鼓燃烧技术及产品

1 基本信息

成果完成单位：广东万家乐燃气具有限公司；

成果汇总：共获专利 6 项，其中发明专利 2 项、实用新型专利 4 项；

成果完成时间：2016 年。

2 技术成果内容简介

目前灶具在使用过程中，只有一个最大火位置，也就是旋塞阀在开火时逆时针旋转到 90°的位置，在使用过程中，如果此时发现火力不足，例如热油后放菜，可能由于菜量较多或火力不足，发现锅的热量瞬间下降很多，菜炒不起来，难以做出一顿美味的中国菜。

万家乐在行业内首次提出一键爆炒概念，可有效解决该类问题。该灶具通过增加一个专用的燃气通道和一次空气通道，在把旋钮旋转到一键爆炒位置时，打开该处燃气通道和空气通道，可在保证灶具正常工作情况下，瞬间提高热负荷，实现爆炒功能，在解决当时灶具行业热负荷难以做大的问题上，提出了一个创新的解决方案（图 1）。

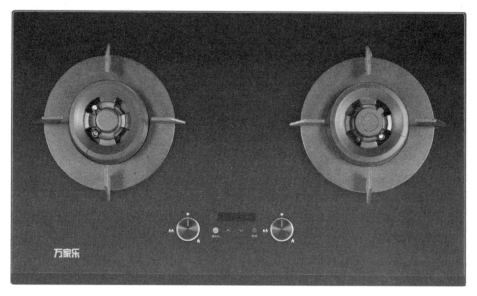

图 1 基于强鼓燃烧技术的燃气灶外观图

3 技术成果详细内容

3.1 创新性

在行业内首次提出一键爆炒概念，可有效解决该类问题。该灶具通过增加一个专用的燃气通道和一次空气通道。在把旋钮旋转到一键爆炒位置时，打开该处燃气通道和空气通道，可在保证灶具正常工作情况下，瞬间提高热负荷，实现爆炒功能。解决当时灶具行业热负荷难以做大的问题上，同时不会新增其他问题，如热负荷加大，相应的火孔面积可能需要加大，锅支架可能也需要加高，黄焰出现的概率也会大大增加，但通过该解决方案，可在不改动现有结构的情况下，保证燃气灶合格，提升用户体验。

该方案设计了一个"一键爆炒"位置，当旋钮旋转到该位置时，会给控制器一个信号，电磁阀打开，此时独立的燃气通道打开，同时，风机也接收到信号进行鼓风，对外环进行强制补充一次空气，增加氧气量（图2、图3）。

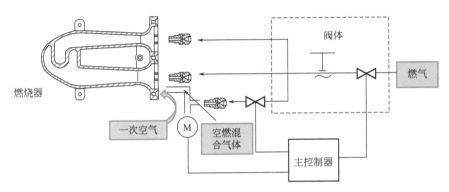

图 2　燃气灶强鼓燃烧技术系统图

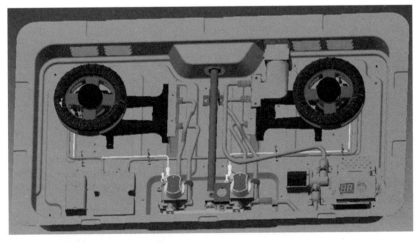

图 3　带有鼓风机的燃气灶结构图

3.2 技术效益和实用性

燃气灶强鼓燃烧技术，通过强制鼓入额外的空气和燃气，瞬间提升燃烧负荷，使用户在家里就可进行爆炒烹饪。

4 应用推广情况

4.1 经济和社会效益

万家乐于 2004 年就进行了燃气灶强鼓燃烧技术的开发，也进行了产品量产。并于 2016 年对该技术进行了升级，2017 年底正式进行燃气灶强鼓燃烧技术的产品应用，但燃气灶强鼓燃烧技术成本较高，市场接受度有限。

4.2 发展前景

燃气灶强鼓燃烧技术是因中式爆炒烹饪而产生的，目的是满足人们对大负荷的追求，在燃烧器自身的性能提升空间有限的情况下，通过其他途径来进行提升也是一种较好的方式。对于追求爆炒烹饪的这一类用户来说，燃气灶强鼓燃烧技术给他们带来了很好的助力。

16. 高效节能内燃火嵌入式家用燃气灶具

1 基本信息

成果完成单位：广东万和新电气股份有限公司；

成果汇总：共获奖 6 项，其中市级奖 2 项、行业奖 3 项、其他奖 1 项；获专利 6 项，其中发明专利 1 项、实用新型专利 4 项、外观设计专利 1 项；

成果完成时间：2006 年。

2 技术成果内容简介

高效节能内燃火嵌入式家用燃气灶具采用分层火焰内燃火的燃烧方式，将燃烧器放置于面板下的半封闭的燃烧室内；燃烧室壁作为供燃烧所需空气的通道，减少了燃烧产生的热量因热传导、辐射、对流换热的热损失，使灶具的热效率超过 60%。该产品由万和公司自行独立研发，拥有自主核心技术，是按照国内最高水平来设计制造的高科技产品。

其主要性能指标如下：

（1）热效率：左炉 61.5%、右炉 61.3%；

（2）额定热流量（4.2kW）：左炉 4.21kW、右炉 4.19kW；

（3）烟气中 CO 含量：左炉 0.023%、右炉 0.028%。

图 1 为高效节能内燃火嵌入式燃气灶。

图 1　高效节能内燃火嵌入式燃气灶

3 技术成果详细内容

3.1 创新性

为了解决国内燃气灶热效率水平在 $55\%\sim57\%$ 之间，烟气中 CO 含量超高的缺点，研发了高效节能内燃火嵌入式家用燃气灶具。其主要性能特点如下：

3.1.1 分层火焰内燃火燃烧技术

普通家用燃气灶具的燃烧方式均是空燃混合气向外溢出燃烧，燃烧时会使火焰加热锅底的面积大，并且火焰沿着锅底向外散开与空气接触的面积较大，造成燃烧产生的热量通过与空气对流换热而大部分快速流失，热能的利用率大大降低，因此普通燃气灶具的热效率仅在 $50\%\sim53\%$ 之间。

本产品的燃烧系统是根据大气式燃烧原理，采用分层火焰内燃火燃烧技术，使火焰向内分层燃烧，减少火焰与空气的接触面积。设计先进的炉头和分火器使空燃混合气向内分层溢出燃烧，使火焰集中加热锅底、提高换热效果，并且火焰与空气接触的面积较小，大大减少了与空气对流换热造成的热损失。

3.1.2 半封闭室燃烧技术

普通家用燃气灶具的燃烧室是完全敞开的，燃烧器完全裸露在空气中燃烧，燃烧热量大部分通过辐射、对流而损失。另外，由于空气系数较大，致使排放的烟气中氧含量太高，烟气带走的热量也较大。

本产品根据流体力学和热力学的原理，创立了半封闭室燃烧技术。具体的方案是：将燃烧器放置在面板以下，并用隔热层将燃烧室隔离开来。隔热层是由两个圈径不同的圆筒组成，两个圆筒的端面的高度差形成进风口，两个圆筒之间的间隔作为供给空气的通道。燃烧器在燃烧室内燃烧时，由于负压的作用，冷空气从进风口进入，再经圆筒之间的空气通道进入燃烧室，而源源不绝的冷空气回收了火焰辐射损失的热量，大大减少了燃烧室内的热量因热传导、辐射、对流产生的热损失。另外由于减少了燃烧器与空气的接触面积以及减少其余的空气补充通道，使烟气中的氧含量降低至 8% 左右（普通燃气灶具的氧含量一般在 $11\%\sim13\%$ 之间），烟气量大大减少，因此烟气带走的热量也减少了。燃烧所需的冷空气在通道中吸收内隔热筒上的热量而起到预热的作用，因此促进燃烧完全，使烟气中的一氧化碳含量低于 0.038%，达到国家标准的要求。由于燃烧室的保护作用，燃烧火焰燃烧稳定，不受外界气流的影响，避免火焰被风吹熄。

3.1.3 高效节能

由于该产品采用分层火焰内燃火燃烧技术、半封闭室燃烧技术，热效率实测达到 60% 以上。在现实生活中烹饪时集中加热锅底，不加热锅沿部位，所以更能完全利用热能。

3.1.4 人性化设计

整机的结构设计有三个易拆洗的盛液装置，分火器也易取出清洁，而且结构合理、紧凑，外形尺寸、包装运输、安装均与普通产品相似。

基于此技术已获得全国发明展览会铜奖、广东省轻工业协会科学技术进步奖二等奖、佛山市顺德区科学技术奖三等奖、佛山市科学技术奖三等奖、中国燃气节能标杆产品、中国轻工联合会科学技术进步奖三等奖。

3.2 技术效益和实用性

在本项目的开发中，万和新电气根据市场调查获取的大量资料，从国人的烹饪习惯出发，设计开发出节能效果显著的猛火燃气灶具，以高端产品形象出现，并能与外资品牌抗衡，具有强大的竞争力，市场潜力不可估计。另一方面通过自行开发关键技术，零部件尽量自制，从而降低成本。

高效节能内燃火嵌入式家用燃气灶具热效率高达 62%，比一般燃气灶具节能 10%以上。而且其成本的增加仅限于若干常规金属材料的增加，不涉及任何高端特殊工艺难制作的材料，并且从零部件生产到整机装配生产工艺简单与普通产品无任何差异，因此价格合理，性能优异，具有十分优越的性价比，消费者可接受。

4 应用推广情况

4.1 经济和社会效益

本产品为嵌入式燃气灶具，产生的一氧化碳有毒气体含量低，安全可靠，对厨房现代化的实现起了促进作用，社会效益良好。

由于本产品比一般燃气灶具节能 20%，以用户每天使用 2h，气源为液化石油气计算，每户家庭每年可省 30kg 液化石油气，节省开支 200 元。按全国 15 万户家庭计算，每年可节省 3000 万元。另外由于排烟量的减少，减少了二氧化碳的排放量，利于减缓温室效应，保护地球环境，因此本产品具有非常好的社会效益。

本产品的分层火焰内燃火燃烧技术、半封闭室燃烧技术两项新技术引领行业向高效、节能、环保的技术方向发展，并能缓解全球性的能源紧张的现状；打破现时行业仅注重外观的低技术的状况，带动行业在高效、节能、环保高端产品达到国际先进水平。

4.2 发展前景

国内独特的烹饪文化与欧美发达国家存在差异，在中国为追求较佳的烹饪效果，猛火超大热流量燃气灶具越来越受广大消费者的欢迎。

因此在国外既无节能技术参考，国内又无完善的同类节能产品的背景下，为造福国内的广大消费者，万和新电气根据市场调查获取的大量资料，从国人的烹饪习惯出发，设计开发出节能效果显著的猛火燃气灶具，以高端产品形象出现，并能与外资品牌抗衡，具有强大的竞争力，市场潜力不可估计。

17. 平板式超薄家用燃气灶具

1 基本信息

成果完成单位：迅达科技集团股份有限公司；

成果汇总：经鉴定为国内先进水平；共获奖 1 项，其中行业奖 1 项；获专利 2 项，其中发明专利 2 项；

成果完成时间：2016 年。

2 技术成果内容简介

平板式超薄家用燃气灶具具有极致纤薄的机身，其厚度仅 24mm，整灶呈现出超薄的平板型效果。通过采用缝隙孔旋流燃烧技术、完全上进风燃烧技术、隐藏式底壳、超薄旋塞阀、超薄脉冲点火器等自有技术，实现传统嵌入式灶与橱柜紧密结合的安装效果，杜绝了传统嵌入式灶进行嵌装所带来突出式的底壳部分，解决了占用橱柜内部空间、微漏的燃气沉积在灶具内部、大型的嵌装孔影响橱柜的整体强度、嵌装孔规格不一对燃气灶的置换造成影响等的问题。平板灶二代——智尊平板灶，更是采用最新研发的光辐旋流燃烧技术，将热效率提升到 75％以上，是目前唯一实现批量生产的特高效燃气灶（图1）。

图 1　平板式超薄家用燃气灶具

3 技术成果详细内容

3.1 创新性

平板式超薄家用燃气灶是迅达集团完全原创的灶具结构，属自主创新的基础型专利技术。平板灶主要结构特点为隐藏式底壳结构和完全上进风旋流燃烧系统，具有极致纤薄的机身，厚度仅 24mm，整灶呈现出超薄的平板型效果。

迅达平板灶主要的技术创新点如下：

（1）隐藏式底壳、平板型灶具结构：灶具内部各零部件安装于底壳上，底壳隐藏于玻璃面板和铝合金边框组成的面板组件（也可使用不锈钢面板）内部，灶具主体厚度不大于24mm（不锈钢面板灶具不大于 21mm），使整灶呈现出超薄的平板型效果，可平整置于橱柜台面上，既实现了传统嵌入式灶与橱柜紧密结合的安装效果，也杜绝了嵌装所带来的问题。

（2）超薄型旋塞阀：传统旋塞阀的主体厚度 50mm 减薄至 18mm，以实现在超薄灶体内的安装。

（3）超薄型脉冲点火器：将传统燃气灶具点火器厚度 30mm 降低至 17mm，以实现在超薄灶体内的安装。

（4）独特的安装方式：平板灶直接放置于橱柜台面，灶体即可紧密贴合橱柜，气路和直流电源输入集置于灶具底部中间位置，并安装圆形定位圈进行安装定位和防护，橱柜表面开直径为 60mm 的安装孔即可，安装简单，对橱柜的破坏较小，置换方便。

（5）极易清洁的结构：使用完全上进风燃烧技术，面板上方完全封闭，盛液盘处热电偶、点火针、喷嘴座等安装孔均采取了密封措施，避免汤汁、脏污等进入灶具内部。燃烧器为独立放置于面板上的零件，可以不借用任何工具方便的取下和安装，可以单独进行清洁，取下燃烧器后也可以彻底清洁盛液盘各处。

（6）光辐旋流燃烧技术：智尊平板灶换热系统升级，增加辐射盘并采取隔热保温设计，通过旋、拢、辐，促进完全燃烧，实现集中燃烧，使热能聚集，充分提高热效率，减少对外热量损失，经检测热效率可达到75％以上，并降低灶体温升，提高零部件使用寿命和可靠性，减少对人体的热辐射。

（7）机电结合，智能化升级：智尊平板灶，内置智慧芯，实现智能播报、声光报警以及烟灶联动、风随火动，灶具开启，烟机瞬间感应自动启动，当火力变大时，它也能自动开大风量，全自动操作。

（8）采用无风门设计，合理设计燃烧器引射管以适应环境变化，自动调节空气配比，以适应不同燃气燃烧，燃气气种置换时，只需更换喷嘴，即可保证燃气正常燃烧，方便燃气置换。

（9）时尚的工业设计：平板灶的造型设计理念新颖，超薄的机身，整机造型线条明快，材质搭配协调，并可以延伸多种款式，玻璃款平板灶更是使用黑色的玻璃面板搭配多种颜色的铝合金边框，满足消费者的个性需求。

3.2　技术效益和实用性

本项目由迅达科技集团股份有限公司自主研发、实施，应用于家用燃气灶，已开发芯动、智尊平板系列燃气灶3款10多种型号，各项技术性能指标均达到或超过《家用燃气灶具》GB 16410国家标准要求，其中热效率最高达到75％以上，是目前唯一实现批量生产的特高效燃气灶。DB1601平板式燃气灶于2016年12月湖南省科技厅组织的成果评价会上评为国内领先水平。

4　应用推广情况

迅达平板灶在全国推广，热效率可达到75％以上，按最低65％的热效率计算，每户可省气30％左右，按每户家庭每年耗用天然气150m³保守估算，则每户可减少天然气消耗45m³，2亿用户一年可节省天然气90亿m³，减少CO_2排放1800万t，使家用燃气用具的年排放量降低30％左右，节能效益显著。

迅达平板式燃气灶的成功研发和投产上市，在行业内率先将热效率提高到75％以上，有助于提升我国燃气燃烧技术水平，加快燃气具发展进程、促进燃气燃烧技术的发展，产生了良好的社会效益，且烟气排放低，健康环保、安全节能，对促进低碳环保具有重要意义。

18.　集成灶-飞天系列产品

1　基本信息

成果完成单位：浙江美大实业股份有限公司；

成果汇总：共获奖 6 项，其中行业奖 6 项；获专利 7 项，其中发明专利 1 项、实用新型专利 4 项、外观设计专利 2 项；

成果完成时间：2016 年。

2　技术成果内容简介

飞天系列集成灶，为一款具有风口自动启闭功能的侧吸式集成灶。本产品外观简约大气，主立面采用钢化玻璃、铝型材和不锈钢为主，并且具有以下特色和功能：

（1）吸风口的翻盖采用自动开闭的结构，配以灯光自动切换，集科技与安全于一体；

（2）采用上进风分体式炉头，达到国家一级能效标准；

（3）双向限位立体滑轨抽屉使抽拉更平稳，晃动更小；

（4）可拆卸式烟腔前导烟，清洗方便；

（5）智能控制系统实现点火风机联动、自动启闭风口，关火自动延时与关闭风口，自动休眠、智能温控防火等功能。

（6）可拆卸式柜组模块，无需搬动整机即可清洗风轮；

（7）高效的油烟分离技术，利用冷凝、整流罩、叶轮三维油烟分离系统分离油烟，将废油集中于底部集油盒。

（8）产品配有大容积电蒸箱，具备外置加水、蒸汽后排、电磁锁保护等功能。

图 1 为集成灶外观图。

图 1　飞天系列集成灶外观图

3　技术成果详细内容

3.1　创新性

根据前期对市场已经出现的集成灶产品的各个方面技术和优缺点进行综合评估，飞天系列产品的创新性主要体现在：

（1）此前产品外观造型较为单一，材质用料简单，视觉效果不理想、不大气，与集成灶作为一个创新的厨电产品的高端身份不相协调。飞天产品在外观设计上，突破已有产品的外观造型限制，采用纯平的风格理念，通过大面积采用钢化玻璃，特别是将以往集成灶的不锈钢台面首次改用了钢化玻璃台面，配合自动启闭的吸风口结构和隐藏式的铝型材拉手，实现了对集成灶外观的全新定义，从烟腔、台面到柜体部分，都实现了表面的平整，使清洁卫生更加方便，厨房空间利用更加合理。

（2）此前产品安装后因周围空间较小，容易造成燃烧不稳定，且因采用近吸式的原因，在热能上有损失，需要采取一定的措施来弥补燃烧器性能提升的瓶颈。飞天产品通过对燃烧器进行重新设计，采用上、下同时进风补充空气的结构，解决了集成灶在安装后因周边空间有限而可能造成的空气补充不足的情况，并通过改进燃烧器结构，从源头上提高了热效率和燃烧工况的稳定性。通过对炉头的结构进行拆分，将原有的整体式改成了分体式，使清洗炉头内腔变成了可能。在技术改进过程中，通过对燃烧器周边的锅架结构进行优化，采用包围式的结构使热效率大幅提升。

（3）此前产品工艺做工较为粗糙，细节处理不够到位。在集成灶结构和工艺中，创新地采用铝型材整体包边的工艺，对抽屉周边的缝隙、玻璃棱角进行保护，既美化了外观、也使产品更具安全感。使用传统左右双滑轨的抽屉晃动一直也是集成灶上的一个工艺问题点，飞天产品创新地采用了三滑轨组合而成的立体式抽屉结构，使左右晃动间隙明显减小，用户体验更佳。

（4）此前产品安装维修、清洗较为不便，部分内容需要移动整机或用户很难自己清洗，产品体验不够好。飞天产品设计时采用模块化的方式，将产品的柜体、蜗壳等由原先的固定式、背部安装，改用了前置安装，使得可以在不移动整机的情况下实现对柜体的拆卸，从而可以对蜗壳及内部器件进行检修、清洗等操作。同时也对传统的整体式烟腔进行改进，采用机械式固定的吸风口挡烟板，实现了用户单手即可对烟腔部分进行拆卸并清洗的功能。

（5）产品增加电蒸箱功能后，考虑市面上带电蒸箱的集成灶产品普遍采用水盒内置、未对蒸箱加装童锁等方面的不足，飞天带电蒸箱的产品创新设计了外置水盒的结构，并为门板加装电磁锁，防止工作状态被误打开门板而造成烫伤。

（6）产品设计追求简约、大气时尚的风格，外观上产品突破了原有集成灶拢烟板、拉伸台面、普通抽屉明拉手等局限，通过实现拢烟板的自动翻转机构，将原本造型复杂的烟腔造型简化为平面造型，并通过台面材质改成钢化玻璃、拉手配件改为贯通铝型材，将集成灶主立面的绝大部分都设计为纯平风格，打造了一台极简主义的集成灶。

3.2 技术效益和实用性

飞天系列集成灶摒弃了对柜体内喷涂件的依赖，全部改成不锈钢材质；抽屉四周采用"苹果风"的全铝型材包边；产品照明摒弃传统的单色光源，采用自动切换灯光的双色光源，集照明（白光）和氛围（蓝光）于一体，大大提升了产品的实用性和品质。功能上，根据日常使用频率，将燃气旋钮置于台面，控制器置于台面前端，以方便操作；蒸箱控制器采用独立操控，在温度和时间的选择上利用发光旋钮进行调整，既丰富了产品的外观，也使得操作变得更加便捷。

4 应用推广情况

产品主要应用于普通消费者家庭环境，产品的安装、维护费用相对较低，维护保养方便，使用寿命较长，经济效益十分显著，投入产出比非常可观。

产品自 2013 年投产上市以来，不断增长的销量就是深受市场欢迎和好评的最好证明，而随着更多新技术、新工艺的不断采用和升级，飞天系列集成灶产品的自身质量和技术含量也在不断提升，产品的未来发展还有相当大的利用空间，势必会成为集成灶市场的明星产品和代表性作品，所以该产品的整体市场潜力非常巨大。

19. 燃气自适应式燃气采暖热水炉

1 基本信息

成果完成单位：广东万和热能科技有限公司；

成果汇总：经鉴定为国内领先水平；共获奖 3 项，其中市级奖 1 项、行业奖 2 项；获专利 4 项，其中实用新型专利 4 项；

成果完成时间：2014 年。

2 技术成果内容简介

本产品为燃气自适应式燃气采暖热水炉，为用户提供采暖、卫浴热水两种功能。产品主要特点是采用燃气自适应技术、反馈控制技术，使燃气采暖热水炉在使用不同气种（天然气和液化气）时、在同一类燃气组分发生变化时、在燃气的使用环境或压力发生变化时，不需要更换产品的任何部件，也不需要人为制动，就可自我调节燃气比例，使燃气与空气呈现最佳吻合比，最快时间达到最佳的燃烧效果，节能、环保（图1）。

图 1 燃气自适应式燃气采暖热水炉外观图

3 技术成果详细内容

3.1 创新性

  燃气自适应技术实质上是通过检测燃气采暖热水炉燃烧时火焰离子电流，准确判定燃烧工况，持续监控、闭环控制。当遇到气种在切换时，可及时自动识别燃烧工况并调节气阀开度、风机转速等，不需要更换产品的任何部件，也不需要人为制动，就可自我调节燃气比例，使燃气与空气呈现最佳吻合比。

3.1.1 攻克的技术难点

  （1）单一气种的自适应性分析

  中国地理环境复杂，采集到的天然气气源的成分存在差异，同时净化工艺不同引起气体成分变化，成分差异最主要的表现是热值差异。本技术成果先把测试出来的基准气从最小热负荷到最大热负荷对应的电流值输入到控制器，如图2所示，如使产品以额定热负荷运行，在相同燃气比例阀开度下，即燃气流量一定，热值高的天然气反馈电流大，则控制器应自动下调燃气比例阀开度，降低气流量，使其反馈电流值与基准气额定热负荷反馈电流值保持一致，根据热输入计算公式可知，热输入也保持一致。同样地，热值低的天然气反馈电流小，控制器自动上调燃气比例阀开度，使低热值天然气热输入与基准气热输入保持一致。不管是额定热负荷还是最小热负荷或在其中任一负荷，程序也能控制不同热值天然气热输入与基准气热输入保持一致。

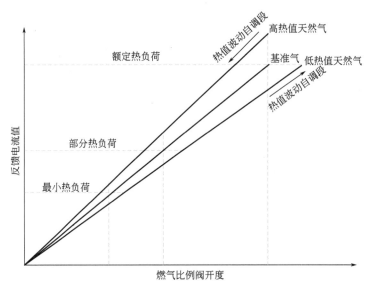

图2 不同热负荷对应的电流值

  （2）不同气种的自适应性分析

  1）理论分析

  同样地，采用上面的控制方法是可以解决天然气与液化气热值差异大的控制问题，只要解决燃烧器结构、燃气阀后压力、风速调节问题就能实现两气源的切换。

  燃气在一定压力下，以一定流速从喷嘴流出，进入吸气收缩管，燃气靠本身的能量吸入一次空气。在引射器内燃气和一次空气混合，然后经头部火孔流出，进行燃烧，形成本生火焰。在燃烧器能通用两种气种的前提下，喷嘴不能进行更换，固定喷嘴大小不变时，考虑到尽可能满足液化气燃烧所需的一次空气，只能尽量把喷嘴直径做小。由于天然气的喷嘴直径大，液化气的喷嘴直径小，两种气体都需要满足，只能取两者的中间值来解决负荷的问题。在空间允许的情况下，尽量把单个火排间距缩小，增加火排数来解决天然气输入功率不足的问题，在空气箱内部增加左右挡风板，左右挡风板主要是增加燃烧器的一次空气量，防止因为燃烧液化气时喷嘴相对大，导致一次空气不足，形成严重的黄焰现象。

使用天然气的机器最大负荷阀后压力普遍在 1100～1400Pa 之间；使用液化气的机器最大负荷阀后压力普遍在 2200～2400Pa 之间。而不管使用天然气还是液化气的机器最小负荷阀后压力普遍在 200～300Pa 之间。因此，只要把使用天然气和液化气的机器最大负荷阀后压力统一，就能实现天然气与液化气的切换。

风速是根据不同的机器热负荷而调节的，机器运行在不同的热负荷工况下，程序控制匹配不同的风机转速，从而实现最佳空燃比。机器在最小负荷至最大负荷对应的风机转速在 1800～2500r/min，而不管是使用天然气的机器还是使用液化气的机器，最小负荷至最大负荷对应的风机转速也是相近的，只做适当调整就能实现天然气与液化气的切换。

2）案例计算

为了对不同气种下对应的燃烧器进行选用，对现有 20kW、26kW、32kW 机型燃烧系统进行对比分析，数据如表1、表2。

两种燃气采用燃烧器的结构对比　　　　　　　　表1

额定输入负荷	20kW 喷嘴	26kW 喷嘴	32kW 喷嘴	喷嘴形状	火孔形状
12T 天然气	10 排 $\phi 1.2$	13 排 $\phi 1.2$	13 排 $\phi 1.32$		
20Y 液化气	10 排 $\phi 0.81$	13 排 $\phi 0.81$	13 排 $\phi 0.9$		

燃烧器常用设计参数　　　　　　　　表2

燃气种类		天然气	液化气
火孔尺寸(mm)	圆孔 d_b	2.9～3.2	2.9～3.2
	方孔	2.0×3.0 2.4×1.6	2.0×3.0 2.4×1.6
火孔中心间距 s(mm)		\multicolumn{2}{c} $(2～3)d_b$
额定火孔热强度 $d_p \times 10^3$(kW/mm²)		5.8～8.7	7.0～9.3
额定火孔出口流速 v_p(m/s)		1.0～1.3	1.2～1.5
一次空气系数 α		0.60～0.65	0.60～0.65
喉部直径与喷嘴直径比		9～10	15～16
火孔面积与喷嘴面积比		240～320	500～600

在火孔形状确定以后，可变的就是喷嘴的大小或结构。由表1可知，在相同热负荷、燃烧器火排数量一样的前提下，由于液化气低热值比天然气的高，液化气的喷嘴比天然气小。喷嘴选择至关重要。

喷嘴分固定喷嘴及可调喷嘴两种，结构形式如图3所示。固定喷嘴结构简单，阻力较小，引射空气性能较好，但出口截面积不能调节，因此，对于燃气的适应性有限。可调喷嘴由固定部件和活动部件组成，当活动部件前后移动时，借助针型阀就可改变喷嘴的有效流通截面，因此，可以适应不同性质的燃气。但与固定喷嘴相比，可调喷嘴结构复杂，阻力较大，引射空气的性能较差，但能适应燃气性质的变化。

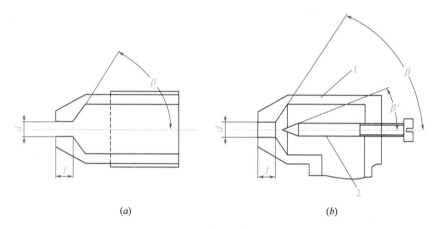

(a)   (b)

图 3　喷嘴的结构形式

（a）固定喷嘴；（b）可调喷嘴

1—喷嘴本体；2—调节针，用于调节喷嘴的有效流通截面；d—喷嘴直径，即燃气流出喷嘴口的通径；

l—喷嘴长度；β—燃气导流角；β'—调节针导流角。

考虑燃气自适应技术的应用要求，可调喷嘴虽然适应不同性质的燃气，但它的活动部件始终需要人为调节，不适合燃气自适应技术的应用范畴。因此，在选择喷嘴结构的时候还是选择固定喷嘴。

结合表1数据，经理论计算，额定热负荷为20kW和26kW的燃气采暖热水炉，12T天然气燃气具的最佳喷嘴大小为$\phi1.2$，20Y液化气燃气具最佳喷嘴大小为$\phi0.81$。额定热负荷为32kW的燃气采暖热水炉，12T天然气燃气具的最佳喷嘴大小为$\phi1.32$，20Y液化气燃气具最佳喷嘴大小为$\phi0.9$。

在考虑燃气自适应的情况下，如何做到天然气和液化气共用燃烧器和喷嘴是结构变更的核心之处。

因额定热输入为定值，通过热输入公式、喷嘴流量公式及流量与火排关系等计算公式，考虑到生产厂家自身产品的结构，燃烧器火排数量可以在一定范围内选取，且天然气和液化气用燃烧器的火排数量相等，进而确定喷嘴直径。通过计算可以得到同时适应天然气和液化气的燃烧器火排及喷嘴情况，结果如表3所示。

另外，燃气器结构作了调整，适应两气种的阀后压力需做相应调整；风机转速根据不同的机器热负荷而调节，只要燃烧工况可靠，只需做就能实现天然气与液化气的切换。

适用两种燃气的燃烧器火排数量和喷嘴大小　　　　　　　　　表3

额定输入负荷	20kW 喷嘴	26kW 喷嘴	32kW 喷嘴
燃烧器火排数量	13 排	16 排	16 排
喷嘴大小	$\phi1$	$\phi1$	$\phi1.1$

（3）火焰离子电流控制技术

火焰离子电流控制主要是通过探测燃烧过程中产生的离子电流，智能调节空燃配比，实现最佳的燃烧工况的目的。

气体受到电场或热能的作用，会使中性气体原子中的电子获得足够的能量，从而克服原子核对它的引力而成为自由电子；同时中性原子由于失去部分电子从而带正电。这种使中性分子或原子释放电子形成正离子的过程就是气体电离。燃气在火化点火、火核形成、火焰传播、火焰稳定燃烧过程中，由于气体电离的作用会产生大量的自由电子、正负离子核自由基等带电粒子，使燃气具有一定的导电性。

由于气体的导电能力有限，需要在火焰和喷嘴，即整个燃气具的接地之间接一交变电压，带电离子会沿一固定方向运动，从火焰到地之间会形成正向电流。电流的强度与带电离子相关，离子浓度越大，电流也就越大。而离子浓度与火焰的燃烧反应有关，因此离子电流的大小也间接体现了燃烧工况。

火焰和地之间接一交变电压，离子会沿一固定方向运行，其火焰可以等效为一个二极管 D 和一个电阻 R 串联再并联一个电阻 R_m。D 模拟离子电流的运行方向；R 模拟离子电流的大小；R_m 模拟火焰检测针与地之间的绝缘电阻。变电阻 R、R_m 的值，可以模拟出火焰大小以及火焰在极端潮湿环境下的变化，即火焰检测针与地之间的绝缘电阻的变化（图4）。

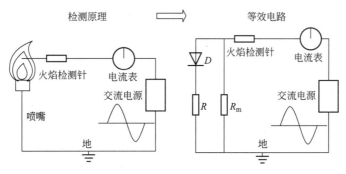

图4　检测离子电流的等效电路图

根据离子电流的等效电路，设计了反馈控制电路方案，原理图见图5。

电路的详细参数为：交流电压产生电路：R_1、C_1、Q_1、T_2；交流信号分压检测电路：R_2、C_2、R_5、C_3、D_1、R_3；直流分压电路：R_6、R_9、R_7；检测滤波电路：R_8、C_4。

"交流电源产生电路"用于替代"交流电源"；"交流信号分压检测电路""直流分压电路""检测滤波电路""MCU"用于替代"电流表"。

Flame_Out 接至 MCU 的模拟量输入端口，MCU 将火焰反馈电流信号转换成数字量。如火焰反馈电流超出正常范围，则适量增减燃气量与风量的配比；如火焰反馈电流超

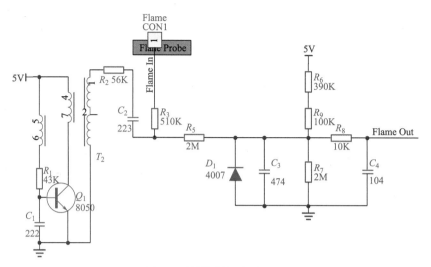

图 5　反馈控制电路原理图

过天然气的范围，则认为燃气类型发生了变化，将机器的运行参数切换到液化气。整个控制过程不用人为制动或更改部件。

3.1.2　主要技术性能指标

（1）燃气采暖热水炉在使用不同气种（天然气和液化气）时，不需要更换产品的任何部件，也不需要人为的制动，就可自我调节燃气比例，使燃气与空气呈现最佳吻合比。

（2）项目符合《燃气采暖热水炉》GB 25034-2010、《家用燃气快速热水器和燃气采暖热水炉能效限定值及能效等级》GB 20665-2015、《冷凝式燃气暖浴两用炉》CJ/T 395-2012 标准要求。

（3）常规机热效率：额定工况（80℃/60℃）≥90%，烟气中有害气体含量：极限热输入条件下 $CO_{(\alpha=1)}$ ≤0.10%，不完全燃烧工况下 $CO_{(\alpha=1)}$ ≤0.20%；冷凝机热效率：额定工况（80℃/60℃）≥96%，烟气中有害气体含量：极限热输入条件下 $CO_{(\alpha=1)}$ ≤0.10%，不完全燃烧工况下 $CO_{(\alpha=1)}$ ≤0.20%。

3.2　技术效益和实用性

3.2.1　降低燃气置换成本，减少社会资源浪费

采用燃气自适应技术的壁挂炉产品，在燃气品种由一种气种置换成另外一种气种时，无需对设备做任何调整和改变，可以降低 200 元左右的燃气置换费用。

3.2.2　提高燃气利用率

在实际的生活当中，每个住宅每个小区都存在用气、用电的高峰时段，特别在北方晚饭时候，每家每户的用气量飙升，小区气压很难保证。这时候由于气压的变化，壁挂炉的燃烧功率负荷达不到设定值，令空燃配比失调，燃气利用率低，影响供暖舒适度和生活用水，当燃气压力发生变化时，通过燃气自适应技术，可自我调节燃气比例，使燃气与空气呈现最佳吻合比，提高燃气利用率。

4 应用推广情况

4.1 经济和社会效益

近年来，国家进一步加大了大气环境污染的治理力度，加快了燃煤锅炉的整改步伐，以干净、清洁的天然气为供给能源的燃气采暖热水炉迎来了发展，短短几年时间，销量已经突破150多万台，品牌数量更是高达400余个。

为响应国家节能减排的号召，解决燃气供暖热水炉在使用不同气种时，不需要更换产品的任何部件，也不需要人为制动，就可自我调节燃气比例，使燃气与空气呈现最佳吻合比的难题，万和热能研发采用燃气自适应技术的燃气采暖热水炉，进行产品技术升级，提高产品的技术创新，改善工艺装备，扩大规模生产，从而获得经济效益和社会效益，加快发展战略性新兴产业，促进产业结构调整和转型升级，积极构建现代产业体系。

燃气自适应式供暖热水炉的成功研制，降低了国家引入清洁能源到全国各个地区的阻力，在燃气采暖热水炉产品上，大大降低能源规划的项目成本。同时，掌握燃气自适应的核心技术，对我国民族企业起到了带头示范的作用，带动整个行业注重核心技术的研发及投入，使行业在燃气采暖热水炉产品方面达到国际领先水平。

4.2 发展前景

随着供暖、供热技术的日新月异，燃气采暖热水炉产品开始走向多功能和智能化，不断满足用户取暖和洗浴的同时，能提供一种舒适、便捷的生活享受，自动化程度高，操作简便。本技术成果为自主研发的燃气自适应式采暖热水炉，降低燃气置换成本，减少社会资源浪费，提高燃气利用率，具有广阔的发展前景。

20. 多重弯道并联二级换热技术冷凝式燃气暖浴两用炉

1 基本信息

成果完成单位：广东万和热能科技有限公司；

成果汇总：共获奖2项，其中行业奖1项、其他奖1项；获专利2项，其中实用新型专利2项；

成果完成时间：2014年。

2 技术成果内容简介

本技术成果产品为多重弯道并联二级换热技术冷凝式燃气暖浴两用炉，为用户提供供暖、卫浴热水两种功能。产品主要特点是在两用炉的基础上增加一个二级换热器，并采用了多重弯道换热技术、多路并联换热技术和冷凝水防堵塞技术等关键技术（图1）。

图 1　多重弯道并联二级换热技术冷凝式燃气暖浴两用炉

3　技术成果详细内容

3.1　创新性

3.1.1　攻克的技术难点

多重弯道并联二级换热技术冷凝式燃气暖浴两用炉是于 2012 年开始研究，经过多次反复实验、摸索而开发成功，其采用的关键技术如下：

（1）采用多重弯道换热技术，在一定的空间内延长换热路径，提高换热能力。

（2）采用多路并联换热技术，使二级换热器多通道进、出水，增大冷凝水凝结面积，提高热效率，同时不锈钢材质增强了耐腐蚀能力，延长整机寿命。

（3）采用冷凝水防堵塞技术，防止冷凝水从冷凝段回流至燃烧室腐蚀燃烧器，延长整机寿命。

3.1.2　主要技术成果

（1）二级冷凝换热器（图 2）

现有技术中，二级冷凝换热器主要包括连通进水管的分水盒、连通出水管的集水盒，以及若干根波纹管，每一根波纹管的一端头焊接在分水盒上、另一端头焊接在集水盒上，以实现分水盒、波纹管、集水盒之间的连通。为提高换热效率，波纹管之间的排列须紧凑，因此焊接加工不方便。针对此种情况，也有使用镍焊炉或者真空钎焊炉等整体焊接设备，实现二级冷凝换热器的整体焊接加工，但是，整体焊接设备昂贵，致使生产成本增加。

为克服上述缺陷，特对二级冷凝换热器进行了改进，研发了二级冷凝换热器，主要包括连通进水管的分水盒、连通出水管的集水盒以及连通分水盒和集水盒的波纹管，波纹管通过中空连接件连通分水盒和集水盒，中空连接件与波纹管和分水盒或集水盒可拆卸密封连接。具有方便加工操作，降低产品生产成本等特点。

图 2   二级冷凝换热器

（2）燃气供暖热水炉用冷凝盒（图 3）

现有技术中，燃气供暖热水炉用冷凝盒的壳体上设有排烟盖板、排烟接口、排烟罩、风机接口等多个钣金件，各钣金件之间通过焊接或螺纹连接方式固定在壳体上。在这种情况下，冷凝盒结构复杂，装配不便，生产效率低。

为克服这些缺点，对燃气供暖热水炉用冷凝盒的结构进行了改进。提出一种新型的燃气供暖热水炉用冷凝盒，包括壳体，壳体上设有排烟盖板、排烟接口、集烟罩、风机接口，壳体与排烟盖板、排烟接口、集烟罩、风机接口由塑料一体成型，壳体中与风机接口相对的一侧为开口框，开口框上固定有塑料一体成型的盖体，能有效地简化结构，节约成本，提高生产效率。

图 3   冷凝盒

3.1.3　主要技术性能指标

多重弯道并联二级换热技术冷凝式燃气暖浴两用炉可应用在家用、商用的热水、供暖领域，主要技术性能指标如下：（1）额定热负荷下供暖热效率：≥98.9％；（2）额定热负荷下低水温工况供暖热效率：≥107.2％；（3）部分热负荷下低水温工况供暖热效率：≥101.8％；（4）热水热效率：≥96.9％；（5）冷凝换热器耐久性测试：耐久试验后热效率：≥97.9％；（6）腐蚀性：热交换器和可能与冷凝水接触的其他部件无明显腐蚀现象。

3.2　技术效益和实用性

通过对多重弯道并联二级换热技术冷凝式燃气暖浴两用炉主要技术性能指标分析可知，本技术成果产品热效率较高，具有节能、减排等方面的优势，通过采用多重弯道换热技术、多路并联换热技术和冷凝水防堵塞技术等关键技术，提高换热效率，节省能源消耗，减少烟气排放，为降低碳排放做出一定的贡献。

4　应用推广情况

本产品通过二级换热器多重弯道换热技术、多路并联换热技术、冷凝水防堵塞技术，解决行业关键技术难题，提升行业、企业的创新能力和持续发展能力。产品围绕产业发展的核心技术和产业链关键环节，整体技术水平达到国内领先水平，能填补国内空白和获取自主知识产权并实现产业化。本产品将对国内燃气供暖热水炉企业起到了标杆作用，带动整个行业注重核心技术的研发及投入，继而进行产品技术升级，促进产品的技术创新，改善工艺装备，扩大规模生产，从而获得良好的社会效益。

按2014年冷凝式燃气暖浴两用炉国内销量18万台计算，本项目产品2014年市场占有率约1.1％，2015年市场占有率约2.8％，2016年市场占有率约5.6％，2017年市场占有率约8.3％，2018年市场占有率约11.1％，此类产品将是冷凝式燃气暖浴两用炉的发展趋势。

产品采用多重弯道换热技术与多路并联换热技术，提高换热效率，节省燃气消耗量，减少烟气排放量；采用冷凝水防堵塞技术，换热器采用不锈钢材质，延长整机寿命；产品烟气成分中一氧化碳、氮氧化物含量低，对人体和环境影响小。针对国内复杂不定的大气环境，产品的国内适应性更好，具有广阔的发展前景。

21. 燃气采暖热水炉全自动测试台

1　基本信息

成果完成单位：国家燃气用具质量监督检验中心；

成果汇总：经鉴定为国内领先水平；共获奖2项，其中其他奖2项；获专利2项，其中实用新型专利2项；获软件著作权1项。

成果完成时间：2010年。

2　技术成果内容简介

燃气采暖热水炉全自动测试台是根据国内/外此类产品的标准《家用燃气快速热水器》

GB 6932、《家用燃气快速热水器和燃气采暖热水炉能效限定值及能效等级》GB 20665、《EN 483 集中燃气采暖锅炉 额定热输入小于等于 70kW 的 C 型炉》和《燃气采暖热水炉》GB 25034，采用进口及国内先进的器件及测试技术而研制开发的。

此测试台测试功能完备，自动化程度高，可以满足国内外标准中所有的热工性能调试。弥补了之前市场上的测试台只能测量《家用燃气快速热水器》GB 6932 的部分测试项目、自动化程度有限的不足，通过大量的理论计算程序，节省了检验时间，比原有设备检验时间节省了 20%（图 1）。

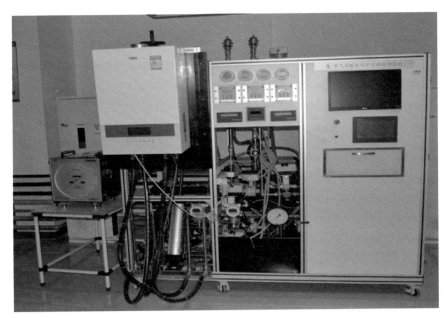

图 1　燃气采暖热水炉全自动测试台

3　技术成果详细内容

3.1　创新性

（1）测试功能完备，自动化程度高。本测试台根据国标及欧标要求设计测试功能，可以满足标准中所有的热工性能测试。之前市场上现有的测试台，只能测量《家用燃气快速热水器》GB 6932 的部分测试项目，自动化程度有限。

（2）在保证精度的情况下，降低成本。同等精度的进口测试台费用要超百万元，而中心的燃气供暖热水炉全自动测试系统总投入仅是国外的 1/2。

（3）通过大量的理论计算程序，节省了检验时间，比原有设备检验时间节省了 20%，同时也节省了检测成本，如检测过程中水电气的消耗等。

3.2　技术效益和实用性

欧洲国家的先进的全自动测试系统多数是各个燃气采暖热水炉生产企业自主开发的，很少对外销售。仪器设备厂对外销售的产品是按照欧洲标准开发的，不适用于国内标准，并且价格昂贵。

国内仪器设备企业开发人员对设备的开发水平很高，但标准的理解成为开发的瓶颈，开发的产品适用性差，不能完全符合标准要求，而且只是能检测部分项目。本技术成果的设备可以完成标准中规定的所有热工性能试验。

自主开发研制的设备，包含了对标准的准确理解和多年积累下的经验，能更好的服务于标准，为产品的质量把关。目前已在国家燃气具检测中心及万和、A. O. 史密斯、海尔、阿里斯顿等国内采暖炉大企业实验室应用，效果良好。

4 应用推广情况

4.1 经济和社会效益

该测试台提高了国内行业的整体测试水平，由原先的手动、半自动化提高到了全自动检测。与国内行业里的龙头企业开展了一种新的合作模式，企业通过购买本测试台提高了企业的检测水平，使其与国家中心检测水平相一致。同时企业产品送检，由原来的将样品送到本中心测试，改为中心派试验人员到企业实验室利用我们研发的测试台进行测试，降低了测试成本，提高了经济效益。

4.2 发展前景

该测试系统从 2010 年底使用至今，每台样品检验时间节省了 20％，同时拓展了新的业务量，从原先的单纯检测到现在的检测设备的自主研发，在提高检测人员技术水平的同时，拓宽了业务范围。

此外通过出售测试系统以及相关检测方面的技术支持，达成长期的合作关系，市场前景可观。与国内行业里的龙头企业开展了一种新的合作模式，产品检测由原来的将样品送检，改为派试验人员到企业实验室利用我们研发的测试台进行测试，降低了测试成本，提高了经济效益。

22. 超薄型全自动燃气热水器

1 基本信息

成果完成单位：广东万和新电气股份有限公司；

成果汇总：经鉴定为国内领先水平；共获奖 5 项，其中省级 2 项、市级奖 2 项、其他奖 1 项；共获专利 5 项，其中实用新型专利 1 项、外观设计专利 4 项；

成果完成时间：1993 年。

2 技术成果内容简介

本技术成果是采用脉冲电路控制、整体超薄设计、水控后制式的新一代全自动燃气热水器，其主燃烧器、热交换器采用先进的节能和燃烧技术设计，产品体积小、重量轻；并采用水气联动技术，可实现自动点火、自动熄火、无需保留长明火种功能，使用户能够在使用热水器时更加节能、安全可靠。通过使用意外熄火、缺氧保护、过压保护等安全装置，使用安全性进一步提高，该产品达到国内同时期同类产品的先进水平（图 1）。

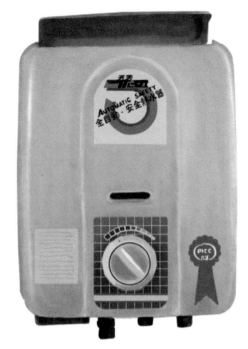

图1 万和JSYZ5－A超薄型全自动燃气热水器

3 技术成果详细内容

3.1 创新性

本技术成果通过研制集小体积、轻重量，自动点火、自动熄火、无需保留长明火技术于一体的产品，符合市场需求。该技术解决了用户使用燃气热水器的要求，实现了安装方便、花洒一开热水即来的功能；大大提高了燃气热水器使用的便利性、舒适性与安全性。

3.1.1 主要技术成果

（1）结构创新采用小体积、轻重量设计

通过对燃烧器、热交换器优化设计，整机尺寸小巧玲珑，宽×高×厚仅为293mm×420mm×115mm，超薄型自动燃气热水器结构如图2所示。

（2）采用自动点火、自动熄火技术

目前，国内已普遍采用水流传感器技术取代水气联动技术来实现自动点火、自动熄火功能，水气联动技术在国内燃气的应用也相对落后，但其推动燃气具发展的功勋不可磨灭，其可靠的机械性能，仍然存在其价值，国外仍对水气联动技术保持一定的需求。

本技术成果通过水气联动阀，将水路、气路、电路联系在一起。通水后水流通过入水口进入水气联动阀，产生的水压差触发微动开关，使脉冲点火器接通，进行脉冲放电；同时电磁阀通电打开，随着水流的进入，第二道阀门因水压差也在此时打开，燃气从燃气入口进入，燃气走向如图3虚线所示。燃气通过电磁阀与第二道阀门后进入燃烧器，脉冲放电使燃烧器点火成功，而反馈针检测到火焰信号，则保持电磁阀打开，并使脉冲停止放电，此时燃烧器正常工作；而进入换热器的水流此时与高温烟气进行换热，从出水口流出热水，实现了热水器的正常工作。当切断水流，微动开关和第二道阀门在没有水压差状态

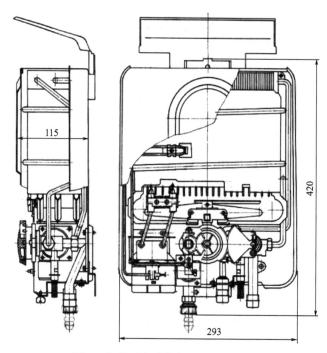

图2　超薄型自动燃气热水器结构图

下关闭，同时关闭电磁阀，燃气被切断。至此，热水器自动熄火，停止工作。

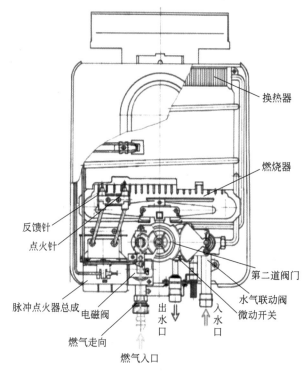

换热器

燃烧器

反馈针

点火针

第二道阀门

脉冲点火器总成　电磁阀

出水口　入水口

水气联动阀
微动开关

燃气走向

燃气入口

图3　超薄型自动燃气热水器工作原理图

3.1.2　主要技术性能指标

超薄型自动燃气热水器主要技术指标如下：（1）热水产率：≥4.50L/min；（2）温升30K 所需时间：≤45s；（3）热水温度：≤65℃；（4）温升 30K 时热效率：≥80％；（5）烟气中一氧化碳含量：≤0.03％；（6）燃烧噪声：≤65dB；（7）熄火噪声：≤85dB。

3.2　技术效益和实用性

本技术成果包含的多项领先技术，同期引领行业向便捷、节能、安全的技术方向发展，不断提高用户使用热水的便利性和舒适性。技术成果的实施符合同期国家燃气发展要求。本技术成果的技术起点高，创新能力强，成果转化快，对扩大燃气具产品的范围，提高燃气具产品在国内和国际市场的竞争力和可持续发展具有重要意义。

4　应用推广情况

采用本技术成果的燃气热水器与同期燃气热水器相比，在使用的便捷性与舒适性效果上明显提高。目前超薄型全自动燃气热水器在市场销量逐年上升，经济效益显著。

技术团队在现有技术成果的基础上不断研发新产品，完善燃气与热水系统生产工艺技术和生产条件，扩大热水设备国内外销售渠道，通过技术成果的升级与更新，将引领燃气热水器继续向高端转型升级，促进整个燃气具行业的技术革新与蓬勃发展。

23.　面向厨卫行业的品质生产管理系统

1　基本信息

成果完成单位：中山市铧禧电子科技有限公司；

成果汇总：共获奖 1 项，其中其他奖 1 项；共获专利 10 项，其中实用新型专利10 项；

成果完成时间：2017 年。

2　技术成果内容简介

针对厨卫制造过程中管理混乱、效率低下、品质提升难等难点，开发了涵盖品质数据统计分析、核查、生产排单、条码管控、产品非接触识别、电子看板、自动工艺卡、岗位视频监控、录像、装箱拍照、移动 APP 等功能的品质生产管理系统。

基于现有的检测仪器、设备作为各数据采集能力，品质生产管理系统通过系统协助管理者对制造过程中品质生产数据的实时掌控、分析、决策，摆脱了以往工厂各岗位员工单机单人作战的局面，提升为全方位系统智能化管理，避免人工统计出现的偏差和错误，开创了燃气具现场品质实时动态智能化监测分析的新局面，图 1 为品质生产管理系统界面。

3　技术成果详细内容

3.1　创新性

针对传统生产制造过程中出现的管理"乱"、效率"低"、质量把控"难"、售后服务

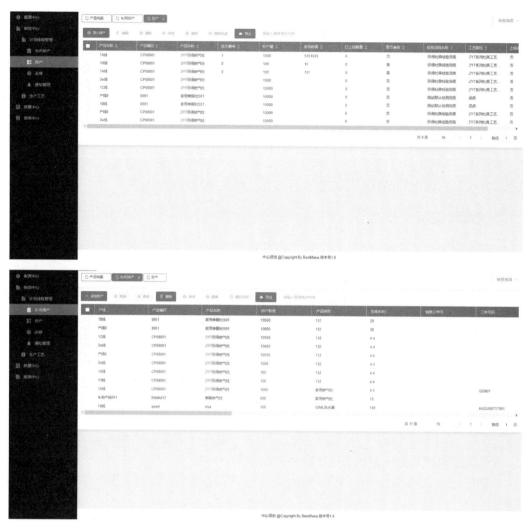

图1　面对厨卫行业的品质生产管理系统界面

"差"等问题，研发了厨卫行业品质生产管理系统。通过现有的检测仪器、电控互联为采集点，配套自动化设备，结合大数据、工业互联网、移动 APP 等方式，从生产过程的在线实时管理、智能自动化的效率提升、检测仪器质量的严格把控、打造生产数据侧的采集、分析、管控，构建一整套燃气具产品质量安全实时管理监控与追溯系统，解决之前数据采集保管难、分类麻烦、工序流程不清晰，导致工作效率低下，产品质量难以保证，无数据基础做工艺改进等问题。

　　本技术成果成功的将客户生产线的数据采集与系统相连接，协助管理人员对数据进行监控与分析。作为一款针对燃气具行业的针对性数据管控系统，相较于同类型的产品，本团队拥有 16 年的质量管控经验，全面了解各质量检测关键点，专业化程度高，同时已开发出行业中需求的多款检测设备及生产设备，精准把握燃气具行业产品品质要求及专业数据管控分析需求，在产品品质的质量管控提高上更加全面。

　　本技术成果形成了设计、配套、调试、管理、技术服务、后期运行维护等全方位的业务流程，给出检测仪器、设备、系统软件的一体化解决方案。通过各个流程顺利衔接整合，形成了燃气具产品自动在线监测系统。本技术成果旨在为燃气具生产厂家提供一套完整的品质管控数据采集分析平台，协助厂商解决了过去的纸质文档记录保存的不方便、不完整、难以查询追溯的问题，大大提升了数据管控的可查性与针对性，提高了工作效率，一定程度上也减少了人工成本。

3.2 技术效益和实用性

本技术成果是针对燃气具产品在生产环节中的质量管控，进行数据采集追溯分析，用于协助厂商对于生产流程中，产品检测环节中产品的工作状态与性能数据的管控进行系统化、数据化的监管，解决了厂商之前对于产品数据及工作状态的数据的不透明、难以采集的问题，通过本技术成果可以分析不同数据状况并进行整合，突出重要的产品数据，协助厂商进行工艺改进与相关生产布局，能更好的管理生产产品的质量，提升产品品质，为用户带来更好的产品体验。同时在行业转型之际，本系统数据化、智能化的生产检测方式带来了更好的质量管控的体验，对于行业的转型发展、产品的质量及生产效率的提升有着推进作用。

4 应用推广情况

技术成果规划打造由软件系统开发、二级节点产品标识平台搭建、高精度检测仪器研发、智能自动化设备开发、电控信息互联开发几大模块组成的质量监控与追溯系统。依托于现有工厂大量占有的各数据采集点，以及未来的消费者的数据采集终端，通过所有数据汇集，改变了传统行业从配件到整机、生产过程控制、售前到售后全过程的质量管理与追溯方式，实现线上线下相融合，从生产过程的在线实时管理、智能自动化的效率提升、检测仪器质量的严格把控、消费终端产品使用过程中售后大数据服务平台的采集、反馈，构建一整套燃气具产品质量安全实时管理监控与追溯服务生态系统，此技术应用领域广阔，发展前景良好。

24. 一种烟气再循环余热利用低氮鼓风式燃气灶具

1 基本信息

成果完成单位：湖北谁与争锋节能灶具股份有限公司；
成果汇总：共获奖 1 项，其中行业奖 1 项；共获专利 7 项，其中实用新型专利 7 项；
成果完成时间：2015 年。

2 技术成果内容简介

当前国家大力支持燃气锅炉使用低氮燃烧技术，北京地区对现有锅炉已经进行低氮燃烧技术改造。在商用燃具行业，作为环保产品的重要指标，烟气中氮氧化物的含量在上海等地区有严格的规定。烟气再循环余热利用低氮鼓风式燃气灶具能充分利用高温烟气的余热，提高了热效率，达到了节能的效果；燃烧更稳定、炉膛内温度更均匀，改善了加热质量；低氧燃烧的环境使得氮氧化物的生成量大大减少，有利于环保（图1）。

本技术成果可提高行业内对低氮燃烧技术的重视程度，促进本行业对环境保护更深层次的作用，推动行业技术整体的发展与进步。

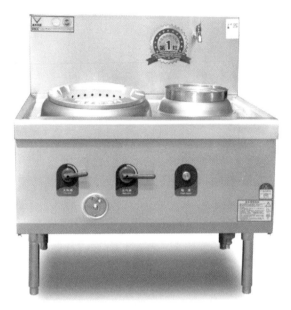

图 1　烟气再循环余热利用低氮鼓风式商用燃气灶具实物图

3　技术成果详细内容

3.1　创新性

在燃气燃烧过程中控制氮氧化物产生的方法主要是烟气再循环和高温预热空气低氧燃烧，本技术成果主要采用烟气再循环技术，其原理主要是通过将一部分燃烧后生成的烟气返回到送气系统，主要用来降低混合气中的氧浓度，从而抑制氮氧化物的生成。

3.1.1　攻克的技术难点

烟气再循环技术目前主要应用在锅炉上，作为减少氮氧化物排放的主要手段，而目前将此技术应用在商用燃气灶具上尚无文献报道，本技术团队在 2014 年将此技术应用在商用灶具领域，研发出一种通过烟气再循环技术实现高温低氧燃烧的鼓风式灶具。

烟气再循环技术的工作原理为：燃烧器燃烧后产生的部分高温烟气，先加热炒锅后，再通过烟气回流孔进入双层炉膛的高温烟气汇集腔，烟气所携带的部分热量传导到双层炉膛的内层，再经高温烟气回流通道与鼓风机鼓入的新鲜空气混合后，变成低氧高温空气，再次进入燃烧器与燃料管道输入的燃料混合燃烧，形成高温低氧燃烧环境。燃烧后的部分废气则通过废气排出孔排出双层炉膛外，如此循环往复，达到节能和减少氮氧化物的排放效果，系统原理如图 2 所示。

3.1.2　主要技术成果

1）通过结构创新，研发高效节能鼓风式商用燃气燃烧器

（1）把传统炉灶的炉芯或燃烧器、炉膛、锅圈三部分做成采用耐热合金材料制造的整体结构，这个结构的锅圈基本上是密封的，炒锅放在锅圈上，杜绝了老式传统中餐炒菜灶

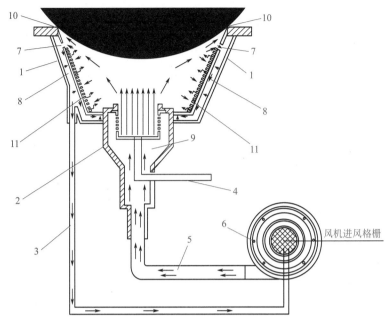

图 2　烟气再循环技术工作原理图

1—双层炉膛；2—燃烧器；3—高温烟气回流通道；4—燃料进料管；5—空气管；6—鼓风机；
7—烟气回流孔；8—高温烟气汇集腔；9—混合腔；10—废气排出孔；11—红外线辐射换热材料

热量的大量流失的情况。

（2）炉膛设计成双层内空的，即外层为保温层，内层为蓄热辐射层，并在接近锅圈的炉膛内层的上部设置了约 20 个直径 1.5cm 的分火排烟孔，这种结构把燃气在炉膛里燃烧后产生的热量先加热炒锅后，部分高温废气通过分火孔进入双层蓄热室，高温废气所携带的部分热量传导到双层炉膛的内层，转变成辐射热，通过高温烟气回流管道，回流管道另一端与鼓风机连接，通过改变高温烟气回流管道另一端的连接位置，再次进入鼓风机与鼓入的空气混合后再进入燃烧室与燃气混合燃烧，这种燃烧方式叫作烟气再循环燃烧技术，此燃烧方式降低了燃烧后高温烟气中一氧化碳和氮氧化物的含量，同时也降低了高温烟气中的氧含量，减少了高温烟气中的过量空气带走烟气中的热量，提高了热效率。

（3）炉膛内衬多孔红外线材料辐射换热。高效节能鼓风式商用燃气燃烧器的炉膛的空间被设计成与炒锅底部相吻合的球凹形结构，在炉膛内的分火排烟孔的下方放置多孔红外线蜂窝材料，由于特殊材料制成的多孔红外线蜂窝材料将燃烧所产生的热能转化为红外线辐射传递，以红外线方式传递的热能可以更加有效地被炒锅所吸收；而将多孔红外线材料与锅底的距离调节适度，可增加换热，减少辐射热的损失。

通过以上结构改进，可以把燃气燃烧后热量的流失降至最低，提高热效率。经试验检测，在热负荷 21kW 时，高效节能中餐燃气炒菜灶的热效率可达 45.6%，达到了国家一级能效标准；在热负荷 35kW 时，高效节能中餐燃气炒菜灶的热效率可达 43.8%，达到了国家二级能效标准。

2）进行理论创新，达到节能减排效果

燃烧器燃烧后产生的部分高温烟气，先加热炒锅后，再通过烟气回流孔进入双层炉膛的高温烟气汇集腔，烟气所携带的部分热量传导到双层炉膛的内层，再经高温烟气回流通道与鼓风机鼓入的新鲜空气混合后，变成低氧高温空气，再次进入燃烧器与燃料管道输入的燃料混合燃烧，形成高温低氧燃烧环境。燃烧后的部分废气则通过废气排出孔排出双层炉膛外，如此循环往复，达到节能和减少氮氧化物的排放效果。

3.1.3　主要技术性能指标

烟气再循环余热利用低氮鼓风式燃气灶具具体技术指标有：（1）燃烧中的噪声为69dB（A），低于标准85dB（A）；（2）干烟中的一氧化碳含量为0.013%；（3）干烟中的氮氧化物含量为0.007%；（4）热效率高达45.5%，高于标准25.5%，达到一级能效等级。

3.2　技术效益和实用性

现有的灶具产生的烟气中，氧气含量10.5%～11.2%，一氧化碳含量200～1700ppm。烟气再循环余热利用低氮鼓风式燃气灶具在环境温度下分别为26.5℃与27℃工况下测试，得出氧气含量为3.47%、2.59%，一氧化碳含量为34ppm、87ppm，远低于普通灶具中的数值。

与现有技术相比，本技术成果可以充分利用高温烟气的余热，提高热效率，达到了节能效果；燃烧更稳定，炉膛内温度更均匀，改善了加热质量；废气中的一氧化碳含量大大降低，氮氧化物的生成量大大减少，从而减少了PM2.5的排放，有利于环保；红外线及机械压杆式防空烧装置的使用，根治了"荒火"现象。通过以上节能技术的实施，达到了40%以上的节能率，同时改善了厨师的工作环境，有利于厨师的身心健康。

4　应用推广情况

4.1　经济和社会效益

2015年以前，由于国家强制性标准《商用燃气灶具能效限定值及能效等级》GB 30531-2014尚未实施，客户根据无法判断市场上的商用燃气灶具是不是真的节能产品，所以造成本技术成果市场推广困难。随着2015年1月1日标准的实施，商用燃气灶具节能环保认证规则也于2015年3月1日实施，这对我国的商用燃气灶具行业具有划时代的意义。2015年12月1日，商用燃气灶具将列入中华人民共和国实行能源效率标识的产品目录，这些标准的实施及政策的出台，本技术成果逐步得到推广与应用，节能减排效果明显，经济效益和社会效益显著。

4.2　发展前景

节能减排是国家的长期基本国策，在传统鼓风式中餐灶热效率仅为20%的情况下，餐饮业是一个能源浪费最大的行业，一个被节能环保意识和法律忽视的高能耗、高排放大户；餐饮业节能是一个全新的黄金行业，是利国利民的事业。因传统油气灶具热效率低，直接的能源浪费给餐饮企业和社会带来巨大的经济损失。按照鼓风式中餐燃气炒菜灶热效率提高到30%的保守估算，每年就可为社会节约400亿元，并减少大量二氧化碳的排放。烟气再循环余热利用低氮鼓风式燃气灶具的推广及产业化，是一项利国利民、符合国家产业政策的重大举措，此技术发展前景良好。

25. 集成烟机、锅灶的智联饪技术及产品

1 基本信息

成果完成单位：广东万家乐燃气具有限公司；

成果汇总：共获奖 6 项，其中行业奖 6 项；共获专利 6 项，其中实用新型专利 6 项；

成果完成时间：2016 年。

2 技术成果内容简介

在行业内首次通过智能控制技术将燃气灶具、吸油烟机、锅具进行智能互联，把燃气灶具和吸油烟机的主要操作功能都集成在锅具的锅柄上，用户只需单手操作锅柄，即可实现燃气灶的点火、关火、火力调节及烟机的风量调节，提升了用户的操作体验感。

通过对智联饪技术进行升级，结合物联网技术将燃气灶具、吸油烟机、锅具整合成一个厨房的智能烹饪系统。通过 mesh 组网将锅具的无线测温，吸油烟机的食谱算法及燃气灶的智能火力调控三大模块之间的数据进行无缝连接，并结合食谱数据实现灶具火力、烟机风量随锅具温度的自动调控，将中式食谱进行数据化，为用户提供了一个便捷的烹饪体验，颠覆了人们对传统烹饪的认知（图 1）。

图 1 集成烟机、锅灶的智联饪产品

3 技术成果详细内容

3.1 创新性

烟机、灶具、炊具是常用的厨房设备。目前，烟机、灶具、炊具之间的控制都是相互割裂的，各自成一子系统。在烹饪过程中，如果需要变更烹饪火力或烟机功能时通常需要对灶具或烟机进行直接操控。但在爆炒等一些烹饪过程中，由于双手都需要不停的操作，这时如果需要调节火力或烟机功能就必须放下锅具或铲具后才能进行相应操作，使用起来极为不便。因此，如何将烟机、灶具、炊具三大产品相互配合以提高使用效果已成为厨电制造企业亟待解决的一个技术问题。本技术主要成果如下：

（1）烟灶联动

该技术将吸油烟机和燃气灶具组合成一个系统，实现了吸油烟机风量挡位随燃气灶具

火力自动调节的功能。用户进行烹饪时，只需旋转按压旋钮启动燃气灶即可自动开启烟机，旋转旋钮调节燃气灶火力时烟机风量挡位即随火力大小自动调节。

通过该技术，用户不再需要用手直接操作烟机即实现了对烟机的控制，但用户在烹饪过程中，仍需腾出一只手在灶具上调节火力。本技术将灶具和烟机的操控集成在锅柄上，用户在烹饪过程中通过手直接操作锅柄，即可实现灶具火力和烟机风量挡位的随意调节，不再需要操作灶具旋钮和烟机操作面板。

烟灶联动技术中灶具一般为控制主体，吸油烟机为受控对象，且烟机风量挡位和灶具火力成一一对应的关系。本申报技术控制主体为锅具，灶具和烟机为两个相互独立的受控对象，可实现独立控制，具有原创性，并且申请了相关的专利保护，已授权。

（2）锅具测温技术

该技术包括锅具和手机 APP 两部分，锅具作为测温的主体将温度数据传输给 APP，APP 作为显示和语音终端为用户服务。该 APP 中会预设一些食谱数据，通过将锅具反馈的温度与预设数据进行对比，来语音提醒用户手动调大或调小火力，起到简单的烹饪指引作用。

本技术中燃气灶具、烟机和锅具为一个系统，系统内的各个主体都可通过 mesh 方式进行数据共享。烟机集成了食谱数据和算法，锅具可精确测量温度并反馈到系统内部，灶具具有火力自动调控系统。将锅具实际温度与食谱数据进行比较，并结合温度算法，自动控制灶具调节适当的火力及烟机调节适当的风量，将中式烹饪进行了数据流程化。本技术将厨房烹饪的主要三个器具整合成一个系统，协调运作，实现自动烹饪，使中式烹饪更简单化。

3.2 技术效益和实用性

智联饪技术是一个燃气灶具、吸油烟机及锅具三者协同运作的系统方案，利用无线数据传输和协议加持实现系统协调运作。智联饪技术经过升级，已在智能燃气灶、智能烟机及智能锅具上批量使用。对比烟灶联动技术和锅具测温技术，本技术旨在提升用户的烹饪体验，使用户在烹饪过程中，不再需要单独操作灶具或烟机，改善了用户的烹饪方式。

本成果具有以下技术效益：

（1）通过设置与烟机控制系统和灶具控制系统进行无线通信的炊具控制系统，实际工作时，通过操控炊具控制系统即可操作烟机、灶具等厨房电器产品上的相应功能，从而把厨房电器产品与炊具产品组成系统，使得整个系统协调、有效，方便用户操作。

（2）由于炊具控制系统上连接有显示器等提示用户操作的装置，实际工作中，通过炊具手柄来显示或提示当前烟机、灶具等产品的某一功能状态，提醒用户进行相应功能操作，实用性强。

（3）通过在烟机控制系统、灶具控制系统和炊具控制系统的至少一个上设有用来检测炊具的工作温度传感器，并通过炊具控制系统将炊具的工作温度实时显示出来，方便用户进行在实际烹饪过程中及时切换灶具、烟机的工作状态，并能辅助烹饪新手学习各种烹饪方法。

4 应用推广情况

厨电智能化是当今的发展趋势，但目前厨电产品包括燃气灶、烟机的自动化程度仍较低，火力调控、风量调节仍需手动控制；通过智能技术的应用来提升产品的竞争力，提升用户的使用体验感是目前各大生产厂商努力的方向。本技术首次推出后，引起了行业和社会的极大反响，后续有部分厂家也陆续开发类似技术，改善用户的使用体验感。

智联饪技术可以辅助用户进行烹饪，对于没有过多烹饪技巧的用户来说，是一个很好的体验。在当今时代，90 后和 00 后会逐渐成为消费的主体，烹饪技术并不成熟，而智联饪技术就像一位烹饪导师，帮助他们提升烹饪技巧，能够在厨房独当一面。

另外，为了使智联饪系统更加完善，公司通过与顺德职业技术学院联合成立厨房研究中心，不断研发拓展新菜谱，提取做菜过程中的关键步骤和数据，形成云端菜谱，在线更新推送至设备端。同时通过三段火力自动控制技术与感温探头的结合，实现智联饪技术的成本下降，提高用户接受度。

26. 燃气热水器 CO 安全防护系统

1 基本信息

成果完成单位：艾欧史密斯（中国）热水器有限公司；
成果汇总：共获奖 1 项，其中其他奖 1 项；共获得专利 2 项，其中发明专利 2 项；
成果完成时间：2017 年。

2 技术成果内容简介

本技术成果为小型化适用于燃气具的 CO 报警装置，能够检测出室内环境中的 CO 浓度值，达到预警值时进行提示性的鸣笛和声光提示，达到高浓度可能会危及健康时报警。同时开发出 2 线通信双向传输方式，将检测到的 CO 浓度数值传输给热水器主控制器，主控制器在接收到数据后作出相应的判断，未达预警值时不显示，当达到预警值时显示相应的浓度（ppm 值），当达到报警值时热水器立即切断气路，停止燃烧，显出专设故障代码，同时主动启动热水器内部的风机，保持高速清扫，将室内的 CO 强制抽到室外去，快速降低室内的 CO 浓度，确保室内人员的健康与安全。另外，在热水器不工作的状态下，只要处于通电状态，CO 报警器就一直在工作，处于 24h 监视状态，室内一旦 CO 达到相应的数值都会执行相同的保护措施，最大限度地发挥热水器的安全功能（图 1）。

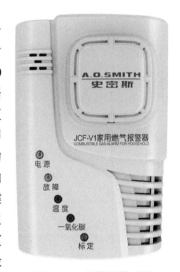

图 1　CO 报警器外观图

3 技术成果详细内容

3.1 创新性

为有效防止因室内燃气泄漏或 CO 气体浓度超标而导致的燃气热水器事故，技术成果

"CO 安全防护系统"采用分体设置的燃气热水器主体与气体探测单元,气体探测单元含有气体传感器,安置在室内需监测处,与燃气热水器主体内的处理控制单元通信连接;处理控制单元还与报警单元连接。气体探测单元将感受到的气体浓度信号转化为电信号,通过通信传送到热水器主体的处理控制单元;热水器主体内的处理控制单元将传送信号与预定阈值进行比较,当超过阈值时,发出报警指令;报警单元接收报警指令后发出报警信号。同时燃气热水器启动风机进行排风,将室内的燃气、CO 等有害气体向室外排出。

3.2 主要技术成果

热水器本体内包含数据处理芯片、显示模块、通信芯片、蜂鸣器、气体阀,作为过程控制单元。气体探测单元包含有气体传感器、数据处理芯片和串行端口通信芯片等组件,气体探测单元和热水器主体是独立安装的,并通过与串口通信芯片进行数据通信,电由热水器提供。气体传感器可以通过敏感材料感知周围环境中的气体浓度,然后输出电压的变化,并将其传输到数据处理芯片和串行端口通信芯片。接收到电压变化后,与内部 A/D 转换模块进行 A/D 转换,转换为实际浓度值,并检测 CO 浓度是否超过规定的警戒浓度。

室内存在可燃气体和/或一氧化碳气体时,气体传感器检测到气体浓度后,向数据处理芯片输出相关信号;数据处理芯片检测到来自传感器的信号后,转换相应的浓度数值,判断浓度值是否超过规定的报警浓度。然后通过数据通信模块将相关数据传输给热水器数据处理芯片,热水器数据处理芯片根据相关数据控制显示模块显示浓度,并将数据保存在存储模块上。如果浓度值超过规定的报警浓度,热水器数据处理芯片会使报警模块发出声光报警,并通过气阀控制模块切断气阀。

3.3 技术效益和实用性

"CO 安全防护系统"可以为用户进行室内环境的有害气体检测,及时发出报警信号,并对有害气体排出处理,切实保障用户安全,能有效防止因室内燃气泄漏或 CO 气体浓度超标而导致的事故。燃气热水器与气体探测单元分体设置,气体探测单元可以按需灵活安装在燃气和 CO 浓度容易聚集的室内位置,热水器则安装在安全和方便操作的位置。通过双向通信,气体探测单元失效时,热水器主体内处理控制单元按无报警功能的工况进行工作,同时主机显示气体探测单元失效的通报信息,用户能够获知气体探测单元是否正常工作,如失效,可及时检修,避免用户气体探测单元失效而不自知,进一步提升了用户的用气安全。

采用此项技术成果"CO 安全防护系统"的燃气热水器的安全性获得用户的高度认可。

4 应用推广情况

市场经常出现由于质量参差不齐,使用时间过长后 CO 排放浓度高,泄漏到室内,或者是不当安装或不当使用造成人身事故和财产损失,推出这样先进技术的产品后,为广大用户消除了这方面的安全隐患,可以实现 24h 监控。此成果实施后,引得同行借鉴学习,相继开发出了类似的带有 CO 安全防护的产品,带领整个行业共同消除燃气热水器的安全隐患。

燃气热水器在我国的历史演进,就是安全性能不断迭代的过程。虽然强排式已经通过充分燃烧来尽量减少一氧化碳的产生,但无可避免会有少量一氧化碳渗入到厨房空间。

A. O. 史密斯推出防一氧化碳中毒的"主动防护型"燃气热水器，将安全性推到了一个更高的阶段。被认为是继直排式、烟道式、强排式燃气热水器之后更安全的新型燃气热水器。技术成果至今仍然在使用，成为燃气热水器的安全标配功能，大幅提升了燃气热水器行业的安全使用状况，具有较好的市场前景。

27. 16L Wi-Fi 双变频零冷水燃气热水器

1 基本信息

成果完成单位：广东顺德大派电气有限公司；

成果汇总：共获奖 3 项，其中其他奖 3 项；共获专利 5 项，其中实用新型专利 5 项；

成果完成时间：2016 年。

2 技术成果内容简介

本技术成果为 16L Wi-Fi 双变频零冷水燃气热水器，如图 1，具有如下功能：（1）手机 APP 控制，实现调温、预热、增压、定时等功能；（2）零冷水设计，节水节气，花洒一开，热水即来；（3）安装方便，可装回水，也可不装回路；（4）任一热水龙头远程控制，智能预热；（5）超静音燃烧系统，变频直流风机，超静音；（6）智能增压，零水压启动；（7）智能防冻，安全可靠；（8）变频变升，一机多用；（9）一氧化碳报警装置，保护人身安全；（10）超低水压启动，不限楼层高低均可正常使用；（11）无氧铜水箱，耐腐蚀、耐高温、耐高压，美观、高效、环保、节能；（12）防水、防雾、防漏电保护插头，全密封专利设计；（13）高品质控制和显示系统，恒温效果好，质量可靠；（14）热水产率 16L/min，国标热效率可达 91%，各项指标优于国家标准要求。

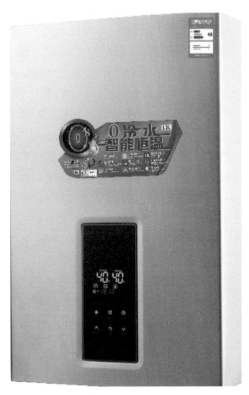

图 1　双变频零冷水燃气热水器

3 技术成果详细内容

3.1 创新性

本技术成果为一种 Wi-Fi 双变频零冷水燃气热水器，集成了预热技术、零秒出热水恒温技术、智能增压技术与低噪声技术等先进技术，在提升热效率的基础上可以实现多种功能，具有良好的安全与环保性能。

3.1.1 攻克的技术难点

(1) 实现预热功能的技术

普通的燃气热水器要将冷水加热到可以舒适沐浴的水温一般需要十几秒甚至更长时间。如果用热水点距离燃气热水器比较远的话，那么每次用热水时就需要先将管路中的冷水放掉才会有热水出来，这需要等待 1min 甚至更长的时间，会造成水资源的浪费，同时降低了用户沐浴的舒适性。为解决此问题，设计了一种具有预热功能的燃气热水器系统，通过将冷水管与燃气热水器的进水口以及每个混水阀连接，将热水管与燃气热水器的出水口以及每个混水阀连接，将回水管与热水管的末端连接，另一端通过循环水泵与燃气热水器的进水口连接；实现即时提供热水，零冷水设计，节水节气。

(2) 零秒出热水的恒温技术

在现代生活中，燃气热水器被广泛地使用，但是传统的燃气热水器在使用热水时会出现一段冷水，用户需要等冷水放完了才能使用热水，造成水资源的浪费和极大影响用户的体验；室内燃气热水器在燃烧过程中容易产生一氧化碳，假如通风不畅会导致中毒，存在极大的安全隐患，这就促使强排式热水器的产生，传统的强排式燃气热水器采用交流电机，能耗高，效率低。为解决此问题，设计了一种双直流零秒出热水的恒温燃气热水器，在使用的时候进水端冷水先接触已经加热的热水进行预热，同时在靠近喷淋点处的冷水在循环水泵的作用下经过回水管回流到进水端进行加热；实现零秒出热水，防止水资源的浪费；采用直流风机，直流水泵，变频静音，节能环保。

(3) 零秒出热水智能增压恒温技术

设计一种具有智能增压功能的燃气热水器，将增压泵和热交换器依次相连，控制器分别与水流量传感器和增压泵电性连接，水流量传感器将检测到的水流量信息输入到控制器里面，控制器根据所被选择的模式以及水流量信息控制增压泵智能增压或者强制增压，保证进水水压，使燃气热水器可正常使用；当水压不够时，可智能增压，适合高层水压不稳地区，确保舒适沐浴。

(4) 实现智能增压功能的技术

现有的燃气热水器大多为烟道式热水器，基本结构主要是由阀体总成、燃烧器、热交换器、安全装置等组成。阀体总成控制着整个热水器的工作程序，它包括水阀、气阀、微动开关和点火器等。使用热水器时，必须先打开燃气阀和进水阀。当打开水阀时，水流感应器感应到水流，启动点火器和微动开关控制，点燃燃烧器。燃气在燃烧室内燃烧，产生的热量通过热交换器将水加热，热水从出水口源源不断流出。现有的燃气热水器没有专门的增压设备，所以对进水压力的要求比较高，因此有可能因为水压不够，使得热水器无法正常使用。针对目前燃气热水器存在的问题，设计了一种零秒出热水智能增压恒温热水器，既能预热，零秒出热水，热水出来后智能增压，无论水压高低均可正常舒适使用。

(5) 低噪声技术

现有应用于热水器中的进水接头部装主要包括进水接头以及安装在进水接头上的水阀芯，在水阀芯上开设有大水进水孔以及小水进水孔，大水进水孔的孔径远大于小水进水孔的孔径，水流经过小水进水孔时会产生急流，由此会产生刺耳的噪声，并且会导致难以准确地测量进水量。为解决此问题，设计了一种低噪声的进水接头部装，将水阀芯安装在进水接头上用于调节进水接头的进水量，水阀芯上开设有相互连通的进水孔以及出水孔，并且在水阀芯的外周面上开设有与进水孔连通的环流水槽,从而不会产生急流且噪声低。

3.1.2 主要技术成果

通过对预热技术、零秒出热水恒温技术、智能增压技术与低噪声技术的研究,将相关技术集成创新出一种 Wi-Fi 双变频零冷水燃气热水器,在提升热效率的基础上可以实现多种功能,具有良好的安全与环保性能。

3.2 技术效益和实用性

16L 双变频零冷水带 Wi-Fi 功能的燃气热水器,从 2016 年投放市场以来,已经被众多用户认可,为众多品牌提供 ODM 和 OEM 产品,相关企业如容声、万利达集团、超人、红日、龙的集团、辉煌集团、上菱集团、威普等。

该产品可用手机 APP 进行远程控制,在手机上 APP 可通过调节水温,提前预热。当水量不够时,可进行增压,同时浴缸泡澡也可以调整定时。该产品采用双变频抗风压设计,节能环保;当气量小时,风速随之变小;热效率增加,风压过大时,电机转速增大,将废气排到室外;水量小时智能增压,水量大时泵的转速降低。

不用手机也可远程控制,将热水龙头在 4s 内连续开关两次,即可启动预热功能。该产品具有智能防冻功能,当气温低于 0℃时,自动启动热水器将水路系统加热保温。带智能增压功能,无论水压高低均可正常使用,解决了用户夏天水温过高的问题。

4 应用推广情况

燃气热水器与电热水器相比,具有空间占用小、费用低、供热持续性强以及免维护等显著优势,尤其在二胎乃至三胎政策开放、常住人口增长和国内居民消费水平升级的背景下,燃气热水器市场规模将进一步超越电热水器市场规模。

国内燃气热水器经过多年迭代式创新,技术成熟度和性能指标在国际上处于先进水平,目前市场主流机型的标配功能有恒温供热、零秒出热水以及低水压点火等,能较好地满足绝大部分客户的使用需求。针对国内燃气热水器主流机型,采用嵌入式技术和物联网 M2M 技术对传统燃气热水器进行升级改造,增设用户与热水器、热水器与云端互联互通的物联网络系统。

在移动互联对家居生活传统模式产生颠覆性影响的时代背景下,同时具备使用高频和生活刚需等特点的传统家居设备已为数不多。互联网热水器作为同时符合上述两个条件的家居设备,已逐渐成为物联网应用发展领域的新热点。

28. 上置风机超静音燃气热水器系统

1 基本信息

成果完成单位:艾欧史密斯(中国)热水器有限公司;

成果汇总:共获奖 1 项,其中其他奖 1 项;共获专利 3 项,其中发明专利 2 项、实用新型专利 1 项;

成果完成时间:2013 年。

2 技术成果内容简介

本技术成果为上置风机超静音燃气热水器系统，通过开发耐高温的低转速大风量直流风机，使得系统设计时突破了直流电机不耐高温的瓶颈；将直流风机设置在燃烧换热系统上方，研制成负压燃烧系统，降低进风气流噪声以及电机本身由于高转速带来的噪声；进而研发出低噪声的燃烧系统，使整机运行噪声大幅度降低（图1）。

3 技术成果详细内容

3.1 创新性

常见的燃气快速热水器采用下鼓风的风机提供燃烧所需的空气，风机安装在燃烧室底部，燃烧装置置于燃烧室中，风机的出风口与燃烧装置之间设有均风板。均风板通过其上分布的微小通孔使风机提供的空气经整个均风板均匀送出。均风板上的微小通孔对风机提供的空气产生较大的阻力，为了提供燃烧所需的空气量，就需提高风机的转速来克服风机出风口的阻力。风机运转噪声是燃气快速热水器噪声的主要来源，且噪声值与转速的平方成正比。因此，下鼓风燃气热水器在运行过程中产生的噪声较大。

图1 上抽风静音燃气
热水器产品外观图

本技术成果为上置风机超静音系统，具有如下特点：

（1）通过采用上置风机的结构，即燃烧装置、换热器和风机以燃烧烟气方向依次设置，且风机包括具有电机控制板的无级调速电机以及电机驱动的叶轮，在电机控制板与燃烧装置产生的燃烧烟气之间设有隔热装置；结合上置风机的结构优势，避免了均风板的微小通孔对风机提供空气产生的阻力，降低了风机的噪声。

（2）通过无级调速风机，根据燃气流量确定无级调节风机的转速，结合上抽风燃气快速热水器燃烧室内部压力损失较小的优势，相同燃烧状态下风机转速较下鼓风的燃气快速热水器大幅下降；还能够根据比例阀供给的燃气流量相应地调节风机的转速，准确提供燃烧所需的空气量，使燃气与空气的混合比例始终处于最佳状态；对燃气快速热水器的恒温性能、废气指标、可靠性均有很大的改善，充分发挥出风机无级调速的优势。

（3）系统还包括至少两组可受控分别或同时燃烧的燃烧器，在燃烧器组内以不同的组合方式进行燃烧，每种组合方式的燃烧负荷区域因燃烧器组数量不同而不尽相同，但其对应的噪声区域却大致相同，取不同组合方式低噪声区域对应的燃烧负荷区域，构成燃气快速热水器连续的低噪声燃烧负荷区域，能够使燃气快速热水器在该低噪声燃烧负荷区域内运行的噪声始终保持在很低的噪声范围内，也使用户在厨房用水时不再因燃气快速热水器运行的噪声感到嘈杂，具有更好的用户体验。

（4）在用户使用过程中，并非每次都是大流量的用水，比如厨房用水所需的水流量就比较小，燃气快速热水器只需要较小的负荷运行，通过部分燃烧器组或全部燃烧器组的工作，以及通过比例阀燃气流量的调节，使其能够在更大的范围内灵活调节燃气快速热水器的工作负荷，更好地满足用户的不同用水需求。在部分燃烧器组工作的情况下，燃烧的燃气流量减小，燃烧所需的空气量也相应的减少，并且上抽风系统燃烧火焰引射二次空气的作用截面变得更小，本身通过的空气量比鼓风系统更小。再加上在这种情况下低噪声燃气快速热水器根据燃烧所需的空气量准确降低无级调速风机的转速，进一步降低了燃气快速热水器运行的噪声。

3.2 技术效益和实用性

本技术成果通过设置隔热装置，解决了电机控制板的耐温问题，使得无级调速风机能够用于上置风机的结构。结合上置风机的结构优势，无需经过均风板进行空气均匀性调整，也避免了均风板的微小通孔对风机提供空气产生的阻力，即相对于下鼓风系统需要更小的风机转速便可以维持燃烧，从而降低风机的噪声，也降低了整机的噪声。

本技术成果可以使在相同燃烧状态下风机转速较下鼓风的燃气快速热水器大幅下降；并且可以使燃气与空气的混合比例始终处于最佳状态；改善了燃气快速热水器的恒温性能、废气指标和可靠性。同时本技术可以使燃气快速热水器根据燃烧所需的空气量准确降低、无级调速风机的转速，从而进一步降低了燃气快速热水器运行的噪声。

采用该技术成果的燃气热水器，一般运行的噪声低于 50dB，与下鼓风的燃气热水器相比，噪声降低约 10dB。

4 应用推广情况

燃气热水器行业随着恒温、安全等使用问题相继解决，在每年进行的数千用户回访中发现，燃气热水器的噪声问题被凸显出来。本技术成果于 2012 年推出，独创"智能静音系统"，采用该系统的燃气热水器，一般运行的噪声低于 50dB，与下鼓风的燃气热水器相比，噪声降低约 10dB，极大降低了燃气热水器的运行噪声，让厨房生活不再受噪声影响，上市后深受用户喜爱。行业内各厂家也纷纷注意到消费者对"静音"的诉求，2013 年开始有针对性的推出静音为主要特点的燃气热水器新品，带给用户更舒适的沐浴体验，驱动燃气热水器市场加速结构升级、走向高端化。

静音型燃气热水器经过几年的发展升级已成为行业主流产品，符合用户越来越高的要求，促进了热水器行业发展，静音型热水器成了消费者购买燃气热水器时的首选。

29. 双高火外火盖及其燃气灶具

1 基本信息

成果完成单位：广东万家乐燃气具有限公司；
成果汇总：共获专利 3 项，其中实用新型专利 3 项；
成果完成时间：2017 年。

2 技术成果内容简介

针对一款双高火外火盖，通过设计合理的火孔布局及火孔面积，其产品可大大提高热负荷，满足爆炒需求的同时，有效提升热效率，节能环保，还有增加加热面积，使锅具受热均匀，解决锅具局部糊底的问题（图1）。

图1 使用双高火外火盖的燃气灶

3 技术成果详细内容

3.1 创新性

家用燃气灶行业内一般存在两种外火盖结构：一种是最常见的直火孔外火盖，另一种是切槽式火孔外火盖。直火孔外火盖一般火孔朝外，距离内火盖火孔远，所以需靠在外火盖中间切一条槽以传火，好处是烟气、工况等性能容易控制。但也因为内、外火盖火孔相对距离远，造成锅底局部受热不均，中心和外环火烧到的锅底温度高，内外环中间位置温度低，同时也因只有一条传火槽，会存在传火失败而引起燃气不能及时引燃而造成的漏气风险；另一种普通式切槽外火盖，一般火孔均倾斜朝内，好处是火焰向内聚拢，热量不易分散，与直火外火盖同样条件的情况下，该切槽式外火盖热效率相对更高，锅底受热也更均匀，用户体验较好。但因其外火盖火孔朝内，火焰容易与内环相干涉，容易造成烟气超标，所以火焰长度不能太长，这也决定了其火孔面积不大，因而其热负荷难以做大，否则需提高一次空气或二次空气来降低烟气，如加高锅支架，这样会导致热效率难以提升。而行业内也因此几乎完全淘汰该类产品。

使用双高火外火盖技术，可大大提高其产品的热负荷，满足爆炒需求的同时，有效提升热效率，节能环保，还有增加加热面积，使锅具受热均匀，解决锅具局部糊底的问题。该双高火外火盖横截面呈锥形，在锥形面内侧、外侧均设计有倾斜的切槽式火孔。由于双锥形和倾斜式的火孔设计，可使得外火盖内侧与外侧火孔的二次空气更容易补充，烟气量少。锥面内侧所设的火孔，可提高热效率的同时也使得锅底受热均匀，提供了良好的用户体验。内侧火孔个数为10～30条，火孔数量的增加，大大降低了传火失败的风险，提高使用性和安全性。因火孔设置合理，火孔面积大，热负荷也相应可做得大，满足了用户对大火力的需求，双高火外火盖燃气灶是一款可做中国菜（可爆炒）的好产品。双高火外火盖结构如图2所示。

3.2 技术效益和实用性

双高火外火盖通过设计合理的火孔布局及火孔面积，有效提高了热负荷和热效率，节能环保；通过增加加热面积，使锅具受热均匀，解决锅具局部糊底的问题。目前，采用双

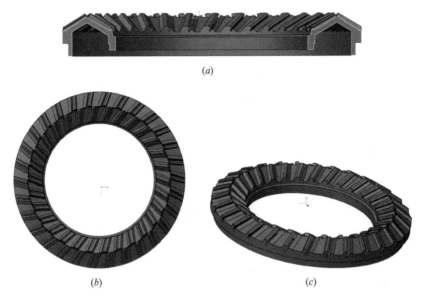

图 2 双高火外火盖

（a）剖面图；（b）俯视图；（c）斜视图

高火外火盖的燃气灶产品均能达到国家一级能效标准，最新双高火燃烧系统超高能效方案已完成技术开发验证，其热效率可达 70％以上，比一级能效绝对值高出 7％。

4 应用推广情况

家用燃气灶具正在往智能化、高端化等方向发展；但考虑到灶具的基础功能，即在家庭烹饪中，可以做出一顿中国菜的晚餐，势必会对大火力有强烈的需求；所以在满足了大火力的基础上，火焰的均匀性就显得极为重要。其一是为了让锅底受热更均匀，不会出现局部糊锅的现象；其二是火孔分布也会更合理，在保证大的热负荷的情况下，火焰长度适中，火焰出现交叉干涉的风险更小，烟气等工况良好，从而提高使用性及安全性。其次，也因火孔设计的合理性，解决了旋火在大大火力的条件下，达不到一级能效的问题。基于此，双高火外火盖在未来依然拥有很大的竞争优势。

30. 上抽直流控制燃气热水器系列产品

1 基本信息

成果完成单位：广东万家乐燃气具有限公司；

成果汇总：共获专利 3 项，其中实用新型专利 3 项；获软件著作权 1 项；

成果完成时间：2014 年。

2 技术成果内容简介

本技术成果为上抽直流控制燃气热水器系列产品，其主要特点如下：

（1）在上抽强制排气燃气热水器上使用 PWM 调速直流风机并搭配专为"智能高抗风"设计的控制软件，实时感知外界风压状态，实现自主加风降风；实现了热水器的智能高抗风效果，相较传统交流风机热水器的 100Pa 抗风，采用"上抽直流技术"的"智能高抗风"热水器可抗外界风压高达 400Pa，抵抗 8 级大风；

（2）可根据热水器燃烧工况，智能匹配风机转速和风量，使热水器在不同负荷下匹配不同的风量，提高燃烧效率；

（3）为防止外界风压过大或烟道堵塞直接点火造成的爆燃回火问题，设置了点火前保护系统，根据直流风机转速变化情况，系统在不同的堵塞程度下进行点火延时或不点火，保证热水器的安全运行。

3 技术成果详细内容

3.1 创新性

恒温燃气热水器依据空气供给的方式不同可以分强抽型和鼓风型两种。强抽型燃气热水器均采用单速交流电机排除燃烧废气，风机转速恒定不可调速。因小负荷时单速电机风速未做改变，风量相对过剩，带走过多燃烧热量，从而导致热效率相对最大负荷时的热效率会偏低。热水器工作时，其噪声主要包括燃烧噪声、水流噪声以及风机运行噪声。在水流一定的条件下，水流噪声可近似为不变；小负荷运行时，燃烧噪声随负荷降低而变小，因此小负荷燃烧时主要表现为风机运行噪声。若能有效降低风机转速，整机噪声将得到明显改善。

目前市场上有两类产品用于解决上述问题，一类是高低速上抽交流风机产品，一类是下鼓风型直流风机产品。对于高低速上抽交流风机产品，为了提高不同燃烧状态下的换热效率，采用具有高低转速的交流风机来优化不同负荷段时的燃烧工况。但是此种做法对改善燃烧效率很有限；同时，高低速风机对提升热水器抗风能力并没有帮助，其转速固定并且高转速不够高的特性决定了不能抵抗足够的外界风压，导致抗风能力不足。对于下鼓风型直流风机产品，下置鼓风型直流风机实现了无级调速，但其风机的调速方式为调压调速，对主控制器电源设计要求较高，电源和风机成本均较高。此外热水器结构也不同于上抽型燃气热水器，因此其抗风系统的控制方式也不同。下鼓式的结构中燃烧腔体更加密闭，外界风压变化更容易引起风机负载变化。

针对现有技术中存在的问题，提出一种抗风压能力强且避免烟气恶化的上抽型直流风机燃气热水器。

3.1.1 攻克的技术难点

强抽型燃气热水器基本是采用风压开关判断燃烧腔内压力，当检测到风压达到风压开关动作点时自动报警，属于被动式抗风压。且风压开关质量不稳定，容易引起误动作或者起不到保护作用，提高了热水器故障率。而目前强鼓型燃气热水器大多采用直流调速风机，通过风机堵塞检测及控制方案，有效提升燃气热水器主动抗风压能力和可靠性。

针对强抽型燃气热水器使用单速交流风机的不足，将直流调速风机引入强抽型燃气热水器结构中，以改善强抽型燃气热水器在风压、效率、噪声等方面与使用直流调速风机的强鼓机的差距。但相对单速交流风机而言，直流调速风机需要解决使用环境的温度过高对直流电机内电子元件影响的问题，因此避免环境温度高对直流调速风机驱动线路板中电子元件的影响，也是本产品的创新点及难点。

3.1.2 主要技术成果

针对上抽直流控制燃气热水器，设计了一种上抽型燃气热水器直流风机安装结构，并且申请了 1 项实用新型专利。在排烟系统部装和换热器部装之间通过法兰密封，有效避免直流风机调速时出现漂移，上抽直流风机转速可以随外界风压升高而升高，使抗风压性能得到大大提高，解决了现有强抽机型抗风压性能差的问题。

同时设计了一种上抽型直流风机燃气热水器调速控制系统和一种带直流电机的强抽型燃气热水器，并且获得了 2 项实用新型专利和 1 项软件著作权。通过主控制器和直流风机之间连接，用来作为检测直流风机转速变换的电机转速检测装置，主控制器根据电机转速检测装置反馈的信号改变直流风机的工作功率。在提高抗风能力的同时，尽量维持烟气状况在较好的程度，采用本调速控制系统抗外界风压可以提升至 360Pa 左右。

3.2 技术效益和实用性

上抽直流技术自 2014 年试产试用定型之后，目前已在多个型号产品中应用，2015～2018 年累计生产整机数量达 55 万台以上，在市场上得到充分检验。从最初的原型机，派生到目前主流恒温机型和零冷水机型，涉及热水器升数从 12L 到 20L。实验室测试热水器在全负荷和半开负荷下热效率均达到 87％以上，全负荷时整体抗外界风压达到 300Pa以上。

与下鼓型直流风机技术相比，上抽直流技术中风机和控制板成本更低，振动和噪声也比其密闭结构更有优势。与传统上抽型交流风机技术相比，上抽直流技术取消了故障率较高的机械式风压开关，采用根据直流风机的转速情况进行风压保护，并且整机全负荷段的热效率较高，抗风能力强，用户使用舒适性也高。

4 应用推广情况

通过对中国国内市场热水器行业用户消费规模及同比增速分析，用户对产品性能、安全性及可靠性等要求逐年加剧，上抽直流控制燃气热水器的销售台数及销售额逐年增长。未来可以预计市场发展前景良好，同时可推动热水器行业产品向燃烧性能好、抗风安全性高的高质量产品发展。

从用户地域分布上可知，现有的上抽直流控制燃气热水器系列产品更加适合中国这种地理气候跨度大、使用环境复杂的情况，可以针对不同海拔燃烧风量和气量进行最佳匹配，避免不完全燃烧，使燃气热水器始终处于最佳工况，适应能力更强，从而促进行业良性发展，淘汰落后产品，提升整个热水器行业技术水平。

31. 燃气全预混冷凝模块热水炉

1 基本信息

成果完成单位：广东瑞马热能设备制造有限公司；
成果汇总：共获专利 2 项，其中实用新型专利 2 项；
成果完成时间：2018 年。

2 技术成果内容简介

如图 1 所示，燃气全预混冷凝落地式模块热水炉使用先进的全预混燃烧方式，燃烧系统确保在任何功率下都能使燃气充分燃烧，其燃烧排放物中氮氧化物排放低于 30mg/kWh。锅炉为常压模块炉，工作压力为 0.1MPa，单个模块燃烧器最大功率 65kW，使用方便，操作简单，适用范围广。

本技术模块炉由多个燃烧模块并联而成，每个模块可独立运行，并且工况不会因外界条件改变而变化，从而可实现在线维修。如有模块出现问题或需检修，可单独关闭此模块进行保养维修，其他模块继续工作，不会因此而造成停止供暖。

本技术模块炉最多可以 10 台同时并联工作，输入功率最大可达 3900kW。总输出功率在 13~3900kW，本模块炉会根据供暖负荷的变化，通过 AI 技术自动决定开启模块的数量，并自动比例调节输出功率，智能分配各模块的输出功率及工作时间，达到节能的效果。适用于区域式集中供暖，如酒店、会所、商场、别墅、医院、学校、小区、高层住宅（图 2、图 3）。

图 1　燃气全预混冷凝落地式模块热水炉外观

3 技术成果详细内容

3.1 创新性

常规技术落地式模块炉，大多采用普通大气式燃烧方式，其特点是热效率低，能源浪费严重，特别是氮氧化物排放偏高，对大气环境存在一定的污染，随着国家大气污染治理行动计划的深入推进，市场急需热效率更高和氮氧化物排放更低的技术和产品。

图 2　燃气全预混冷凝模块热水炉水路实物图

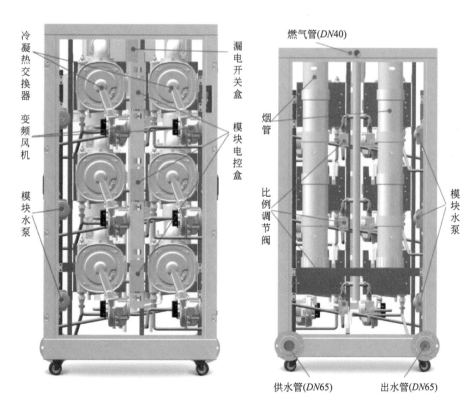

图 3　燃气全预混冷凝模块热水炉结构示意图

目前市场上两种落地式模块炉：烟气余热回收冷凝落地式模块炉和全预混冷凝铸铝模块炉。烟气余热回收冷凝落地式模块炉虽然结构简单，技术成本低，热效率高，性能稳定，但是氮氧化物排放较高（＞70mg/kWh），若改用低氮燃烧器则成本升高，同时热交换器产生冷凝水问题难以解决。全预混冷凝铸铝模块炉虽然冷凝效果好，热效率高，性能稳定，氮氧化物排放低（＜30mg/kWh），但是维护成本高，主要部件依赖进口，技术要求高，设备只有一个燃烧器，无法做到互为备用，并且铸铝换热器存在燃烧腐蚀及碱性化学腐蚀的风险。

基于目前不同结构的模块炉的优点和缺陷，广东瑞马热能设备制造有限公司开发了一种热效率高，性能稳定，氮氧化物超低排放（＜30mg/kWh）并且可单独启停单个模块以及按功率需求启动模块个数的全预混冷凝落地式模块炉。主要技术成果如下：

3.1.1　具有智能联动控制功能

为达到最佳冷凝节能工况，模块炉按顺序进行点火燃烧，首先第一个模块点火，功率达到30%时，如满足供暖需求时，其他模块不点火，不能满足则第二个模块点火，功率达到30%，点第三个，直到第六个点着后还不能满足，则按需求调整输出功率，直到能满足供暖需求，供暖需求由控制板通过供回水温度及室内温度探头和设定系统水温进行曲线设定。

3.1.2　具有功率自动调节功能

冷凝模热水块炉功率调节范围从13kW到3900kW，功率根据供暖需求自动调节。当供暖需求很小时，仅仅只启动一个模块并且最低功率可调到13kW（单模块30%），需要的时候加大功率输出，不用时调到最低，实现节能目的。最多可10台模块炉并联工作，总输出功率最大可达3900kW。

3.1.3　系统内部水力平衡

本技术模块炉水路设计增加耦合功能，如图4所示，可以平衡模块炉内部和供暖系统的压力及对模块炉的冲击影响，并对供暖系统有最大的兼容性，不会因为供暖系统的变化而对模块炉的燃烧及寿命产生影响，起到保护模块炉的作用。耦合功能的作用是对一次侧与二次侧之间的水力耦合，使其供暖系统水力工况对模块炉各个模块支路的影响降到最低。此设计可以让某个区域达到设定温度后停止工作，而不会对模块炉有干扰，使真正的节能成为可能。

3.1.4　多重安全保护措施

全预混冷凝落地式模块炉具有多重安全保护措施，例如：水压保护、高压保护、漏电保护、防冻保护、防卡死保护、防过热保护、熄火保护、防回风保护、防冷凝水堵塞保护、烟温过高保护、温度NTC保护、烟道堵塞保护、烟气防倒风保护、防干烧保护等。

3.1.5　物联网控制

实现了多台锅炉通过网络实现联机协调运行，如图5所示。系统采用了自有技术的无固定通信主机，分布式运算的联网方式，可以即插即用组网。多台小锅炉实现可搭积木的方式灵活组成一个大的系统。通过整体调度燃气炉内所有锅炉的运行，提高整体运行效率，达到节能目的。多机联网为即插即用方式，系统自动扫描联网机器，设置为协同运行方式的锅炉自动并入联网同步运行。

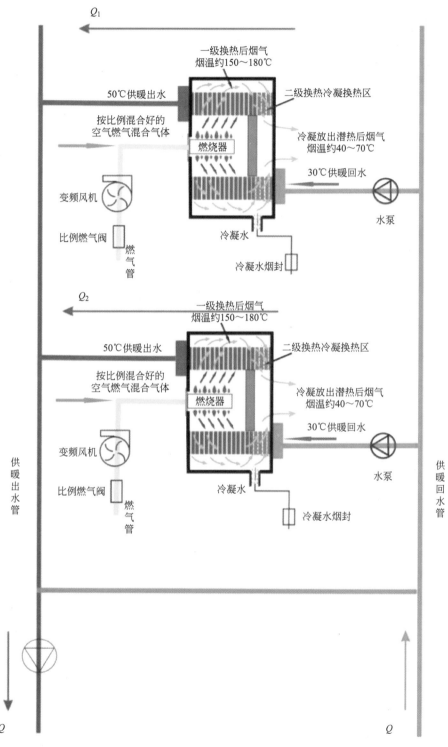

图 4 燃气全预混冷凝模块热水炉水路设计

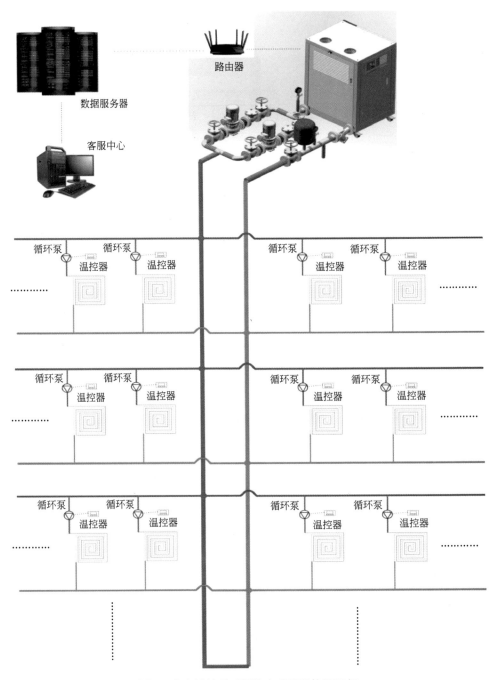

图 5　多台锅炉通过网络实现联机协调运行

3.2　技术效益和实用性

　　燃气全预混冷凝落地式模块热水炉使用先进的全预混燃烧方式，燃烧系统确保在任何功率下都能使燃气充分燃烧，具有以下技术效益和实用性能：

　　（1）高效节能，热源采用全预混冷凝式燃气模块炉，热效率最高达 108%，比常规的燃气锅炉节约 20% 的能源；烟气排放温度在 40～70℃ 之间；氮氧化物排放低于

30mg/kWh，极大地减少 PM2.5 的产生，节能环保。

（2）节约电能，热源已配置一次侧主循环泵，采用变频风机，可根据负载需要，自动调节所需流量、风量，节约大量电能。

（3）不需"一用一备"，模块炉的各模块间互为备用，可在线式维护，供热永不停止，不会因为模块炉维护而停止供热，不再需要"一备一用"的设计，节省初次投资金额，具有较大的实用性。

4 应用推广情况

随着全国各大城市的环境日益恶劣，如何减少温室气体及氮氧化物的排放，成为全国各个热能需求城市需要认真思考的问题。利用天然气等环保能源供暖，对于改善城市大气环境、共建生态文明具有重要的意义。

传统的集中式供热系统采用大容量的供暖设备，对热源集中生产，然后通过专用输送管网将热源输送至用户端。传统的集中式供热系统的管网铺设工程巨大，耗费较多的经济资源；且还要对管网进行保温设计，热源由生产端到用户端的输送过程损耗较大。

而分布式供热系统相对于传统的集中式供热系统具有以下优势：

（1）分布式供热系统直接面对用户，用户按照实际的使用需求选择热源的供应；而且分布式供热系统是一种开放式的供热系统，用户可以根据需求选择多种不同的能源供热组合使用，可以满足用户对热源多元化的需求。

（2）分布式供热系统安装在用户附近，简化了管网建设的工程，并且大大降低热源在输送过程中能量损耗和运输成本，具有较大的经济性。

（3）分布式供热系统针对客户的用热需求量身定制，供热系统具有较大的可调、可控能力，可以提高用户在使用过程中的舒适性。

（4）分布式供热系统可以满足区域性集中供暖，例如：医院、学校、机关单位、酒店、别墅等。上述机构需要相对稳定的热源供应，而且供热时间集中，空闲时间较长，分布式供热系统可以合理的调整供热时间和负荷，从而降低能源的损耗，节省能源。

所以，燃气冷凝模块炉的出现，可以很大程度上缓解用热企业的成本压力；而使用商用式燃气锅炉的分布式小型集中能源供热系统的投入，可以满足用户对热源多元化的需求，提高用户在使用过程中的舒适性，降低用热企业的热力损耗和运营成本，具有较大的经济性；分布式供热系统将会成为未来的趋势。

32. B5、G5 强排安全型燃气快速热水器

1 基本信息

成果完成单位：广东万家乐燃气具有限公司；
成果汇总：经鉴定为国内领先水平；共获奖 3 项，其中市级奖 3 项；
成果完成时间：1998 年。

2 技术成果内容简介

B5 型燃气热水器属于国内第一批强制排烟型热水器，于 1997 年 4 月进行批量生产；

较以往直排式和烟道式燃气热水器，B5 型燃气热水器能强制将燃烧后烟气排放至室外，消除了烟气排放不当造成的一氧化碳中毒隐患。其核心技术包括上抽交流风机系统开发；专用风机排风抽力、动平衡、噪声等研究；风机运行阻力及堵塞感应装置技术开发；整机控制系统研究等。

运用强制排烟技术的燃气热水器能够自动的在热水器工作燃烧时，启动风机将烟气通过烟管排至室外，在遇到排烟阻力增大或烟道被堵塞时自动关闭燃气阀门，停止热水器工作。

3 技术成果详细内容

3.1 创新性

我国家用燃气快速热水器自 20 世纪 80 年代中期开始生产以来，主要以仿制日本的直排式燃气热水器为主。直排式燃气热水器在工作中产生的燃烧烟气被直接排放到室内，若室内通风不畅极易导致一氧化碳中毒事故的发生，尤其对安装在狭小的浴室或厨房，发生中毒事故的概率更大。虽然在 20 世纪 90 年代中也引入了烟道式燃气热水器，但烟道式燃气热水器严重依赖所安装的排烟管道的自然抽力，烟道安装限制较多，在楼房建筑中无法实现，这些因素使得燃气热水器中毒伤亡事故的频发。

为有效地解决燃气热水器燃烧烟气排放的问题，通过采用风机抽排的方式，强制将燃烧后的烟气抽排至室外，经过实践证明，此方式较有效。

3.1.1 攻克的技术难点

技术的难点涉及强抽风机的设计开发、风机运行阻力及堵塞感应装置技术开发、强抽排风状况下的燃烧技术等创新技术研究。

紧凑型高抽风能力的风机在当时国内的燃气热水器上没有可参考实例和技术，通过对燃烧烟气的排量计算、燃烧各负荷状况下排放风量变化分析、热水器从点火至燃烧火焰稳定性要求的风量计算分析等参数要求，通过大量的试验数据分析，最终确定风机设计参数值。

3.1.2 主要技术成果

B5 型强排安全型燃气快速热水器较以往直排式和烟道燃气热水器在使用安全性上得到重大的提高，开创了一种全新类型结构的燃气热水器，结构如图 1 所示；经鉴定为国内领先水平，并获市级奖 3 项。主要技术如下：

（1）强抽排风状况下的燃烧技术

针对燃气热水器采用强制风机后，燃烧与排风联动的关系，从热水器安全运行保障角度出发，建立了一套燃烧与风机运行的联动方式，即建立风机启动到达一定排风量后才能开启燃气阀门点火燃烧，在风机运行过程中遇到排烟管道阻力过大，或排烟管道被堵塞时，影响到热水器正常燃烧时能够立即关闭燃气阀门，停止燃烧工作。

（2）风机运行阻力及堵塞感应装置技术

经过对风机出风口风压变化测量以及堵塞时燃烧的变化分析，采用在风机出风口处取风的负压值进行风量变化的监测，设计了具有感应微压力变化的风压开关，通过与风机出风口的负压监测口连接，实现了对风机出风口压力的检测。

（3）智能化控制和适时监控技术

主电控制器采用 MCU 芯片集成电路，首次在燃气热水器中采用大规模集成电路技术进行各数据处理，能够准确、迅速、高效地完成各程序设计事先规定的任务。单片机可独立完成智能化控制功能，通过软件控制来实现热水器各项功能运行，并对运行的安全措施进行适时监控。

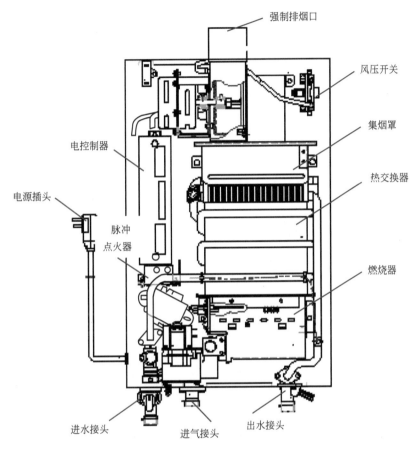

图1　B5型强排安全型燃气快速热水器

3.1.3　主要技术性能指标

B5型强排安全型燃气快速热水器在当时是一种全新类型结构的燃气热水器。主要技术性能指标如下：

（1）设计开发了全新结构的高风量、低噪声涡流风机，风机能够实现1.8m³/min排放量、耐300℃高温的稳定运行，满足耐腐蚀性要求。

（2）设计了具有感应微压力变化的风压开关，通过与风机出风口的负压监测口连接，实现了对风机出风口压力的检测。该风压开关能够实现在60Pa打升、90Pa关闭，压力误差±3Pa以内的参数控制。

（3）首次在燃气热水器中采用大规模集成电路技术进行数据处理，可以对运行的安全措施进行实时监控，具有水气联动保护、熄火安全保护、水温过热保护、防干烧保护、排烟阻力过大防护、烟道堵塞保护等多种安全监控功能。

3.2　技术效益和实用性

本技术成果强排安全型燃气快速热水器的开发和应用，是我国燃气热水器发展历史中产品从引进照搬国外产品和技术，到根据我国实际情况，自主创新与研发具有我国特色的燃气热水器产品的转折。通过强排式燃气热水器的推广与应用，促进了各企业在强排式燃气热水器领域的技术创新、产品质量与安全使用性能的提高；各配套零部件企业也按照强排式燃气热水器的要求，加大技术投入，实现了专业技术水平、能力的提升；形成了完整的自主燃气热水器材料、零配件、整机生产的产业链；为我国强排式燃气热水器的设计、生产制造、销售提供了保障。

强排安全型燃气快速热水器的应用，有效转变了直排式燃气热水器在使用安全方面带来的负面社会影响，燃气热水器使用中毒伤亡的事故发生比例大幅降低，转变了人们对使用燃气热水器的"恐惧"心理，对推广使用燃气热水器起到了重要作用，也是我国燃气热水器能够保持健康发展的重要支撑。

4 应用推广情况

B5 型强排安全型燃气快速热水器从 1994 年开始计划至 1997 年完成开发，经过方案设计、结构设计、零部件制作、整机结构制造、各类实验验证、市场小批量试用、结构完善改进等环节，于 1997 年实现了批量生产，正式投放市场；至 1997 年末实现了月产 5 万台的生产规模，并开发出 G5 强排热水器，通过对生产工艺、设备的改善，使关键零部件的质量和稳定性得到逐步改善，为批量生产提供了有力保障。

至 1998 年底，强排安全型燃气快速热水器的型号从 6.5L、7L、8L 的热水产率扩展到 8L、9L、10L、12L，占整个燃气热水器品类 70％的比例。由于强排燃气快速热水器的使用安全性提升，本公司于 1999 年向中国五金制品协会提议，向全行业推荐"停止生产使用安全差的直排式燃气热水器、推荐生产使用强排式燃气热水器"。经社会对燃气热水器安全性意识提高，1999 年国家正式发文禁止生产销售直排式燃气热水器，推荐使用安全型的强排燃气热水器。国标《家用燃气快速热水器》GB 6932-2001 于 2000 年颁布，标准中也将直排式燃气热水器删除，并增加了强排式燃气热水器的内容。

强排式燃气热水器的开发推广应用，带动了我国燃气热水器进入了更为安全的领域，对人们使用燃气热水器的信心得到进一步提升，推动了燃气热水器行业的发展。

33. 完全上进风旋流燃烧器及其燃气灶具

1 基本信息

成果完成单位：迅达科技集团股份有限公司；
成果汇总：经鉴定为国内领先水平；共获奖 3 项，其中省部级奖 1 项、市级奖 2 项；
成果完成时间：2003 年。

2 技术成果内容简介

本技术成果完全上进风旋流燃烧器及其燃气灶具采用了一种整体式保洁燃烧盘，使其热效率提升到 65％，有些可达 70％～75％，在整体结构和燃烧器结构方面，较普通嵌入式燃气灶有了质的飞跃，是目前唯一实现量产的特高效燃气灶。

燃气灶的整体式保洁燃烧盘结构采用旋流火盖、切向进气，包括引射管在内的燃烧器核心部件全部转移到面板的上方，面板全封闭，中心火与主火引射管对向布置，喷嘴同样安装在面板上方，一次空气、二次空气完全在面板上方补给；实现真正完全上进风燃烧器结构，具有高负荷、高热效率、高安全性、高保洁性及低烟气排放等特点；该技术填补了国内空白，同时突破了国际上完全上进风结构燃烧器热负荷小的瓶颈（图1）。

图1　完全上进风旋流燃气灶

3　技术成果详细内容

3.1　创新性

随着中国消费升级和城镇化水平的提升，外形美观、造型讲究的嵌入式燃气灶成为国内燃气灶具市场的主力机型。嵌入式燃气灶采用嵌入橱柜的安装方式，灶具面板下方的主体处于一个相对较为密封的空间内，而目前我国市场上主流的嵌入式灶具均采用引射管与喷嘴置于底壳内部的下进风燃烧器结构，这样的嵌入式灶具虽然在提升灶具档次和安装效果上具有很好的作用，但同时也存在一些不足，比如容易一次空气补给不足，造成燃烧不完全；火焰燃烧的稳定性不足；可能造成泄漏燃气沉积等危险。

目前国内部分厂家为了弥补下进风燃烧器的不足，在灶具结构上进行了一些改进，在面板后方、侧面或者盛液盘处开进风孔，以补充灶具内部所需的空气。虽然对于下进风燃烧器的空气补充有所改善，但并不能从根本上解决其存在的问题。灶具的燃烧工况仍旧会受到橱柜开关门的影响，更为严重的是存在密度比空气大的液化石油气泄漏沉积的风险，而且食物残渣、汤汁或昆虫等会通过上进风燃气灶的进风孔进入灶具内部，清洁十分不便，影响灶具的卫生洁净，同时对内部零配件寿命和稳定性也有一定的影响。

国外有代表性的萨巴夫燃烧器，虽然在一定程度上解决了嵌入式燃气灶空气供给不足、燃烧不稳定、燃气沉积等问题，但热负荷偏小，一般在3.0kW左右，无法适应中餐猛火爆炒的需求；且其喷嘴位于火盖下方下沉的腔体内，同时喷嘴垂直向上安装，中餐使用过程中容易有食物或汤汁等溢出，进入安装喷嘴的一次空气补给腔内，难以清理，并且容易堵塞喷嘴孔，无法在中国市场上得到普及推广。

针对现有技术的缺陷，研发完全上进风旋流燃烧器，结构如图2所示，将燃烧器改为结构紧凑、整体体积小、尺寸较薄、炉头高度低、灶面板不需开孔即可整体放在灶面板上使用的整体盘式保洁燃烧盘。其性能符合国标要求，并具备火力大、燃烧稳定、高效节能、安装方便、安全性好、便于清洁等优点，是一款适合中餐烹饪、性能优越的完全上进风燃烧器，对中国燃气灶具的发展具有深远意义。

图 2　完全上进风旋流燃烧器

完全上进风旋流燃烧器及其燃气灶具技术特点如下：

（1）突破传统嵌入式燃烧器引射管在灶壳内部的结构，将引射管结构与燃烧器头部优化组合成为一个整体，燃烧器在安装时引射管与头部一起置于面盖上方，安装喷嘴的支座伸出至面盖上，喷嘴横向安装于支座上，以此实现面盖全封闭结构，一次空气在面盖上方进行引射。解决空气供给不足、空燃混合差等瓶颈问题，保证燃烧器既实用又美观。

（2）设计热负荷为4kW，为确保燃烧工况，引射管要在有限的空间内发挥较之传统燃烧器引射管更好的性能。首先内环、外环引射管适当加大喉管直径，提升一次空气引射能力；其次内环、外环引射管布局相对而设，在不影响二次空气供给的同时，有利于一次空气更好的吸入；气流切向喷入燃烧器头部，与火孔旋转方向一致，以增强旋转动能，有助于二次空气更好吸入，使热负荷较大的情况下燃烧更充分。

（3）完全上进风旋流燃烧器、喷嘴均位于面板上方，面板亦采取封闭式设计，燃气从预混到燃烧全部在面板上方进行，有效解决燃气在橱柜内部相对密闭空间的泄漏沉积，也从根本上杜绝了灶具内腔产生回火的可能。封闭式的面板结构也杜绝了食物、汤汁等进入灶具内部的可能，保证了灶内的卫生洁净，可以延缓灶内零部件的老化锈蚀，使燃气灶更为安全耐用。

（4）完全上进风旋流燃气灶，针对气密性检测进行了结构上的优化设计，使整灶气密性的检测更全面。喷嘴支座采用垂直伸出灶面的设计，装配喷嘴后可以采用夹具，很方便地将喷嘴孔堵住，封堵密闭后即可用气密性测漏仪检测从喷嘴一直到燃气入口，即燃气灶内整个燃气输送通道的气密性，此方法可以更为有效的管控燃气管路的泄漏水平，可与欧标同步。

（5）完全上进风旋流燃烧器应用于完全上进风嵌入式旋流燃气灶中，热效率高达65%，在整体结构和燃烧器结构方面，较普通嵌入式燃气灶有了质的飞跃。

3.2　技术效益和实用性

燃烧器采用缝隙孔旋流燃烧技术，通过均匀分布的百叶窗形火孔使燃气与一次空气的混合气流切向喷出；火焰螺旋上升，强化火焰之间扰动，促进火焰对二次空气和未燃燃气的预热；火焰燃烧工况稳定，燃烧更充分；同时延长高温烟气与锅底之间热交换路程和时间，热效率更高。

完全上进风旋流燃烧器采用整体化的设计，内外环连为一体，通过支柱支撑于面板上方，安装非常方便且易于清洁，用户在对灶具进行清洁维护时，可以将燃烧器整个拿开，对灶具面板和喷嘴等进行彻底的清洁，清洁完成后按要求再将燃烧器装回即可，便于安装和维护。

完全上进风旋流燃烧器应用于嵌入式家用燃气灶，已开发完全上进风嵌入式燃气灶30余种，各项技术性能指标均达到或超过《家用燃气灶具》GB 16410 国家标准要求，通过国家节能环保产品认证。2008 年经湖南省经济委员会鉴定为综合技术性能居国内领先水平。自上市以来，市场反应强烈，产品在全国各省市进行推广应用并销往至欧美国家以及中国香港地区。

4　应用推广情况

4.1　经济和社会效益

完全上进风旋流燃气灶目前已经在全国推广，热效率可达到 75％以上（国家标准要求热效率≥50％），按最低 65％的热效率计算，每户可省气 30％左右，按每户家庭每年耗用天然气 150m³ 保守估算，则每户可减少天然气消耗 45m³，2 亿用户一年可节省天然气 90亿 m³，减少 CO_2 排放 1800 万 t，使家用燃气用具的年排放量降低 30％左右，节能效益显著。

完全上进风旋流燃气灶具备火力大、燃烧稳定、高效节能、安装方便、安全性更好、便于清洁等优点，是一款适合中餐烹饪、性能优越的完全上进风燃气灶，在行业内率先将热效率提高到 75％以上；加快了燃气具行业的发展，提升了我国燃气燃烧技术水平，产生了良好的社会效益；且烟气排放低、健康环保、安全节能，对促进低碳环保具有重要意义。

4.2　发展前景

中国目前已成为世界上最大的家用燃气用具使用国，大约有 2 亿用户。据统计，家用能源的 CO_2 排放量占我国能源总排放量的 21％。因此，降低家用燃气用具的能源消耗，减少排放，无疑将对我国的低碳环保事业做出很大的贡献。

天然气是我国目前发展较快的一种能源，但在我国能源消费结构中，天然气的占比与发达国家相比还存在着巨大的差距。随着我国政府对能源问题越来越重视，大力提倡使用可再生和清洁能源，加上"西气东输"等重大工程项目的实施，天然气以及家用燃气具的需求量将会迅速增加。由此可见，本技术成果产品完全符合国家政策支持方向，具有良好的发展前景。

34. 燃气灶具综合性能测试系统

1　基本信息

成果完成单位：中山市铧禧电子科技有限公司；

成果汇总：共获专利1项，其中实用新型专利1项；

成果完成时间：2013年。

2 技术成果内容简介

本成果以国家标准《家用燃气灶具》GB/T 16410-2007、《家用燃气用具通用试验方法》GB/T 16411-2008、《家用燃气灶具能效限定值及能效等级》GB 30720-2014为设计标准，采用国内和进口先进的仪器设备及测试技术而开发，主要用于家用燃气灶具性能的测试；本成果采用目前行业最先进、轻巧的自动搅拌装置，方便安装使用。燃气灶具综合性能测试系统可以测试灶具热效率、热负荷等多项灶具的性能指标，代替以往人工手动测试，一键式操作，大大减少了测试人员的工作量，降低对人员技术能力要求及人员操作失误所带来的误差（图1）。

图1 燃气灶具综合性能测试系统

3 技术成果详细内容

3.1 创新性

本技术成果打破了之前行业内采用人工测试导致测试结果受外力影响大而造成的测试结果不够精准的状况，采用全自动的检测方式，根据国标要求设计测试功能，自动搅拌，实时监控水温、耗气量，通过采集测试参数并发射控制信号，实现计算机与测试系统之间的传输，同时计算实验数据，能及时反映灶具的工作状态，基于微电脑技术，计算机系统作为控制记录核心，通过人机界面灵活操作，可进行测试自动化控制，各种计算公式软件集成，原始记录存储，方便查询管理，自动生成检测报告，本技术成果被广东省高新技术企业协会认定为广东省高新技术产品。

为完成燃气灶具综合性能测试系统，开发了一套具有伺服电机自动搅拌功能的搅拌器，并获得了实用新型专利授权，其搅拌速度可达 30 次/min（可调），提高了检测效率，避免了人为操作的繁琐及人为误差。测试过程脱离了人的外界干预，产品的合格与否由设备根据测试数据来进行判断，保障了测试结果的准确度。

3.2 技术效益和实用性

本项目成果已成功应用于国内省市的质检机构及国内外知名厨卫企业，带来了大量收益的同时提升了技术团队行业地位。本项目在燃气具检测领域，对于燃气具产品的品质把控有着极大的提升；符合国家"煤改气"政策，在燃气具产品爆发式发展的同时，对其质量要求也得到了充分地保障，提升家用灶具的检测效率与质量水平，推动行业的进步与良性发展。

本项目成果解决了行业内的检测效率低和产品质量受人员的操作与技术能力影响波动大的情况。尤其在热负荷、热效率检测环节，研发设计的一款自动搅拌装置，替代了人工搅拌环节，采用机械自动化搅拌，避免了过去因为人工手动搅拌的方式错误或者搅拌时间不准，导致测试结果不准确的情况，大大提升了检测的效率与结果的准确度。

4 应用推广情况

燃气灶具作为每户家庭中必备且使用频率极高的家用产品，其产品的质量安全需要得到重视与保证。燃气灶具综合性能测试系统根据相应的国家标准要求对产品进行自动化的检测，排除了检测人员的干扰项，提高了检测效率和准确性，改进了行业的检测方式，进而保证了市面上的燃气灶具的安全性及其他性能。

本项目符合国家"煤改气"政策，同时顺应了制造业的发展趋势，对于制造检测环节中人工的需求程度大大减少，检测环节与产品优劣的判断环节完全由设备自主完成，不仅带动了行业向智能化及自动化转型，同时保证了产品生产的质量安全，促进行业的良性发展及进步。

35. 冷凝式燃气采暖热水炉 NCB500

1 基本信息

成果完成单位：北京庆东纳碧安热能设备有限公司；

成果汇总：共获奖 6 项，其中其他奖 6 项；

成果完成时间：2017 年。

2 技术成果内容简介

冷凝式燃气采暖热水炉（以下简称"壁挂炉"）NCB500 采用全预混燃烧器、风压传感器和不锈钢热交换器作为主要功能配件，整机供暖热效率可高达 107％，氮氧化物排放低至 30mg/kWh 以下，一氧化碳排放在各种测试工况下远远低于国家及行业的标准要求，显热交换器及潜热交换器等配件耐冲蚀性、耐腐蚀性优于各项预定目标，成功攻克了壁挂炉行业关于氮氧化物排放及能效问题的技术难点，积极响应了政府发布的清洁供暖、低氮排放的相关政策（图 1）。

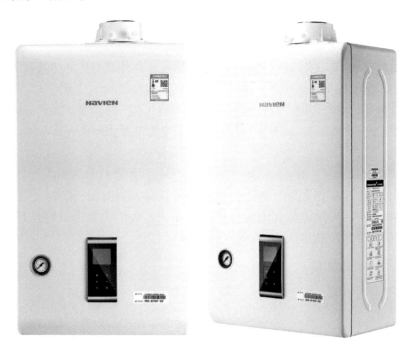

图 1　冷凝式燃气采暖热水炉 NCB500

3 技术成果详细内容

3.1 创新性

冷凝式燃气采暖热水炉 NCB500 采用全预混燃烧器、风压传感器 APS（Air Pressure Sensor）和不锈钢热交换器作为主要功能配件，提升热效率的同时降低氮氧化物的排放，主要技术特点如下：

3.1.1 全预混燃烧器

以往普通壁挂炉产品使用的传统燃烧器，热效率一般在 90％ 左右，燃料不能充分燃烧，在燃烧后有高温废气排出，达不到较低温室气体排放的目的。

冷凝式燃气采暖热水炉 NCB500 采用的环保型 ECO 全预混燃烧器，可保证适量的空气燃气比例，并进行潜热回收，从而使热效率比普通壁挂炉有了大幅提升，达到了 107％ 高热效率，并实现低氮排放，达到 5 等级最高级排放标准，在节省费用的同时，还为环保贡献了力量，真正实现了绿色环保和高效节能。同时由于其燃烧器具有 3 段调节能力，不仅节能,而且可以保持水温恒定和快速提高热水温度,从而有效地解决了沐浴水温忽冷忽热的难题。

3.1.2 压传感器 APS(Air Pressure Sensor)

以往产品使用风压开关,由其结构特点所致,在室外强风作用下,容易出现熄火等现象,影响用户使用舒适度,且在一氧化碳较高排放的情况下进行故障保护。

冷凝式燃气采暖热水炉 NCB500 采用的风压传感器 APS,其工作原理为风压传感器感受的风机压力直接作用在传感器的膜片上,使膜片产生与介质压力成正比的微位移,使传感器的电阻发生变化,并利用电子线路检测这一变化,转换输出一个对应于这个压力的标准信号。风压传感器可实时感知风压变化,实现在高风速下仍能维持稳定燃烧。燃气空气双比例调节,时刻保持最佳燃烧配比,防止有害气体一氧化碳的产生。此种结构,可以满足室外强风的环境,也可适应室内复杂的安装环境,最长烟囱可达到 7m,满足不同安装环境的需求。

3.1.3 不锈钢热交换器和潜热交换器

以往产品使用的铜制热交换器,由于铜的耐冲蚀性能相对较差,且在低温运行过程中经常会产生冷凝水,铜材质在长时间使用后会被冷凝水腐蚀,从而导致漏水等情况发生,且因其不耐腐蚀,易产生氧化隔热层,随着使用年限增加,换热效率也会逐渐降低。

冷凝式燃气采暖热水炉 NCB500 采用不锈钢材质的热交换器,耐冲蚀性能约为铜材质的 3.4 倍左右,且使用椭圆管和相对应的翅片,用以确保传热面积,达到较高热效率。通过采用稳定的串联水路结构,解决燃烧器由于高温排气而产生的水垢和沸腾噪声的问题,而潜热交换器采用板式叠层结构,可降低系统压力,达到潜热回收效果。

3.2 技术效益和实用性

冷凝式燃气采暖热水炉 NCB500 采用的环保型 ECO 全预混燃烧器、风压传感器 APS 和冷凝式主潜热一体型不锈钢热交换器等创新技术,可实现低氮排放,使产品达到 5 级最高级排放标准和 1 级能效,成功攻克了壁挂炉行业关于氮氧化物排放及能效问题的技术难点,积极响应了政府发布的清洁供暖、低氮排放的相关政策。

4 应用推广情况

2017 年北方地区各地政府铁腕力推"煤改电""煤改气"清洁能源供暖节能改造项目,北京市发布《锅炉大气污染物排放标准》DB 11/139-2015,《北京市推广、限制和禁止使用建筑材料目录》,要求禁止使用二级能效及以下的壁挂炉产品等政策,在政策导向强势引导下,壁挂炉氮氧化物排放以及能效问题成关注热点及技术难点。

冷凝式燃气采暖热水炉 NCB500 采用全预混燃烧器、风压传感器和不锈钢热交换器等,提升热效率、降低氮氧化物的排放,除了三大核心技术外,还拥有其他技术亮点,如触控面板设计,操作简单方便;超低振动、超低噪声;防冻、自我诊断等安全性能功能;回水温度控制、新一代智能水温控制技术、燃气补偿、选配气候补偿、智能 Wi-Fi 远程控制等舒适性功能。智能水温控制技术可以实现水温迅速达到设定温度、温度偏差低,且保持恒温的功能。智能 Wi-Fi 远程终端控制技术通过 Wi-Fi 手机远程控制,即使身处室外也可用手机轻松控制预约,调节温度、开关等,并配置语音提示功能,用户可根据需求使用,更节能、更方便。综合来讲,新一代冷凝式燃气采暖热水炉 NCB500 集寿命长、节能、高品质、环保、安全、适用、智能等功能于一体，更加符合消费者对壁挂炉产品需求，具有良好的发展前景。

36. ZC 系列密封性能智能检测仪器

1　基本信息

成果完成单位：安徽中科智能高技术有限责任公司；

成果汇总：经鉴定为国际先进水平；共获奖 5 项，其中省部级奖 2 项、其他奖 3 项；共获专利 5 项，其中发明专利 2 项、实用新型专利 3 项；获得软件著作权 6 项；

成果完成时间：1992 年。

2　技术成果内容简介

ZC 系列密封性能智能检测仪器是针对 20 世纪 90 年代我国燃气具行业检漏技术和手段十分落后的现状，而在国内率先开发、具有自主知识产权、达到国际先进水平、替代进口的产品，该产品的开发大大推动了中国燃气具密封检测技术的发展。ZC 系列密封性能智能检测仪器采用高精度检测及多传感器数据融合技术、先进气动组合精密控制技术和智能信息处理技术，根据燃气行业相关标准要求，针对零部件密封性能自动检测实际需求研制的一种高精度气体微量泄漏检测仪器，主要由微处理器、高精度传感器、精密装夹及阀件群控气路系统、信号处理和网络通信电路等组成，可实现快速、定量、在线泄漏量检测，检测数据可实时传输至企业服务器端，为产品质量追溯、生产决策提供科学依据，为数字化车间奠定基础（图 1）。

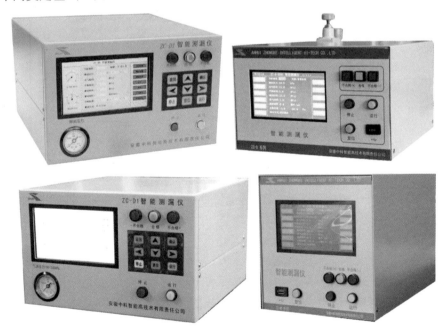

图 1　智能测漏仪系列产品

3 技术成果详细内容

3.1 创新性

燃气具行业零部件的密封性能是产品性能质量的重要指标，直接影响到产品的安全性、可靠性和稳定性。传统的密封性能检测方法有水泡法、U形玻璃管及人工计时法、直压法等，这些方法受人为因素影响大、效率低，不能快速精确定量检测，无法满足快速在线定量密封性能综合检测的要求。

ZC系列密封性能智能检测仪器是针对20世纪90年代我国燃气具行业检漏技术和手段十分落后的现状而在国内率先开发、达到国际先进水平，并具有自主知识产权的一种高精度气体微量泄漏检测仪器，采用高精度检测及多传感器数据融合技术、先进气动组合精密控制技术和智能信息处理技术，根据燃气行业相关标准要求，针对零部件密封性能自动检测实际需求而研制，不仅打破了进口相关产品技术的垄断，替代了国外企业或国外控股企业相关密封检测产品，而且加快了燃气具行业生产过程的密封性能检测的技术进步，提高了燃气具产品质量、可靠性和生产效率，促进了相关行业的技术发展。

3.1.1 攻克的技术难点

本成果的技术难点主要有：

(1) 非稳态温度、压力场下气体微量泄漏检测模型的研究；

(2) 高精度检测及多传感器数据融合技术的研究；

(3) 先进气动组合精密控制技术的研究；

(4) 智能信息处理技术的研究。

3.1.2 主要技术成果

ZC系列密封性能智能检测仪器广泛应用于燃气具行业的燃气灶具管路和总成、燃气自闭阀、燃气热水器阀件和管道等密封件/部件的密封性能测试，为燃气具零部件厂家提供了可适用于现代化数字车间管理、快速、稳定、可靠的密封性能在线检测仪器和设备。

多工位燃气热水器阀件气密性综合测试台，针对燃气热水器关键器件水气联动阀的水气密封性、回路的流量特性等多参数检测的复杂性、交替性的特殊要求而设计，通过数据采集、信号分析、过程监控及结果判定，实现对水气联动阀内三个阀腔、六道流程的密封性能综合检测和整体阀件的流量检测，整个测试时间不超过1min，解决了该阀件密封性检测的技术难题，大大提高了生产效率，节约了生产成本。

ZC-D1B智能测漏仪针对燃气自闭阀、热水器阀件的多种压力快速密封检测的要求，通过智能控制、弱信号采集和处理、计算机信息技术，实现对多通道多压力自动控制及对阀件的密封性能的综合检测，大大提高了生产效率，平均每个通道的压力切换及密封检测周期小于10s，减少了多次装夹及上下工件的时间，并且增加了测试的稳定性。仪器可将工件条形码、测试数据、设备及过程信息通过网络/总线上传并保存于企业服务器端，管理者可随时了解、查询相关产品的检测信息，可实现产品生产过程检测数据及相关信息的统计分析，为下一步产品优化设计、工艺改善提供了有力的依据。

由此开发的技术成果，形成了具有独立知识产权的技术群，获得省部级奖励，产品通过了安徽省计量测试研究院的计量检测，相关技术成果已通过了省级鉴定，达到国际先进水平。

3.1.3 主要技术性能指标

ZC系列密封性能智能检测仪器相关技术成果，具有如下功能特点及技术性能：

（1）采用快速响应、高精度的电气动元件及智能控制模块，实时控制充气流量及速率，实现了压力智能闭环控制，优化了测试过程各工艺参数，减小了系统非平衡过程中热力参数分布场变化的不稳定性和随机性，提高了系统运行的鲁棒性和在线检测效率。

（2）设计了基于STM32等平台的专用嵌入式软件，实现了智能在线检测控制及在线标定补偿、自诊断、人机交互、本地数据库及网络通信等功能。

（3）自主研制了工作压力可达2MPa、泄漏量小于1mL/h、寿命大于百万次的两位三通双联体测试阀。

（4）根据圆锥环形缝隙流体力学原理，发明了一种具有高性价比的气体泄漏量可调装置，设计了动静结合的机械结构，提供了稳定、可调的泄漏量输出装置，为密封性能检测仪器设备提供了快速、有效的标定手段。

（5）实时检测分析充气过程中压力、压差变化，研究充气加压热力学过程，建立了一种智能控制充气速率模型，解决了复杂工况下检测压力的过、欠压问题，提高了系统测试的稳定性。

（6）设计了基于C/S架构的关键部件密封性能检测软件系统，通过无线/有线传输方式将产品生产检验中的数据实时传输至企业服务器端，服务器对数据进行及时处理分析，为产品优化设计、质量追溯和生产决策提供科学依据，为数字化车间奠定了基础。

3.2 技术效益和实用性

该产品的研制打破国外相关技术产品的垄断，并填补了国内空白，促进了燃气具密封检测技术的进步，推动了中国燃气具行业的发展。

ZC系列密封性能智能检测仪器解决了工业现场对产品压力、差压、流量、容积等多种参数实时准确检测的要求，实现了产品多参数的快速综合检测，提升了燃气、家电、汽车等支柱行业智能化检测技术手段和装备水平，对于利用高新技术改造传统产业、推动技术进步具有重要意义，本产品系列技术成果具有很高的社会效益和行业影响力。

4 应用推广情况

4.1 经济和社会效益

目前ZC系列密封性能智能检测仪器有微差压测试原理、直压测试原理以及流量测试原理仪器，检测压力范围从负压到正压，最高检测压力可达2.0MPa，检测泄漏量从10mL/h到500L/min。该成果已广泛应用于燃气具、家电、汽车、机械等行业中，为燃气灶具、热水器、管道、阀件、冰箱蒸发器、毛细管、净化器、汽车消声器、排气歧管、三元催化器、新能源汽车动力电池PACK箱体等关键零部件提供了密封性能检测仪器和设备；满足了万和、美大、火星人、德意、先锋、CATL、威马汽车、美的荣事达、长虹美菱、江淮汽车、奇瑞汽车等数百家企业集团以及各地技术监督局密封性能检测的实际需求，获得了显著的经济效益。

该成果打破了国外企业或国外控股企业在我国燃气、家电、汽车等支柱行业垄断密封性能检测技术的现状，使得我国具有自主知识产权的密封性能检测设备，且达到了国际先进水平，提升了先进制造行业的自动化检测水平，确保了相关产品的质量，具有较大的经济和社会效益。

4.2 发展前景

随着工业信息化、网络化的迅速发展以及各生产企业对密封性能产品质量要求的不断提升，实时掌握生产过程信息、追溯产品生产质量已经成为现代化企业质量管理和信息化管理的方向，设计并成功研制的基于工业总线及无线组网的气密性智能检测系统，在测试过程中可将工件条形码、测试数据、设备及过程信息等通过网络发送给企业计算机服务器，无缝接入企业 MES 系统，实现对产品生产过程检测数据及相关信息的综合分析处理，为企业智能制造及数字化工厂建设提供了自动化和信息化基础，发展前景良好。

37. 预热循环增压型燃气热水器

1 基本信息

成果完成单位：广东万和新电气股份有限公司；

成果汇总：经鉴定为国内领先水平；共获奖 3 项，其中行业奖 3 项；共获专利 3 项，其中发明专利 1 项、实用新型专利 2 项；

成果完成时间：2017 年。

2 技术成果内容简介

本技术成果通过研制循环预热技术，使有无设置回水管的用户都能实现开机即出热水，管路简单，成本低，安装方便，节约水资源，具有很强的推广实用性；通过研制微焰燃烧技术，成功解决最低温升偏高问题，满足用户在春夏季全天候使用热水的需求；通过研制水增压技术，解决用户高峰期用水水压不足的痛点，提升洗浴体验。本项目燃气热水器具有创新性与推广实用性，达到国内领先水平（图1）。

图 1 万和零冷水系列热水器产品

3 技术成果详细内容

3.1 创新性

本技术成果成功解决了一直以来困扰燃气热水器行业发展的技术瓶颈，为市民减少水资源浪费，节约生活支出的同时引导燃气热水器向智能、舒适转型升级；同时通过微焰燃烧技术成功解决最低温升偏高问题，满足用户在春夏季全天候使用热水的需求；通过研制水增压技术，解决用户高峰期用水水压不足的痛点，提升洗浴体验。本项目燃气热水器具有较强的创新性与推广实用性，达国内领先水平。主要技术成果如下：

3.1.1 循环预热技术

通过直流水泵与进水管串联的水路结构，如图 2 所示，该管路结构相对于其他管路结构更为简单，成本更低。该结构将热水器本体与外部水路构成一个闭合的循环回路，采用零冷水预热控制程序，提前预热循环管路中的冷水，实现花洒一开、热水即来。不管用户是否预留回水管都能安装，而且安装简单，不需要重新布置回水管，避免了繁琐的装修。其中有回水管用户安装方式为两种，一种为用三通连接进水管和回水管，并采用单向阀控制水流方向，形成循环回路；另一种为无回水管用户，只需将最远端用水点混水阀冷热水管通过单向阀短接即可。运用循环预热技术，出热水时间仅为 2s，相对于普通燃气热水器，大幅缩短出热水时间，从而节约水资源，降低了用户的使用成本。

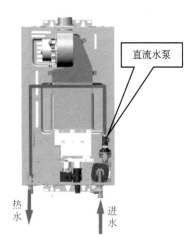

图 2 串联水路结构

3.1.2 微焰燃烧技术

在春夏季使用热水时，由于进水温度偏高，市场上普通的恒温燃气热水器最小火力工作模式依然是多排燃烧器在工作，热水器加热后输出的热水由于最低水温过高的原因仍然会高于预设水温，这样用户在夏天使用燃气热水器时会感觉热水变"烫"，严重影响用户体验。本产品运用微焰燃烧技术能够有效解决用户这一使用痛点，成功解决最低温升偏高问题，满足用户在春夏季全天候使用热水的需求。

3.1.3 水增压技术

在供水管道水压不足时，热水器自动开启水增压功能，直流水泵启动，提高用户洗浴时的水流量，用户也可自行开启水增压功能，满足个人大水洗浴的需求。在不同的水压环境下，开启水增压功能后热水器的水流量都有所增大；在增压前水流量越小，增压后的水流量的增大值越大，即在管道水压越低、水流量越小时，用户对增压需求越强烈，同时水泵增压能力也越强，从而即使在用水高峰期也能满足用户大水洗浴需求。

3.2 技术效益和实用性

该技术成果于 2018 年 1 月应用于 JSQ25-13L6 零冷水燃气热水器上，投入市场后，获得广大用户的一致好评，不仅节约了水资源，还降低了用户的使用成本，并且其制造工艺和其他型号普通燃气热水器差别不大，安装方便。

本技术成果循环预热技术，可以大幅缩短出热水时间，实现开机即出热水，从而节约水资源，降低了用户的使用成本；微焰燃烧技术，解决了最低温升偏高问题，满足用户在春夏季全天候使用热水的需求；水增压技术解决了用户高峰期用水水压不足的痛点，提升洗浴体验；具有较强的技术效益和实用性。

4 应用推广情况

4.1 经济和社会效益

本技术成果包含多项领先的技术，引领行业向经济、环保、节能的技术方向发展，不断的提高用户使用热水的舒适性和便利性，让更多用户可以感受科技的进步。该成果的实施不仅符合国家节能减排和绿色可持续发展的战略要求，为燃气具行业的发展指明了一个全新的发展方向，开启了现代热水生活的新篇章；对行业技术的创新发展、科技进步、传统燃气热水器的转型升级以及国家的节能环保、绿色发展政策起到了非常大的示范作用。

目前居民使用单一水路燃气热水器时，需要把管道内残留的冷水排除干净才能用上热水器提供的热水；住房面积越大、卫浴用水点数量愈多、管路越长，洗浴前需要排的冷水越多。据不完全统计，2017 年中国燃气热水器市场全年销量达到 1200 万台，按 1 台热水器一天使用 3 次，平均每台热水器每次开机 15s 后才出热水，即每次洗浴白白浪费 15s 的水流量，按 8L/min 出水流量计算，假如 1200 万台燃气热水器全部投入使用，一天则要浪费 0.72 亿升水。若 1200 万台普通单一水路燃气热水器全部采用本项目研制的循环预热技术，则每天可节省 0.72 亿升生活用水，具有非常大的经济和社会效益。

4.2 发展前景

随着我国经济的快速发展，居民的收入及住宅面积不断增加，生活水平不断提高，两卫或三卫甚至四卫以上的民用住宅和商品房不断普及，国民对生活热水的使用方式与需求也随之发生了根本性的改变。过去的烟道式、直排式、普通恒温式等单一水路燃气热水器已经无法满足人民生活水平日益提高的需求与国家节能减排政策的要求，急需一种全新的生活热水使用方式。

本技术成果运用循环预热技术，成功解决了用户在使用热水时需要先排出一大段冷水这一使用痛点，开启了花洒一开热水即来的全新现代热水生活新篇章，进一步扩大了国内燃气热水器市场；运用微焰燃烧技术，成功解决最低温升偏高问题，满足用户在春夏季全天候使用热水的需求，全面提升用户使用体验；运用水增压技术，使得用户在用水高峰期，尤其是高层住户，也能畅享瀑布浴。

鉴于此，本技术成果创新和实用性强，着力解决用户痛点，迎合市场需求，符合燃气具行业技术转型升级与国家节能减排绿色发展要求，目前应用循环预热增压型燃气热水器取得了很好的销售业绩，将会是燃气热水器未来的发展趋势，具有很好的发展前景。

38. 实验室高精度实时配气系统

1 基本信息

成果完成单位：国家燃气用具质量监督检验中心；

成果汇总：经鉴定为国际先进水平；共获奖 1 项，其中省部级奖 1 项；共获专利 2 项，其中发明专利 1 项、实用新型专利 1 项；

成果完成时间：2012 年。

2　技术成果内容简介

首次提出并建立了高热负荷、实时、宽流量、高精度、多管路的自动化连续实验室配气方式，首创了燃气具极限燃烧特性工况界限气的配制方法和流程。在保证精度的前提下，将低纯度原料气引入配气流程，在技术工艺、设计方法等方面实现了自主创新，填补了国内外空白，为我国燃气具行业产品制造、燃气实验室产品检测提供了精准气源实验平台。

3　技术成果详细内容

3.1　创新性

在项目实施之前，国内外并没有连续式、高精度配气技术及相关装备的研究和成型的报道。本技术成果如下的创新：

（1）开发研制出了实验室用大流量、动态、高精度、连续式各种燃气配制的实验系统与装置。

（2）首次建立了快速实现燃气具极限燃烧特性工况界限气的配制方法和流程。

（3）探索建立了高热负荷燃气具的气质适应域测试实验系统，形成了燃气气质适应性测试实验技术。

3.1.1　攻克的技术难点

本技术研究要点和难点主要有：（1）基于互换性原理的燃气多气源配气装置研究；（2）基于高精度、动态控制的燃气组分控制装置研发；（3）瞬态响应的精密燃气配气控制系统开发；（4）基于压力、流量联控调节的闭环控制技术研究；（5）燃气互换性测试与配气综合实验装置与系统研发。

本研究在国际上没有现成的样本和测试设备可供参考和借鉴，完全是自主研发创新，所有的节点技术都是在逐步逐项的研究过程中探索形成和得出的；本技术所形成的系列成果，项目组具备完全独立自主知识产权。

实验室高精度实时配气系统实物见图 1。

图 1　实验室高精度实时配气系统实物图（小流量，燃气灶用）

3.1.2 主要技术成果

根据欧美等国家和地区以及我国各类城镇燃气气源组分及特性指标,研发建立了基于高精度质量流量调节的实验室配气试验气质量控制技术;设计建造了新型的实验室高精度实时配气系统,实现动态、实时、连续式、测控型的精准实验配气;构建了高热负荷燃气具产品质量测试和性能评价的实验平台。本项目主要成果如下:

(1) 基于互换性原理的燃气多气源配气装置的研究

基于实验室大流量、高精度的全组分配气技术,由于配气成本高、配气程序复杂、配气量少,无法大量应用。因此,在检测实验室或设备生产工厂调试时,一般是基于互换性原理,利用配气技术,选择液化气、天然气、氢气、氮气等常用、低成本原料气源,按照一定配气方法或程序进行各类试验燃气的配制;获得能够与各种基准燃气互换的试验置换气。

根据燃气燃烧特性指标,选取影响燃气燃烧特性的重要控制指数,进行试验配气设计和计算。常规方法是选择某些与燃气燃烧性能密切相关的主要参数,如华白数、燃烧势等,采用三种原料气体即甲烷(或管输天然气)、氮气、氢气或丙烷(或丁烷、液化石油气)、氢气、氮气或多种原料气,进行试验配气。其华白数代表燃气的热负荷能力,表征燃气的能源热效率大小;燃烧势参数则阐释燃气的燃烧性能、火焰工况、燃烧速度等。

为此,基于燃气互换性的主要燃烧特性指数:华白数、燃烧势(现统称为燃烧速度指数 SI)、黄焰指数、高热值,提出了燃气配气的三指数公式,以此为配气指导思想建立了燃气多气源配气装置。

(2) 基于高精度、动态控制的燃气组分控制装置的研发

常用配气系统,不论是间歇配气系统还是连续配气系统,一般采用三种原料气,进行三组分的配气计算和控制。虽然操作简单方便,但体积庞大,配气罐或储气罐是必需的装置。配制的试验气也不能立即使用,必须进行静止放置,使罐内气体充分混合均匀后,才能输送使用。燃气配气装置只能进行静态、延时配制试验气。为此,项目组创立了动态、实时(响应时间在 2s 以内)、宽流量(单路流量为 $0 \sim 150L/min$)、高精度(配气精度在 1% 以内)、配气组分可调可控的连续自动试验气配制(单界限工况点测试时间小于 30s),克服传统的手动配气和自动配气装置不能实时、动态配气进行实验测试的缺陷,提出了燃具极限燃烧工况界限气的配制方法和流程,进行了燃气组分精确控制装置的研发。高精度实时配气系统实物如图 2 所示。

(3) 瞬时响应的精密燃气配气系统控制软件的开发

精密燃气配气系统控制软件主要进行配气流程控制和操作。分成数据采集/处理子模块和流程控制子模块。数据采集/处理包括对 MFC 设定流量、反馈流量和 CO 浓度等原始数据的控制和测量,并以此计算华白数、燃烧势、黄焰指数和热值等导出量。其中 MFC 流量数据通信是 AD/DA 数据采集模块 RS485 串口实现。流程控制则是通过顺序、条件判断和循环等基本结构实现燃烧特性实验的各步骤。

基于上述技术获得了省部级奖项,申请并授权国家专利。

3.1.3 主要技术性能指标

本测试装置和测试技术流程是国内外目前所没有的。主要技术性能指标如下:

(1) 采用小型、集约的技术装置,进行高精度(配气组分精度在 1% 以内)、宽流量

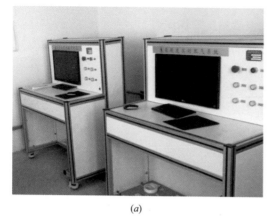

(a) (b)

图 2　高精度实时配气系统实物图（大流量、配气站用设备）

(a) 控制系统部分；(b) 配气系统部分

（单路气体流量控制在 0～500L/min）配气和燃具极限燃烧工况的迅速响应（单参数点测试时间小于 30s），极大地提高了测试工作效率，改变了以往手工配气或间歇性配气无法进行该类研究的技术难题。

（2）首次创立了动态（不需缓冲罐装置）、实时（配气稳定时间小于 6s）进行燃气具燃烧特性测试的技术模式，为简约、集成化的进行燃气具检验测试提供了实验平台，为行业内进行该类燃气具的实验测试提供了全新的技术方法和思路。

（3）首次提出了燃气具极限燃烧特性工况界限气的配制方法和流程，建立了适应天然气多种气质要求的燃气组分随机配气技术，多组分气质的高精度配气技术与工艺，为进行燃气具的量化质量评定和产品检验提供了测试技术。

3.2　技术效益和实用性

本技术成果自 2013 年在国际上首次提出了燃气具气质适应性区间测试方法并研发出实验装置，实现了高精度、宽流量配气和燃具极限燃烧工况的随机测试，独创了动态、实时进行燃具燃烧特性区间测试的实验方法和技术流程。由此开发的技术成果，形成了具有独立知识产权的技术群，并由此开发形成了燃气用具精准实验测试技术与装备。

该装置通过实时、高精度的自动配气装置和燃烧特性测试控制软件，随机配制合适组分的试验气或界限气；通过燃烧测试控制系统调配燃具的不同极限燃烧工况，确定燃具对燃气的极限气质适应性区间，以此对燃气具的燃烧性能进行量化测试和评价；为城市燃气互换性提供了实验研究方法。

4　应用推广情况

4.1　经济和社会效益

该成果已在我国燃气具生产企业和城镇燃气行业进行了成果转化和应用。首先于 2012 年，在国家燃气用具质量监督检验中心进行了装置的中试应用，并于 2013 年初步进行了产业化生产，对我国燃气行业发展、产业结构升级和实现行业技术跨越，产生了巨大的促进作用。

自 2012 年至今，上述实验测试技术、测试系统和燃气互换性相关技术成果已成功应用于中石油、中海油等大型公司的技术咨询和科研工作中；以及海尔、方太、华帝、樱花卫厨、老板电器、A. O. 史密斯、迅达、创尔特、美的、万家乐、万和等知名的大中型燃气具生产企业的产品检验和开发中；在高等院校如同济大学、重庆大学，国家权威研究机构如中国标准化研究院、国家燃气用具质量监督检验中心等也进行了应用；实时、精确的试验气和界限气配制技术，节约了投产配气站、缓冲罐设施及实验用基准气和界限气的高昂购买费用，经济效益显著。

4.2 发展前景

本成果可应用于高校院所进行多组分燃气精准燃烧与应用测试研究、工业与民用燃具生产企业的产品性能与质量检测、燃气具检测实验室等检验机构的实验测试，以实现不同用途，及测定不同燃具对燃气气质的适应性和燃烧特性区间。

该技术与装置的使用，为优化燃气具的燃烧、提高燃气具的质量品级提供了技术手段，可促进行业持续更新技术，推出更节能高效的技术产品，如在行业内推广，将带动相关产业的技术升级和产品更新，实现节能、环保、可持续应用，具有较好的市场发展前景。

第3章 优秀原创燃气具零部件产品

1. 一种一体式一进两出水路切换模块及水路模块

1 基本信息

成果完成单位：浙江春晖智能控制股份有限公司；

成果汇总：经鉴定为国内领先水平；共获专利3项，其中发明专利1项、外观设计专利2项；

成果完成时间：2016年。

2 技术成果内容简介

一种一体式一进两出水路切换模块及水路模块由出水阀和进水阀等组成，出水阀采用一体式三通结构，可降低制造成本，提高密封性能，方便拆装和维修；采用玻璃纤维增强的工程塑料作为阀体主材，具有强度大、耐腐蚀、耐高低温等特性，降低了产品重量。产品在结构设计、材料选用上具有一定创新性，已获得发明专利1项、外观设计专利2项，技术处于国内领先水平，图1为水路模块实物图。

图1　水路模块实物图

3 技术成果详细内容

3.1 创新性

3.1.1 攻克的技术难点

现有的水路模块出水阀上具有二位三通切换功能的水路切换模块，其两阀口处于阀体上，两端分别用密封组件密封，采用分体式结构，同时没有导向结构，使用一段时间后容易出现顶杆变歪，从而导致密封泄漏等问题。也有一体式的三通结构，阀口从阀体上剥离，用阀口架替代，用长顶杆串联两密封组件，作为整体装入阀体中。虽然安装方便，但结构复杂，长顶杆容易桡性变形，也容易引起泄漏。本技术成果只通过固定于推杆上的一块 5mm 厚的阀口密封块的上下两面来分别密封两出口，使得三通结构缩短一半，同时减少了一处原密封组件与推杆连接后密封处的泄漏。一体式设计，极大地方便了拆装及售后维修，因结构缩短一半使得推杆长度缩短，大大增强了推杆刚度，使得三通密封效果更好、更稳定。

工程塑料水路、半铜半塑料水路在国外已成趋势，国内刚刚起步，对传统的铜阀水路是个挑战。本技术成果在沿用关键性部件，如三通、旁通、流量传感器组件的基础上，阀体材料选用工程塑料 PA66＋30％玻璃纤维，在结构上进行了大胆的创新设计以适用压注阀体的开模方式，联接件采用卡扣形式。玻璃纤维增强尼龙，具有强度大、耐腐蚀、耐高低温等特性，在高温水介质下比铜阀体更不容易积水垢，且成本相对低，满足了客户对水路模块在性价比上的追求。

3.1.2 主要技术成果

（1）一体式一进两出水路切换模块及水路模块

一体式一进两出水路切换模块包括过载保护电机、电机安装卡簧、三通阀组件；过载保护电机通过电机安装卡簧固定在三通阀组件上，三通推杆置于三通阀体孔内，依次穿过复位弹簧、挡圈、动密封圈，用开口挡圈固定在三通阀体上，三通推杆末端还用开口挡圈固定有阀口密封块，阀口密封块外圈封在三通阀口上，三通阀体外壁 O 形圈槽内设有静密封圈。水路模块包括出水模块及使用上述水路切换模块。依据此技术申请并授权发明专利 1 项。

一体式一进两出水路切换模块两阀口，一个设于出水模块主阀体上，一个设于三通阀体上，简化出水模块的结构，更易于加工或开模；只通过固定于推杆上的一块 5mm 厚的阀口密封块的上下两面来分别密封两出口，使得三通结构缩短一半，大大增强了推杆刚度，使得密封效果更好、更稳定；取消了以往设置于靠近电机端的过载保护弹簧、弹簧座，把过载保护弹簧巧妙地设置于电机中，既能起到过载保护的功能又能简化三通结构；一体式设计，极大地方便了拆装及售后维修。依据此技术申请并授权外观设计专利 2 项。

（2）工程塑料材质的应用

工程塑料水路在国外已经普及和成为趋势，就目前来说在国内则刚刚起步。近年来我国工程塑料在加工工艺、加工设备及模具设计等方面得到进一步发展。目前复合材料增强纤维的应用和注射工艺的成熟，使得工程塑料材质的水路模块具有与铜阀水路相同的可靠性。本技术成果采用 PA66＋30％玻璃纤维增强尼龙，具有强度大、耐腐蚀、耐高低温等特性，目前完成了样品测试和实验室型式试验，进入客户推广阶段。小批试制后，已具备大批量生产的能力。

3.1.3　主要技术性能指标

本技术成果主要技术参数如下：

（1）适用介质：≤83℃流体介质；

（2）可测传感范围：1.5～16L/min；

（3）传感精度：1.5～3L/min 时，±5Hz；3～16L/min 时，±10%；

（4）旁通性能：$\Delta P=0.04$MPa，$Q\leqslant50$L/h，$\Delta P=0.055$MPa，$Q\geqslant180$L/h；或按客户要求；

（5）气密性：在 0.7MPa 压力下无外泄漏现象，在 0.03MPa 压力下三通阀阀口无内漏；

（6）寿命：≥30 万次。

3.2　技术效益和实用性

本技术成果采用结构紧凑的一体式一进两出水路切换模块，能有效解决三通阀容易泄漏且结构复杂、制作成本高的问题。

本技术成果凭着企业多年的水路模块制作经验及完善的实验室设备，大胆选用工程塑料作为阀体材质，经过实验室和市场验证，已被大多数客户接受认可。目前国内都为黄铜阀体，不但成本高，而且因铜表面处理而引起环境污染，国外先进国家已不再使用铜阀体的水路模块。工程塑料水路模块达到了节能减排，降低成本的目的。

4　应用推广情况

塑料水路模块以其体积小巧、安装方便、性价比高而受到国内外客户的青睐。目前已广泛应用于壁挂炉市场，客户有万和、迪森、羽顺、艾瑞科、美的等，并出口到俄罗斯、韩国、伊朗等国家。另有多家意向客户在送样确认过程中，水路模块的市场占有率将进一步扩大。

近年来，随着我国工程塑料在加工工艺、加工设备及模具设计等方面得到进一步发展，目前已能够有效的解决塑料件的熔接痕、流痕、翘曲、尺寸变形等缺陷，复合材料增强纤维的应用和注射工艺的成熟使得工程塑料材质的水路模块替代铜阀水路成为必然。本项目团队在周密的市场调研基础上，通过消化、理解、分析、对比，开发出的塑料水路模块，在结构设计上突出紧凑、有效，在材质上大胆试用工程塑料，为今后降低成本、站稳竞争日益激烈的壁挂炉配件市场打下坚定基础，为将来国内外壁挂炉行业的性价比革新提供了必需的物质基础，具有较大的社会和经济效益。

2. 一种改进点火针和热电偶安装方式的灶具燃烧器

1　基本信息

成果完成单位：中山市华创燃具制造有限公司；

成果汇总：共获专利 1 项，其中发明专利 1 项；

成果完成时间：2016 年。

2 技术成果内容简介

一种改进点火针和热电偶安装方式的灶具燃烧器主要特点有：

（1）炉头本体为铸铁炉头，点火针和热电偶安装在炉头内，采用黄铜制成铜套，套在点火针和热电偶上，隔离点火针和热电偶与铸铁炉头的直接接触面。

（2）铜套、带内螺纹的内铜套和螺栓，内铜套固定在紧固孔内，热电偶插入再穿过铜套并固定在一起，铜套插入热电偶安装孔内，螺栓与内铜套的内螺纹螺合，螺栓的端部与铜套抵靠。

（3）点火针座上固定孔的上端有内螺纹沉孔，铜制成的紧固套，紧固套包括位于下部的外螺纹连接部和位于顶部的操作部，点火针的底部位于固定孔内、固定盘位于内螺纹沉孔内，紧固套的外螺纹连接部与内螺纹沉孔螺合并压紧固定盘。

带铜套的点火针和热电偶，充分利用铜不易氧化的特性，防止产生因生锈而造成的点火针和热电偶不易拆卸的问题，具有拆卸、更换和维修方便的特点。

3 技术成果详细内容

3.1 创新性

现有技术中，灶具燃烧器包括炉头本体、点火针和热电偶，炉头本体包括预混杯体、位于预混杯体内的中心预混管和引射管，预混杯体上有点火针座和热电偶座；炉头本体采用铸铁方式制成，固定点火针和热电偶的固定件，与点火针座和热电偶座螺合。但现有拘束存在一定的问题，长期使用时，由于高温、湿潮环境，固定件、点火针座和热电偶座易生锈，导致更换点火针和热电偶不方便。

本技术成果为一种改进点火针和热电偶安装方式的灶具燃烧器，包括炉头本体、点火针和热电偶，炉头本体包括预混杯体、位于预混杯体内的中心预混管和引射管，预混杯体上有点火针座和热电偶座，具有拆卸、更换和维修方便的特点，结构图如图1、图2所示。

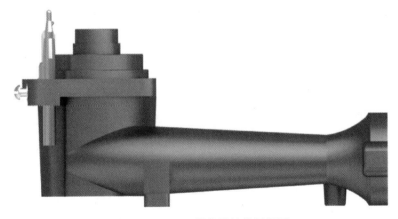

图 1 新型灶具燃烧器结构侧视图

图 2　新型灶具燃烧器结构正视图

本技术成果主要技术特点如下：

（1）炉头本体为铸铁炉头本体，热电偶座上有轴线垂直于水平面的热电偶安装孔和轴线与水平面平行的紧固孔；还包括铜套、带内螺纹的内铜套和螺栓，内铜套固定在紧固孔内，热电偶插入并穿过铜套并固定在一起，铜套插入热电偶安装孔内，螺栓与内铜套的内螺纹螺合，螺栓的端部与铜套抵靠。

（2）热电偶安装孔的顶部有一沉孔，铜套上端有法兰，法兰嵌入沉孔内。

（3）点火针的外周向面上有固定盘，点火针座上的固定孔的上端有内螺纹沉孔；还包括由铜制成的紧固套，紧固套包括位于下部的外螺纹连接部和位于顶部的操作部；点火针位于固定孔内、固定盘位于内螺纹沉孔内，紧固套的外螺纹连接部与内螺纹沉孔螺合并压紧固定盘。

（4）紧固套的外螺纹连接部的下端有下沉孔；固定盘上部嵌入下沉孔内。

本技术成果由于采用这样的结构，可以充分利用铜不易氧化的特性，铜与铁不发生化学反应，从而克服了因生锈而造成的点火针和热电偶不易拆卸的缺点，实现在使用铸铁炉头时，点火针和热电偶拆卸、维修方便的目的。

3.2　技术效益和实用性

由于灶具在厨房环境容易生锈，现采用增加点火针和热电偶铜套保护，利用铜不容易氧化的特性，使点火针和热电偶拆卸及维修方便，解决消费者的关切。黄铜套防断保护技术，被授权国家发明专利，黄铜套保护点火瓷针与热电偶，防止断裂；热电偶自动熄火保护技术，在意外熄火自断气源功能上可发挥更大的功效；降低品牌企业的售后服务成本，起到提高产品质量，改善产品性能的效果。

4　应用推广情况

本技术成果具有拆卸、更换和维修方便的特点。解决用户使用时，由于高温、湿潮环境，固定件、点火针座和热电偶座易生锈，导致更换点火针和热电偶不方便的售后问题，为企业节约售后成本，建立用户对燃气灶具产品的使用口碑。

全世界范围内，工业产品优势在于核心零部件的配置。带熄火保护装置的燃气灶具有两个针头，一个是点火针，另一个是自动熄火保护装置的感应针。燃气灶具的使用切实关系到消费者的生命安全，因此被列入特殊产品行列。解决用户使用燃气灶具时，由于高温、湿潮环境，固定件、点火针座和热电偶座易生锈折断，影响灶具使用安全性，增加售后等问题，所以研发一种改进点火针和热电偶安装方式的灶具燃烧器势在必行，这种基于市场需求和对中国人生活方式的了解上形成的研发创新，将为众多知名品牌企业带来更大的市场收益。

3. 商用燃气灶综合控制总成

1 基本信息

成果完成单位：永康市华港厨具配件有限公司；
成果汇总：共获专利2项，其中发明专利1项、实用新型专利1项；
成果完成时间：2016年。

2 技术成果内容简介

本技术成果是一种商用燃气灶综合控制总成，包括内旋钮、内旋钮压板、外旋钮、底座、开关固定板，主气阀开关外旋钮设置在底座上并可相对旋转，外旋钮的中心轴从底座的中心孔伸出，开关固定板与底座固定连为一体，开关固定板上设有弹簧定位板，主气阀开关固定安装在开关固定板的中心孔上，内旋钮压板套在内旋钮上后与底座固定连接，内旋钮可相对底座转动，内旋钮的中心柱与主气阀开关配合，在内旋钮与弹簧定位板之间设有复位弹簧。采用本结构后，具有结构简单紧凑、操作使用方便、使用安全可靠，并集电、气、风控制于一体等优点，实现燃气和空气精确配比，有利于提升能源利用率且安全、环保。

3 技术成果详细内容

3.1 创新性

首先，现有商用燃气灶具的风、气熄火保护等功能都是由单个系统或配件控制，容易产生不可预料的故障，单个系统或配件完全裸露在外，而商用厨房的环境非常恶劣，温度高、湿度高、油垢、水等均可轻易对灶具造成损坏，而且单个系统或配件对整机的生产制造维护造成一定的困难，容易发生线路接错或配件装错问题，不利于提高生产效率，是整个行业的一大难点问题。其次，现有的商用燃气灶工作点火时往往采用如下操作：（1）接通电源开关，为风机、长明火电磁阀、主气电磁阀提供电源；（2）接通风机开关，让风机首先开始工作；（3）在风机开关接通后电子点火开关延时工作，同时接通常明火电磁阀，常明火燃烧工作，为点燃主火提供火源；（4）通过燃气阀和空气阀选择小火、中火或大火；（5）通过主气阀开关控制主气电磁阀工作。此种操作要求高，造成使用不方便，而且存在一定的安全隐患。针对目前存在的问题，提出一种商用燃气灶综合控制总成，具有结构简单紧凑、操作使用方便、使用安全可靠，并集电、风、气控制于一体等优点。

商用燃气灶综合控制总成是把全功能控制系统在六功能控制系统的基础上综合更多功

能，实现单匹机芯片自动控制系统模块化，包括内旋钮、内旋钮压板、外旋钮、底座、开关固定板、主气阀开关等，具有多种功能特点，包括多元化集成模块化，一键式启动自动控制，大火、中火、小火机械调节实用耐用，故障自检提示方便维护，触碰防空烧更节能更耐用及熄火保护安全保障。其结构特征包括：把三功能控制、六功能控制提升为单匹机芯片一键开关控制，完成预吹扫——多功能运行自检——后吹扫降温；机械异形联动风门紧密连接额定多功率阀；控制大火、中火、小火燃烧全过程，一氧化碳不超标无异味；腿顶开关替代红外线防空烧开关；减少故障20万次触碰，保障5年寿命；离子感应熄火保护自动控制，符合国家技术标准，意外熄火安全得到保障；燃烧系统与全功能控制系统设计成无缝连接，全部电源线路，隐蔽、全封闭插件形式连接快捷方便；不锈钢波纹管用来防水、防油、防鼠咬、防火，卫生耐用。

全功能控制系统功能齐全、适用范围广。高档炒灶能使腿顶防空烧，将节能与方便发挥到淋漓尽致，矮汤炉的中火、小火控制能够起到得心应手的效果，高节能率使得用户得到实惠，配置熄火保护系统符合国家技术标准，于国、于民、于己都有利，绿色商厨燃烧系统与全功能控制完善标配使得中国商厨迈上一个新台阶。

3.2 技术效益和实用性

现有的商用燃气灶具工作点火操作方式会引发一定的使用问题，首先由于各步骤按顺序操作分散，操作使用不方便，对操作者要求高，如果操作顺序发生错误，极易引发燃气泄漏或爆燃，存在严重的安全隐患；其次，由于燃气阀和空气阀分开操作，随意性大，只能凭经验操作，燃气和空气难以精准配比，如果空气少了，燃气燃烧不充分，不仅能源利用率低，还产生CO等有毒有害气体，而且污染环境；如果空气多了，热量会被风吸收带走流失，燃气没有被完全燃烧就被风吹出燃烧室，甚至将火吹灭，既浪费能源，也会产生CO等有害气体，污染环境。因此，商用燃气灶具电路控制和燃气操作顺序集中控制是本行业技术难点问题，为此本项目团队根据目前商用燃气灶具使用过程中存在的问题，提出初步方案后在内部进行交流和论证并征求用户意见，对初步方案进行修改完善，再根据修改方案生产加工样品，进行装机使用，并对存在的问题进行修改完善，待完全正常运行后，经过检测验收，合格后将技术成果投入市场。

4 应用推广情况

4.1 经济和社会效益

配备全功能综合控制总成的燃气炒菜灶节能产品的节能改造和节能分享成效特别显著。节能分享的产品增值15倍左右。

目前国内市场节能产品销售比例占30%～40%，机关单位招标投标工程80%都在使用传统炉头，节能产品全国市场占有率不到30%。传统的高耗能产品根深蒂固占据市场，要让节能产品迅速占领市场，首先需要全行业同仁同心同德，加大宣传，贯彻节能标准，遵守国家法律法规，从我做起拒绝低效产品；其次，需要对用户进行专业细心的产品技术培训、使用安全培训、产品特色技术培训，让用户认知产品、认同产品、喜欢产品，把服务培训做好；最后，由政府监管实行工厂品质检查、市场品质检查，查出不合格产品要进行严厉处罚，通过上述手段，促进节能产品的推广与应用。

4.2 发展前景

商厨设备行业发展至今，已发展成一个相对成熟的朝阳产业，行业的发展也进入到一个多品牌纷争的时期。低关注度、高卷入度，规模效应低、中小型企业居多等既是行业发展的特点，也给企业的发展带来一些阻碍因素。因此，商厨生产企业急需在重压下寻求新生。

近年来，随着人民生活水平的提高和对生活高品质的追求，传统的厨房设备行业开始处于饱和状态。科技的发展，技术的普及，厨具企业也受到大环境的影响，开始走向转型变革的道路，高端厨房设备行业拥有广阔的发展前景。厨房设备行业发展至今，已历经20多年风雨洗礼，过去厨房设备行业多以中低端市场为主，高端市场由于消费需求较小，加上消费水平受限，发展一直不见起色。近年来，随着国民经济不断发展，消费水平不断提高，消费者对高端厨房设备等高端厨房产品的需求逐渐增强。

自行业标准《中餐燃气炒菜灶》CJ/T 28-2013 和国家标准《商用燃气灶具能效限定值及能效等级》GB 30531-2014 颁布以来，商用燃气灶具行业的能效逐渐被关注，很多商厨企业试图涉足节能领域，标准推动行业进步形势喜人。《商用燃气燃烧器具》GB 35848-2018 国家标准已于 2019 年 3 月 1 日开始实施，规定商用燃气具必须安装熄火保护安全装置。如果商用燃气具没有安装熄火保护控制系统，将被认定为违法行为，产品在使用过程中一旦发生安全事故，制造商将被追究法律责任。整个行业高标准的要求使得商厨企业中高标准、高质量的产品走得更远。

本技术成果全功能综合控制总成配备了熄火保护系统，应用在中餐燃气炒菜灶和大锅灶上，使其热效率均超过了国家一级能效标准，并获得国家节能环保证书。本技术成果结构简单紧凑、操作使用方便、使用安全可靠，并具有集电、气、风控制于一体等优点，燃气和空气精确配比，提升能源利用率而且安全、环保，自投入市场以来深受客户青睐，发展前景良好。

4. 前置式内置旁通水路模块

1 基本信息

成果完成单位：浙江春晖智能控制股份有限公司；

成果汇总：共获奖 2 项，其中省部级奖 1 项、市级奖 1 项；共获专利 2 项，其中实用新型专利 2 项；

成果完成时间：2016 年。

2 技术成果内容简介

前置式内置旁通水路模块出水阀采用内置旁通，旁通阀进水通道与供暖端头相连，同时该旁通阀与出水端头之间连通有出水通道，当供暖端头内部的水受热膨胀时，可通过旁通阀进行泄压，提高了安全性；旁通阀设置在前部，安装维修方便；进水阀流量传感器壳体与分水轮固定座采用 O 形圈，径向过盈联接，提高密封性和流量测量灵敏度。产品在结构设计上有创新，已获 2 项实用新型专利，技术处国内领先水平（图1）。

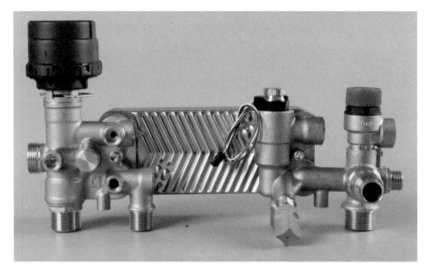

图1　前置式内置水路旁通阀体实物图

3　技术成果详细内容

3.1　创新性

3.1.1　攻克的技术难点

现有的水路旁通模块通常采用在外部加旁通管的方式，采用这种方式不仅大大增加了水路模块的制造成本，而且也提供了外部泄漏的条件。也有采用内置旁通的方式，但旁通阀连接在主交换循环热水进水端和与板式换热器连通的出水端之间。主交换循环热水进水端下面的出水端也称为供暖端，该供暖端主要与散热器等连通，当供暖端关闭，且外部相连的散热器阀门同时关闭时，此内部的水不再流动。当供暖端受热时，供暖端内的水就会受热膨胀，导致处于供暖端正上方的电机无法打开位于供暖端内的阀门，即无法驱动该阀门朝下运动，从而使供暖端的水压从旁通阀导出，产生较大安全隐患；同时，上述旁通阀的设计主要是贴合在墙面上，即与板式换热器在同一侧，当需要维修时，需要将整个水路模块取下，从而给维修安装带来较多不便。本技术成果为内置旁通，利用阀体内部流道达到旁通泄压的功能；改变旁通阀进水端，连通到供暖端头，当供暖端水压异常增高时，水可从旁通阀导出，提高了安全性；且将旁通阀设置在上述阀体朝使用者的方向上，这样更加方便了使用安装与维修。

现有的用于水路模块的比例式流量传感器，其分水轮固定座与壳体采用螺纹联接，当水流经过滤网及限流环进入流量传感器内腔时，同时还通过联接的螺纹间隙进入传感器内腔，使得霍尔传感器感知的实际流量大于限流环公称的流量。且流量传感器与配套阀体装配时大多用螺纹联接，一旦螺纹拧紧力矩松散，导致流量传感器进水口和出水口之间有泄漏，当进水口低流量时，因泄漏导致流量分散不能推动流量传感器的叶轮转动，也就不能对小流量进行准确探测。本技术成果的流量传感器壳体与分水轮固定座联接方式改原螺纹连接为O形圈径向过盈联接，既可以起到联接装配的作用，又可以起到密封的作用，彻底杜绝泄漏问题，保证实际出水流量与限流环公称流量相符。且在返修和维修清洗拆装流量传感器时，原有的螺纹联接因为反向扭矩的作用使得螺纹连接容易松散，导致内部零配件散落，用O形圈过盈联接后可整体拆卸，极大地方便了返修和维修。

3.1.2 主要技术成果

（1）前置式内置水路旁通阀体

由于在供暖端头与旁通阀之间连通有进水通道，同时该旁通阀与出水端头之间连通有出水通道，这样当供暖端头内部的水在受热膨胀时，其可通过旁通阀从出水端头流出，这样起到泄压的作用，保障安全；将进水通道与水平面成30°倾斜设置，这样流动较为快捷方便，同时加工也较为方便；旁通阀包括堵头、弹簧、阀芯的设计，结构简单，而且可随时更换；弹簧卡槽的设计使得弹簧在运动过程中不脱离原位置，保证其能准确调节；将旁通阀设置在上述阀体朝使用者方向上，这样使用安装及维修都较为方便。依据此技术，申请并授权实用新型专利1项。

（2）一种新型密封结构流量传感器

流量传感器壳体与分水轮固定座联接方式改原螺纹连接为O形圈径向过盈联接，既可以起到联接装配的作用又可以起到密封的作用，杜绝泄漏问题，保证实际出水流量与限流环公称流量相符，且在返修和维修清洗拆装流量传感器时，原有的螺纹联接因为反向扭矩的作用，螺纹连接容易松散，导致里面的零配件散落，用O形圈过盈联接后可整体拆卸，极大地方便了返修和维修；流量传感器与配套阀体装配有螺纹连接和卡接式可选，既可以沿用原来的螺纹联接方式还可以与配套阀体用卡接式联接，外壁上的O形圈很好的起到进水口和出水口间的密封；分水轮和满网用小凸缘卡接可多次拆装，减少以往铆接联接，只能一次拆装造成的浪费；以往的流量传感器壳体和分水轮固定座都为黄钢件，现改成工程塑料，可降低成本，且与工程塑料的配套阀体相匹配。

3.1.3 主要技术性能指标

本技术成果主要技术参数如下：

（1）适用介质：≤83℃流体介质；

（2）可测传感范围：1.5～16L/min；

（3）传感精度：1.5～3L/min时，±5Hz；3～16L/min时，±10%；

（4）旁通性能：$\Delta P = 0.04\text{MPa}$，$Q \leqslant 50\text{L/h}$，$\Delta P = 0.055\text{MPa}$，$Q \geqslant 180\text{L/h}$；或按客户要求；

（5）气密性：在0.7MPa压力下无外泄漏现象，在0.03MPa压力下三通阀阀口无内漏；

（6）寿命：≥30万次。

3.2 技术效益和实用性

本技术成果相比原有技术，出水阀采用旁通内置结构，大大减少了外部配件所带来的成本和泄漏风险。改变了旁通进水端位置，且旁通模块从阀体背面移到正面，在加工制造上并未提高难度，也未增加材料成本，但提高了壁挂炉的安全性，降低了安装维护成本。进水阀在不增加成本的基础上，解决比例式流量传感器因泄漏而造成实际流量与标称流量不一致且小流量感应不灵敏的问题，故本技术成果已被客户广泛接受，在板换式壁挂炉中大量推广。

4 应用推广情况

4.1 经济和社会效益

本技术成果目前广泛应用于壁挂炉配件市场，客户有博世、林内、樱花、庆东、大成、万和、万家乐、能率、双菱、美的等国内前 20 家品牌厂家，还有多家意向客户在送样确认过程中，水路模块的市场占有率将进一步扩大。

目前煤炭和石油是我国主要能源，全球储量日渐减少，价格越来越高，而我国有丰富的天然气资源，本技术成果的推广与应用将促进天然气的消费，利于能源结构的调整，对推广清洁能源、减少碳排放、改善环境污染起到积极的作用。

4.2 发展前景

中国经过改革开放后的飞速发展，壁挂炉在中国大力发展的社会基础和条件已具备，首先我国北方供暖方式已由过去单一的社会、单位和社区福利性质的集中供暖向多元化方向转变，集中供暖能源浪费严重、供暖模式呆板等弊端给分户取暖创造了条件，大统一的供暖已越来越不太适应市场经济社会的发展形势。新建城市小区、郊区分户取暖逐步成趋势。其次，我国长江流域和大片南方地区对生活品质的追求，促进了壁挂炉这种既能大水量洗浴又能舒适供暖的产品的应用，南方潜在的供暖市场需求大。再次，制约壁挂炉发展关键因素之一的气源条件，随着西气东输二期工程，俄罗斯引进天然气工程、川气东送工程等的建成和完善以及国内天然气田的开采利用，将会大大改善我国很多地区的供气现状。

水路模块作为燃气终端产品分户式供暖设备中不可或缺的关键设备，到 2018 年产量已超过 500 万套，市场需求巨大，前置式内置旁通水路模块可以改善常规水路旁通后置维修操作不便和存在供暖端阀门偶尔不能正常打开的质量隐患等问题，已得到客户的极大认可，市场前景可期。

5. 气动型燃气空气比例阀

1 基本信息

成果完成单位：广州市精鼎电器科技有限公司；
成果汇总：共获奖 1 项，其中其他奖 1 项；共获专利 1 项，其中实用新型 1 项；
成果完成时间：2012 年。

2 技术成果内容简介

气动型燃气空气比例阀利用文丘里效应产生的空气压力信号驱动燃气阀门的开度调节，使得在整个燃烧过程中能够始终保持空气和燃气以固定、合理的混合比例充分燃烧，阀体在空气压力和燃气压力之间建立了一个线性关系，通过调节零位调节螺杆，达到燃气气量的调节，实现稳压性能，提高燃烧效率的同时降低污染，得到了广泛应用（图 1）。

图1 气动型燃气空气比例阀实物图

3 技术成果详细内容

3.1 创新性

目前，国内燃气设备使用比例阀是通过增加电流来驱动燃气阀，电流大小不同会形成不同的燃气流量，而空气流量部分是由恒速风机提供，有些没有风机，是利用燃气喷射时的文丘里效应带入空气，无论是哪种方式都没有控制燃气和空气的混合比例，这样燃烧要么不充分、烟气大，污染环境，要么空气过多、燃烧效率低。

本技术成果利用文丘里效应产生的空气压力信号驱动燃气阀门的开度调节，实现燃气气量的调节。本产品阀体由一个过滤器、两个电磁阀和一个伺服阀组成，燃气经过过滤器、电磁阀再经过伺服阀的控制实现气量大小的调节，伺服阀是利用空气压力信号驱动，阀在空气压力和燃气压力之间建立了一个线性关系，通过调节零位调节螺杆，达到燃气气量的调节，使得在整个燃烧过程中能够始终保持空气和燃气以固定、合理的比例混合，充分燃烧，降低污染、提高燃烧效率，实现稳压功能；阀体采用挤压成型工艺，替代了市场上的压铸工艺，减少铝阀体气孔砂眼缺陷，且表面处理工艺简单，成品合格率高；对现有的比例阀口密封复合组件的结构进行优化设计，配合处产生的适量变形会抵消掉由此引起的气密性缺陷，使配合处对球阀能够起到更好的密封作用。本技术成果不仅质量可靠，控制简洁、使用方便，而且节能、环保。该技术为国内首创，达到领先水平。依据此技术，申请并授权实用新型专利1项。

本技术成果中阀体采用挤压成型工艺，替代了目前市场上通用的压铸工艺，减少阀体气孔砂眼缺陷，表面处理工艺简单，成品合格率高且模具成本较低。一般的压力铸造件容易产生气孔，无法进行热处理而不被采用，液态挤压法是一种具有浇筑系统的液态模锻。工作时，挤压冲头将注入浇口套中的金属液，以较低的速度通过浇筑系统挤入模具型腔，极大地减少了气孔的存在，既可在一定的压力下结晶，又可克服压铸法易产生气孔的缺陷，提高了阀体的密封性，同时挤压件还可以利用热处理进一步提高机械强度，如阀体耐高压、耐久、耐振动、耐扭力强度等机械强度技术指标。

本技术成果克服了现有比例阀口密封性、气密性合格率偏低，且小火不稳定容易导致燃烧工作噪声大的缺点，针对现有阀口密封件与铝阀体的阀口长时间接触后橡胶易崩、阀口粘结，从而使燃气比例阀产生点火爆燃或不能正常工作的问题，开发了一种密封效果好、工艺简单、生产合格率高的比例阀口密封复合组件。将现有比例阀口密封复合组件的结构进行改进，在密封外层的外阀口面开凹槽，外密封层与球阀的配合处在收缩时不易受到附近其他位置橡胶收缩不均匀的影响，能保证配合处的圆度，同时保证了小火稳定，减少燃烧噪声，当配合处存在小气孔、砂眼或变形时，配合处产生的适量变形会抵消掉由此引起的气密性缺陷，使配合处对球阀能够起到密封作用；球阀采用工程塑料材料，通过球阀与外密封层之间的挤压作用产生大袋密封效果，而此材料塑料与橡胶之间的摩擦力很小，不会产生球阀被外密封层吸住而使燃气比例阀产生点火爆燃或不能正常工作的情况；工艺简单，产品合格率高，由于本产品的比例阀口密封复合组件具有自我弥补微小缺陷的功能，产品的工艺要求相对容易实现，生产合格率大大提高。

3.2 技术效益和实用性

本技术成果中，由于阀体在空气压力和燃气压力之间建立了一个线性的关系，使得在整个燃烧过程中能够始终保持空气和燃气以固定且合理的比例混合，燃烧充分，降低污染、提高燃烧效率，符合当前发展趋势。此产品可广泛应用在各种燃气具及设备上，如：燃气热水器、燃气供暖炉、燃气空调等。和国内目前同类产品相比较，由于其很好的控制监视了燃气和空气的混合比例，使得燃烧更充分，所以其更节能、更环保，符合当前国家提出的节能减排的发展趋势，具有极高的应用推广价值。本产品技术为国内首创，产品性能等测试方法和设备都不完善，本项目团队通过自主研发设计了流量测试台，对产品的压力特性、流量特性和稳压特性等性能进行测试试验，并且开发了相应的测试仪器。

4 应用推广情况

4.1 经济和社会效益

本技术成果开发周期两年，前期已完成产业化研究、技术完善、购置研发检测设备、购置生产。目前，本技术成果可应用于家用燃气热水器、家用燃气供暖和生活热水两用炉等燃气设备，可配合冷凝换热器的使用，提高燃气设备的能效等级，节约燃气用量，减少一氧化碳和二氧化碳等有害污染气体的排放，符合国家节能减排及国际减少温室气体排放的总要求。

该产品解决了当前一般燃气设备用的比例阀燃烧不充分，二氧化碳排放量大，燃烧效率低等技术难题，且提高了燃气设备的安全性，满足了燃气行业对于燃气设备高燃烧效率、高安全性以及节能减排的需求，且其结构新颖、加工容易、性能可靠、燃烧稳定，具有一定的社会效益。

4.2 发展前景

国内使用的燃气比例阀大多数是根据控制器提供的比例阀电流或电压的大小来控制燃

气流量的大小，燃气燃烧所需要的空气由风机提供，且风机转速是分级或者恒定的，这样当燃气量很少时，风量过多，空气过剩，使燃烧器具的燃烧工况容易发生离焰、熄火等情况，导致燃气未经燃烧而泄漏，易造成安全隐患，当燃气量很大时，空气供给不足，燃气不能完全充分燃烧，既污染环境又降低了燃烧效率。

针对以上问题，通过对相关技术、工艺难题的研究，开发出一种新型气动式燃气空气比例阀，本产品使得燃气具在整个燃烧过程中能够始终保持空气和燃气以固定、合理的比例混合，充分燃烧，提高燃烧效率且降低污染，契合当前国家倡导的绿色环保理念，符合市场发展趋势。

6. 带压力监测的燃气比例控制系统

1 基本信息

成果完成单位：广州市精鼎电器科技有限公司；

成果汇总：共获专利1项，其中实用新型1项；

成果完成时间：2018年。

2 技术成果内容简介

现有的燃气设备在实际使用过程中，由于没有燃气压力监测装置，当燃气压力出现较大波动时，会出现点火困难或超负荷运行的问题，同时存在安全隐患。本技术成果为一款能实时监测燃气设备燃气压力的装置，当燃气压力发生较大波动时，传感器能将信号发送给控制器，立即切断燃气，保证燃气设备的安全运行。该压力监测控制系统能极大提高燃气设备的能效，降低污染物排放，满足市场和客户需求（图1）。

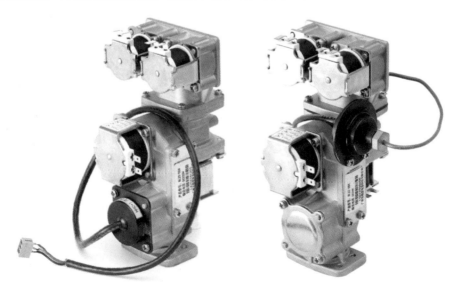

图1　带压力监测的燃气比例控制系统实物图

3 技术成果详细内容

3.1 创新性

随着燃气具智能化的发展，燃气比例阀的应用也越来越广泛，对比例阀控制精度的要求也越来越高，甚至超出了比例阀本身的设计精度，由于环境温度变化后引起输出压力的差异、测试仪器用当量喷嘴的检验与燃具分配器多喷嘴的面积差异引起的输出压力差异、海拔高度的变化所带来对二次压的调节需求等，为解决这些问题，本项目团队提出了一种带压力监测的燃气比例控制系统，采用智能压力传感器与比例阀进行匹配应用，可有效提高燃气比例阀的控制精度和产品的使用性能。

本技术成果带压力监测的燃气比例控制系统通过采用压阻式压力传感器，确保燃气压力发生较大波动时，能及时的将信号发送给控制器，保证燃气设备安全运行；采用新型的比例调节装置的结构设计，保证了比例调节特性的回差和一致性，提供了产品对燃气压力调节的准确度；采用卤化处理技术对密封垫表面进行处理，使橡胶表面出现微观不均匀的凹凸不平，降低了摩擦系数，增强了密封件的抗黏性。

本技术成果带压力监测的燃气比例控制系统有如下创新点：

（1）装置创新：采用高灵敏度的压力传感器装置，及时检测燃气和空气的压力信号，监测燃气和空气的预混效果，保证燃气安全稳定的燃烧；

（2）设计创新：采用新型的比例调节装置结构设计，保证系统出现的弹性回差和机械回差的稳定性和一致性，增强产品对燃气压力控制的精确度；

（3）技术创新：采用化学处理技术对电磁阀密封垫进行表面处理，降低了动态密封垫的表面摩擦系数，提高了密封垫表面硬度和抗黏性，延长了产品的使用寿命。

3.2 技术效益和实用性

目前，智能压力传感器在比例阀上的应用需求越来越急切，可以实现以下功能：（1）依据环境温度，给控制器提供温度修正数据；（2）向控制器传递实测的二次压数据，控制器依据统计的数据库信息，分析分配器喷嘴总面积，给出二次压的设定数据；（3）实时检测系统压力，提高二次压的控制精度；（4）作为全预混燃烧用电子式燃气/空气比例阀的传感装置；（5）检测一次压力，给予超压、欠压、停气及突发性大泄漏的提示与报警；（6）提供低压燃烧工况的精准压力数据。

带压力监测的燃气比例控制系统可广泛应用在智能热水器上，使其具备气压监控功能，并在装有气压检测装置的比例阀热水器上安装物联网装置，让热水器连接互联网。通过互联网，把燃气压力信息实时地传输到用户的手机 APP 上，这样用户就可以随时了解燃气的情况，停气、来气一目了然。实现了用户大数据的精确化，利用恒温热水器的温度传感器、水流量传感器、压力传感器搜集的数据，可以进行算法修正，从而将误差控制在10%以内，使得用户大数据的收集更加精确。

4 应用推广情况

随着智能压力传感器产业化的发展，带压力监测的燃气比例控制系统逐步进入了燃气行业应用阶段，大大的提高了比例阀控制能力和自适应性能。智能传感器的应用，提高了热水器使用的适应范围，气压异常时，通过对燃气压力的监测，实时调整点火燃烧的参数，实现了燃气热水器的低压燃烧技术，解决了用户在燃气压力低时无法正常使用热水器的烦恼，增加了适用范围，给用户带来更多安全、方便、实用的功能，应用前景良好。

7. 一种具有恒温储水功能的板式换热器技术及应用

1 基本信息

成果完成单位：万家乐热能科技有限公司；

成果汇总：共获奖 1 项，其中行业奖 1 项；共获专利 6 项，其中发明专利 1 项、实用新型专利 5 项；

成果完成时间：2018 年。

2 技术成果内容简介

常规板式换热器的四个角孔形成流体的分配管和汇集管，将冷热流体分开，供暖水和生活热水分别在每块板片两侧的流道中流动，通过板片进行热交换，此种换热高效实用，但同时也有缺点，由于通过板式换热器换热后生活热水直接流出，所以当供暖侧水温出现温度波动时，生活热水侧水温会有一个同样的温度波动反馈。为了提升用户生活热水的舒适性，在板式换热器之后加一个水罐，通过水罐对温度波动的热水进行集中式混合后再输出，让终端水温不受外界影响，无论是沐浴过程中关水再开，还是水压、气压发生波动，终端水温始终保持恒定。通过铜管连接换热器和水罐，结构复杂，体积庞大，和现有的产品结构不通用，成本较高，推广难度大，极大的制约着带罐产品的发展。

为了打破该项技术瓶颈，本项目团队研发了一种新型结构板式换热器，新型结构板式换热器有换热部分和混水部分。换热部分是通用板式换热，混水部分与换热部分集成，在现有板式换热器基础上增加混水腔体使之成为一体，高低温水经混水腔体后通过内置出水管流出。新型结构板式换热器成本低，性能优越，整体外部安装接口不变，和现有进水阀体、出水阀体安装方式保持一致。将新型结构板式换热器应用在常规板式换热机，热水性能提升明显；将新型结构板式换热器应用在零冷水壁挂炉上，突破了带罐零冷水产品的瓶颈，推动壁挂炉热水性能的提升。

3 技术成果详细内容

3.1 创新性

新型一体板式换热器主要分为两部分，包括换热部分和混水部分，安装方式和常规板式换热器保持一致，效果图、实物图及内部结构图如图 1、图 2 所示。供暖水在主换热器中经过与烟气换热后成为高温水，在新型一体板式换热器中与生活热水进行换热，经板式换热器换热后的热水流入混水部分，经过混水部分后的生活热水通过生活热水导流管流出板式换热器。

新型一体板式换热器的安装方式和传统板式换热器保持一致，混水部分在使用过程中充满温度一致的热水，此部分的热水蓄积大量热能，当供暖水温波动，或者生活热水水流

图 1　新型一体式板式换热器效果图与实物图

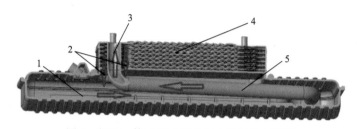

图 2　新型一体式板式换热器内部结构示意图
1-混水部分；2-经板式换热器换热后热水；3-经混水后生活热水；4-换热部分；5-生活热水导流管

量发生变化时，混水部分的热水蓄积的热量可以对这些导致水温波动的能量进行平衡。

　　新型一体板式换热器整体以铜为焊料焊接形成，上面板式换热器部分，为了装配的方便，减少装配的难度，采用铜片为焊料。在板片冲压成型时，预先把铜片跟不锈钢板片冲压在一起，这样在板式换热器装配时就不用另外再单独加焊料；下面混水部分，由于内部空间大，在一定水压下会产生变形，根据静态结构分析可知，需要加强筋来增加强度。在加强筋内部事先用氩弧焊的方式使其用水盒上盖固定连接，随后在加强筋上下两个面涂抹铜膏焊料。最后上下两部分采用点焊的方式在上下盖周围点焊，预固定，然后在连接处涂上铜膏，这样可以保证产品整体的美观性，又能提高焊接强度。在上述装配完成，做好进炉之前的各项准备后，最后把产品放进真空钎焊炉中，按照设定的温度曲线完成钎焊焊接。

3.2　技术效益和实用性

　　将新型一体板式换热器应用在零冷水壁挂炉上，已批量上市推广使用，此外，也已经将该项技术推广应用在普通板式换热机上，以改善热水性能，深受用户好评。相关产品已经销售至北京、山东、陕西、河北、河南、湖北、湖南等地，其供暖及热水体验得到了用户的一致好评。

4　应用推广情况

4.1　经济和社会效益

　　新型结构板式换热器有换热部分和混水部分，通用板式换热器的混水部分与换热部分集成，性能优越，成本低，整体外部安装结构不变，和现有进水阀体、出水阀体安装方式保持一致。

　　将新型结构板式换热器应用在常规板式换热器上，结构改动小，热水性能提升明显；常规带罐零冷水壁挂炉结构复杂、体积大、成本高，不易被大众所接受，将新型结构板式换热器应用在零冷水壁挂炉上，推动壁挂炉热水性能的提升，为壁挂炉行业产品的创新提供了方向，起到了引领作用。

4.2 发展前景

随着国家有序推进"煤改气"政策，加快能源结构调整，促进生态环境的治理，提升居民的生活水平，燃气供暖热水炉开始进入千家万户。壁挂炉作为供暖洗浴两用型产品，每年供暖周期基本在 4 个月左右，而生活热水却是 12 个月都必需的，随着用户生活水平的提高，对生活热水性能也提出更高的要求，应用此新型一体式板式换热器的壁挂炉，以其优越的热水性能，未来市场不可限量。

第4章 燃气应用优秀原创新技术

1. 密簇直喷型高效燃气灶技术研发及产业化

1 基本信息

成果完成单位：宁波方太厨具有限公司、华中科技大学；

成果汇总：鉴定为国际领先水平；共获奖 12 项，其中国际奖 3 项、行业奖 2 项、其他奖 7 项；共获专利 34 项，其中发明专利 11 项、实用新型专利 15 项、外观设计专利 8 项；

成果完成时间：2014 年。

2 技术成果内容简介

本项目立足节约能源、降低污染、减少排放的国家战略，研发多项关键技术并产业化。主要科技内容如下：

（1）研发同轴多环密簇网直喷高效燃烧技术，发明了密簇网直喷高效燃烧结构及与之匹配的灶用集热罩部件，实现 CO 排放 100ppm，是国标限值的 1/5；热效率达到 75%，远高于国家一级能效 63% 的水平。

（2）研发多通道自适应异型强引射技术，开展极小负荷下稳定燃烧等关键技术研究和创新，实现预混空燃比提升，小火负荷 150W，大火负荷 4200kW，宽幅负荷调节范围，适应不同烹饪需求，同时多气源通用，适应更多区域。

（3）研发双延时多级缓冲智能点火保火技术，发明双延时迅捷点火器和防"手松熄火"型多级缓冲阀体，实现点火和燃气浓度的时序控制，确保用户一次点火成功。

图 1 为密簇直喷型高效燃气灶产品实物图。

3 技术成果详细内容

3.1 创新性

本技术成果形成之前最接近的技术：常规火盖主要采用铜或钣金材质，火孔形状主要为圆火孔、齿型火孔或条缝火孔，本技术成果中的同轴多环密簇网直喷高效燃烧技术内容有别于其他常规技术；常规的引射器主要采用文丘里或管状形式，本技术成果中的多通道自适应异型强引射技术内容有别于常规技术；本技术成果中的双延时多级缓冲智能点火保火技术内容有别于常规阀体和点火器技术。

3.1.1 攻克的技术难点

通过对燃气灶燃烧和换热、小负荷稳定燃烧、一次点火成功率等问题的研究和分析，

图1 密簇直喷型高效燃气灶系列产品

从燃烧技术整合、结构形式革新、时序同步优化等角度出发，结合冷热态仿真、基础实验结果，研发了同轴多环密簇网直喷高效燃烧器，开发了多气源通用异型强引射器和长明小火保火通道，独创双延时迅捷点火器和防"手松熄火"型多级缓冲阀体，通过多项关键技术创新，实现燃气灶能效提升、适应性突破、智能点火保火；通过关键技术转化，研制密簇直喷型高效系列燃气灶、生产设备和自动化产线，实现技术推广应用，提升厨房健康环境、燃气灶满意度，响应国家节能减排战略。

3.1.2 主要技术成果

1）同轴多环密簇网直喷高效燃烧技术

（1）同轴多环密簇直喷高效燃烧器技术

首创同轴多环密簇直喷高效燃烧器，突破密簇型高温合金加工工艺，研发厚度仅为0.5～1mm镍铬合金内环火盖的嵌套安装方法，达到火孔阻力下降及一次空气系数提升的效果；利用同轴多环密簇型火盖，如图2所示，在有限的33mm直径圆内，将内环负荷从900W提升至1200W，实现竖直向上的锥状冲击超高温火焰，燃气灶的热效率从63%提升到75%，实现火随锅动、火力集中、火焰温度提高的效果，满足用户猛火爆炒的需求。

（2）灶用集热节能罩技术

该项目研究提升有效换热和降低热损失的方法，首创一种基于烟流法添加可视因子的二次空气定性研究系统，设计集热节能罩的二次空气定向补充结构，计算排烟口高度等相关重要结构参数的最佳值，发明一种与燃烧器匹配的集热节能罩，如图3（a）所示，相对于传统锅支架，削弱高温烟气对二次空气补充的干扰，达到定向导流二次空气及减少散

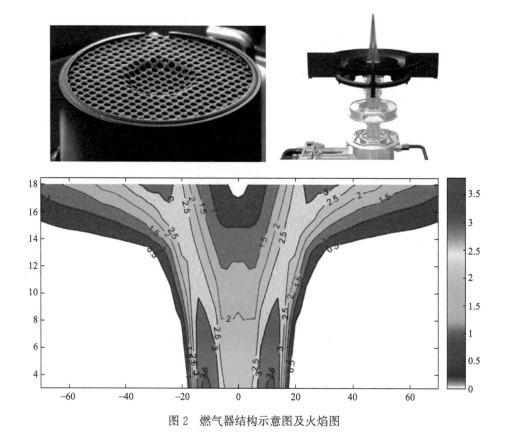

图 2　燃气器结构示意图及火焰图

热空间的效果，实现热效率提升及烟气降低。

2）多气源自适应异型强引射技术

（1）多气源自适应异型管强引射技术

基于平行射流原理，研究了引射系统结构形式、结构参数、负荷配比对引射空气量的影响，首创多气源自适应异型管强引射器，如图 3（b）所示。该技术利用渐缩的 8 字收缩管减少混合气的阻力损失，利用等面积过渡段充分混合燃气与空气，利用异型扩压管提升混合气压力，利用仿真模拟优化各管段尺寸参数。基于上述技术的引射器，实现引射系数由 0.66 到 0.88 的提高。

（2）三通道独立小火技术

维持电磁阀需要的负荷大，烹饪最小火需要的负荷小，这是一对矛盾，通常最小火只能低至 500W。利用 TRIZ 分割原理，提出了三通道燃烧器模型，发明了恒定的长明小火来维持保火电动势，达到可靠稳焰和极限稳定小火，负荷低至 150W，有效解决燃气灶极小负荷燃烧不稳定的行业问题，满足了用户小火煲汤不溢锅的需求。利用三通道炉头结构和独立的引射系统实现大小火在 150～4200W 之间的宽幅任意调节，如图 4 所示，满足中式烹饪对火候的苛刻要求。

3）双延时多级缓冲智能点火保火技术

（1）双延时迅捷点火技术

该技术提出将意外熄火保护和迅捷点火相结合的设计方案，创新了相互独立且串联设

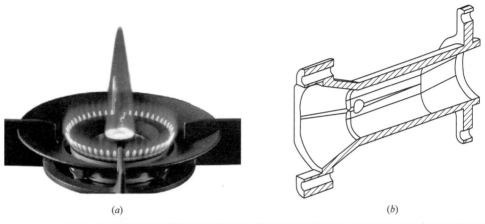

(a)   (b)

(c)

图 3　灶用集热节能罩及多气源自适应异型管强引射器

图 4　七段火示意图

置的第一和第二两个驱动电路，如图 5 所示，确保电磁阀有效受控；研发了双延时迅捷点火技术，优化点火延时和吸阀延时时间，确保点火位置处的燃气浓度和点火能量的同时满足最佳点火状态。基于上述技术的双延时点火器，在兼顾普通点火器功能的同时，有效解决一次点火成功率低的问题。

（2）防"手松熄火"型多级缓冲阀体

该技术提出多级缓冲结构以解决手松熄火问题，创新设计一种燃气灶阀体，研究三个

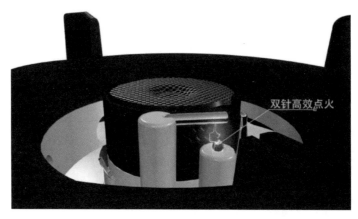

图 5　迅捷点火器原理及双针点火技术

关键行程之间的逻辑及机械结构，包含控制旋钮杆下按到解开童锁所用的行程 A，旋钮杆下按至电磁阀内的吸合面相互吸合所用的行程 B，旋钮杆能够下按的最大行程 C，确保阀杆下按到童锁解开时电磁阀已经吸合，有效解决了行业内点火故障高的疑难问题。

3.2　技术效益和实用性

本项目攻克了行业多项技术难题，提升了燃气灶行业的整体技术水平。燃气灶热效率达到 75%，较传统灶具提高 19%；最小火热负荷由行业内普遍的 500W 降至 150W；点火熄灭率由行业内普遍的 5.5% 降至 0。本项目产品与国内外同类产品相比，其效率高，气源适应性广，CO 排量低，一次点火成功率高，具有较高的先进性。与当前国内外技术主要参数比较如表 1 所示。

本项目的创新技术已转化为系列产品并广泛应用销售。产品一上市，即受到消费者的热捧，中怡康调查数据显示 2017 年该系列中六款产品名列畅销机型前十。

本技术与当前国内外技术主要参数　　　　　　　　　　　表 1

参数	本项目指标	国内外行业以往较高水平
热效率(标准测试)(%)	75	63
最小火热负荷(W)	150	500
一次点火成功率(%)	100	94.5

4　应用推广情况

4.1　经济和社会效益

（1）推动行业能效升级，提升家用燃气灶行业的整体发展水平，热效率从 63% 提升到75%。

（2）解决了用户使用燃气灶中的多项需求：火力方面，满足中式烹饪的火候需求，大火足够猛、小火足够小；适应性方面，液化气、天然气、人工气三气通用，适应复杂气源，节约资源；控制方面，解决手松熄火行业难题，确保点火一次成功。提高了人民群众的生活满意度。

（3）通过与一流院校的合作，项目研发过程中培育了一批知识技术过硬的人才，产业化产品的生产提供了大量的就业岗位，成功带动上游机械制造和下游销售体系的共同发展。

（4）项目技术在节能方面，比传统燃气灶节能19%，按每户每日使用2h天然气来计算，每户每日可节约天然气0.142m³，每户每年可节约天然气51.8m³。该产品上市3年销量509.6万台，约节省天然气26397万m³。如果按照我国目前2200万台燃气灶的年销量计算，该技术推广应用一年可为国家节约天然气11.4亿m³，经济效益显著。

4.2 发展前景

本技术实施后在用户体验方面取得明显进步；燃气灶具火力方面，大火够猛、小火够小；适应性方面，液化气、天然气、人工气三气通用，适应复杂气源，节约资源；控制方面，打火一次成功率100%；热效率达到75%。关键技术产业化带来的社会和经济效益显著，带动了行业技术水平的整体提升。改善了用户体验，该技术产品的推广前景非常广阔。

2. 涡轮增压高效节能燃烧器技术

1 基本信息

成果完成单位：浙江美大实业股份有限公司；

成果汇总：共获奖4项，其中其他奖4项；共获专利8项，其中发明专利8项；

成果完成时间：2014年。

2 技术成果内容简介

美大涡轮增压高效节能燃烧器技术突破传统燃烧器设计理念，将燃烧所需空气由自吸式变为强制式，通过控制系统对鼓风机的风压和挡位燃气阀气流量的精准控制，使燃气与空气达到燃烧最佳匹配值，实现火焰与风的完美结合，并均衡燃烧；火力调节采用首创的智能调控技术，满足不同烹饪的火候要求，语音提示功能，无需弯腰看火，填补燃气灶具行业智能调控的空白；燃烧器采用不锈钢片铆接工艺而成，不仅耐高温、耐腐蚀，而且拆卸简单，清洗方便，安全可靠（配置安全熄火保护装置和燃烧器温度保护双重技术）；搭配包围式节能锅架，火力更集中，聚能更充分，燃烧性能更卓越。该技术实现了燃烧时火力强劲、高效节能（省气、健康），更适合中国猛火烹饪的需求（图1、图2）。

图1　涡轮增压高效节能燃烧器

图 2　采用涡轮增压高效节能燃烧器的集成灶

3　技术成果详细内容

3.1　创新性

涡轮增压高效节能燃烧器技术的成功研发，相对于以往大气式燃烧器上的一些工艺原理和技术原理，具有比较明显的技术和制造优势：

（1）传统燃烧的空气补充采用自然引射的方式进行，补充空气量的大小随外界环境的变化而不同，因此容易对燃烧工况造成一定的影响。涡轮增压高效节能燃烧器技术创新地将燃烧所用的空气与燃气通过鼓风强制增压方式送到燃烧器，形成类似涡轮气流形式进行燃烧，通过控制系统对风压和气流量的精准控制，使燃气与空气达到燃烧最佳匹配值，提高防回火性能和抗风能力，燃烧均匀充分、火力猛烈强劲，热效率高。

创新研发燃烧器过热保护技术，如使用锅具不符合要求，燃烧器会出现烧红或温度过高，为防止意外发生，当温度超过规定值时，控制系统会自动切断气源和关闭风机，并且报警提示同时显示故障代码，直至温度降到规定值以下时，燃烧器才恢复使用状态，最大限度保护用户人身和财产安全。

（2）传统大气式燃烧器普遍采用铸铁、铸铝等压铸方式进行加工，对环境污染比较严重，且后续对零件的额外加工也比较多，且工艺技术要求比较高，处理不好容易出现漏火、回火等不良现象，影响使用。而涡轮增压燃烧技术是以多层耐高温不锈钢片组合而成，其通过钣金冲压加工主要的零部件，在生产过程中不会产生"三废"造成环境的污染，冲压后又通过铆接的方式进行组装，避免了传统铸造后还需额外机加工的工作，并且不会存在如砂眼等铸造缺陷。通过对不锈钢片形状、结构、厚度的特殊搭配组合，在叠加安装时利用不同的钣金零件冲压的形状，错位形成燃气通道的间隙，以此产生的间隙来模拟传统燃烧器内、外焰的火孔，实现燃烧功能。

（3）传统燃烧器控制火力的阀体通常采用无级调节的方式，但是真正使用频率比较高的挡位相对比较少，为了使操作使用更加方便有效，并且为了实现涡轮增压技术中最佳的空气和燃气配比,设计开发了具有挡位概念的燃气阀。目前设置的燃气阀挡位有 5 个大小不同的功率,通过详细的调研和测试,能满足绝大多数用户的日常烹饪需要。其整体外观与普通燃气灶用的燃气阀总成相同,内部采用多级流量控制,并内嵌挡位霍尔开关板,可精准识别用户操作时的选择挡位需求,并准确传递信息至控制系统,控制系统会根据挡位调整鼓风机的转速,输出与燃气流量完全燃烧相适应的空气量。

带有涡轮增压燃烧技术的集成灶产品现已覆盖公司的大部分产品,产品各专用的零部件通过高精度钣金连续冲压模的方式,在质量和产量上能满足生产的各项需求,该技术在生产装配工艺上与传统燃烧器相差无几,所以生产效率基本无影响。但是随着涡轮增压燃烧器的应用,集成灶产品的灶具热效率得到大幅提升,经测试高达 72% 以上,较传统燃烧器在集成灶上的表现得到大幅提升,远超国标要求的一级能效标准。同时通过涡轮增压燃烧器的应用,也解决了以往集成灶在偏火、火力松散方面的问题,产品火力集中,使用效果好。热效率的提升,大大降低了燃气资源的消耗,燃气的充分燃烧也大大降低了烟气中 CO 的含量,对于环境保护、节能减排、安全等方面都有不同程度的提高。

3.2 技术效益和实用性

涡轮增压高效节能燃烧器技术的研究获得了 8 项发明专利,全面扭转了传统燃烧器的劣势,并打破了燃烧器固有产品形态和生产工艺,成为真正意义上符合国人使用的高效智能燃烧器产品。该技术研发的目标是在产品的使用功能和生产制造过程中实现共同的环保、节能,材料的选择以环保的钣金件为主,后续加工较少,能源消耗也少,技术实现的功能是减少燃气的消耗和烟气的排放。为了使其能满足传统消费者的使用习惯,其也设置有大、小火的独立配置,在操作上保留传统机械式燃气阀的方式。考虑产品的使用环境为明火状态的高温环境,所以产品表面的颜色采用黑色的耐高温材料;燃烧器的主体采用抗腐蚀能力强、耐高温性能好的 SUS304 不锈钢材质。

带有涡轮增压高效节能燃烧器技术的集成灶产品已于 2015 年开始陆续投放市场,凭借其"超高热效率、超低废气排放、超旋火力燃烧"傲视群雄,吸引了众多消费者,在市场中逐渐形成热销,所以通过几年的市场培育,其技术特点已被市场和行业所认可。该技术委托第三方机构查新,结果具有较多的创新性;研发创新的过程相关内容已申报并获得专利;关键技术指标经第三方权威机构检测,性能优越;技术要求及工艺实施条件等已形成技术资料进行归档,并有多篇论文在行业内公开发表,所以本技术已具有很好的应用及实施推广条件。

4 应用推广情况

4.1 经济和社会效益

该技术燃烧器热效率高达 72%,与国标要求提高了约 40%,远超国家一级能效标准要求;干烟气中 CO、NO_x 浓度远远低于国家标准要求,大幅降低燃烧废气的产生,保障人体健康,达到环保指标,真正实现节能环保要求,为高效能燃烧器的研发走出一条新路。假设一个家庭平均每月使用 1 瓶气(15kg),一年使用 12 瓶气,按现行市场价 120 元/瓶计算,一年的液化气使用费用 1440 元,而使用涡轮增压燃烧器集成灶,每年能省 4.3 瓶气(64kg),节约燃气费用 516 元,一台涡轮增压燃烧器集成灶的使用寿命按 8 年计算，8 年共能节省燃气费用 4128 元。该产品按年销售 30 万台集成灶计算，每年可节约燃气折标煤约 3.3 万吨，节电约 4900 万 kWh，减排 CO 等有害烟尘废气约 3500 吨，经济和社会效益均十分显著。

4.2 发展前景

本技术产品自 2015 年 3 月开始逐步投入市场，由于集成灶自身的时尚外观和功能特性，优化了家庭厨房的结构，使其设计和组合更加合理化，同时也因其引导的健康厨房理念，深受广大用户的喜爱。在使用新型高效的鼓风式全预混燃烧器后，提升用户使用的舒适度，满足中国家庭爆炒、煎炸的需求，减少了耗气量，同时也提高了炒菜的效率。给用户以高科技感，刚上市即获得消费者的一致好评，其销量也在逐步上升。

团队经过 3 年的技术攻关，完成了涡轮增压燃烧器的设计研发，并着手对涡轮增压环吸式集成灶、涡轮增压侧吸式集成灶、红外线涡轮增压集成灶的产品结构进行设计，开展功能优化等研发工作，使产品的主要技术参数、指标、性能达到或超过设计技术指标要求。产品自 2015 年投入市场进行用户试用以来，经对试用用户回访调查，该项目燃烧器独特造型、超高的性能和人性化智能报警提醒等设计得到大力追捧和青睐。该产品的研发将有助于加快集成灶行业的技术进步和创新升级步伐，提升产品档次，提高市场竞争力，进一步树立集成灶行业的国际形象。集成灶超净吸油烟效果和超一级能效相结合，将会受到更多用户的青睐，市场占有率会大幅提升。

该研发的产品结构满足消费者的需求，精湛的工艺、时尚典雅的外观符合现代人的审美观，产品功能的智能化、燃烧器具的高效性能迎来广大消费者的青睐，吸油烟率达 99.8% 以上，热效率达 72% 以上，干烟气中 CO 浓度小于 0.02%，解决了厨房油烟污染对家居环境和人体健康危害的难题。尤其是红外线涡轮增压集成灶，不仅燃烧热效率高，且近乎零废气排放，更加有利于对环境的保护和对消费者身心健康的维护。集成一体化结构和气电结合技术设计，把吸油烟、烹饪、消毒、电磁灶、智能控制等功能融为一体，不仅节约空间，同时达到低能耗、低排放的效果，成为符合现代生活需求的节能、环保、低碳的现代化厨房电器。

本技术产品在 2015～2018 年的市场销售过程中，得到了消费者的喜爱和赞誉，其销量逐年攀升，成为公司集成灶销量上新的增长点。随着后期公司产品的扩充和对燃烧器的更新优化，涡轮增压集成灶将会以更高的销量展示自身的优势，为消费者带来实实在在的实惠和健康。更高的热效率、更低的废气排放，在国家节能减排的良好政策中得到延伸，减少资源的消耗，经济和社会效益十分显著。

3. 高红外发射率多孔陶瓷节能燃烧器技术

1 基本信息

成果完成单位：广州市红日燃具有限公司；

成果汇总：经鉴定为国际先进水平；共获奖 16 项，其中国际奖 2 项、省部级奖 1 项、市级奖 1 项、行业奖 8 项、其他奖 4 项；共获专利 37 项，其中发明专利 4 项、实用新型专利 33 项；

成果完成时间：2009年。

2 技术成果内容简介

自主研发的原创技术"高红外发射率多孔陶瓷节能燃烧器技术"占据国家节能产业政策制高点，2011年与2015年两次入选《国家重点节能低碳技术推广目录》，2013年入选《战略性新兴产业重点产品和服务指导目录》；2015年入选"中国双十佳最佳节能技术"。

本技术核心创新点：

（1）用孔陶瓷板替代铜、铁铬铝等高耗能稀缺金属材料制造燃烧器，节省资源。

（2）完全预混无焰催化燃烧技术，大大减少了化学热损失和产生的有害致癌物质含量。

（3）高温红外辐射产品，能源利用率高，实现最大能效比。

（4）产品制造、使用和废弃全生命周期的环保节能。

应用该技术研制的红外线灶具多次升级换代，热效率指标从2009年的68％到目前85.7％，与国家标准要求嵌入式红外线灶57％相比高出了近30％，干烟气中CO浓度低至0.003％，只是标准限值的1/16，是一种低碳环保节能的产品。经济效益和社会效益显著，推广前景可观。

3 技术成果详细内容

3.1 创新性

创新性地使用自主研发的清洁生产技术制备的高红外发射率多孔陶瓷替代传统的铜、铁铬铝和镍铬合金等高耗能国内稀缺金属材料制备燃烧器。采用全预混无焰燃烧技术，通过独特设计，将燃气燃烧得到的热量大部分以红外线辐射的方式传递，而普通大气式灶具通过对流和热传导传递热量。

3.1.1 攻克的技术难点

全预混式燃烧是指将燃烧所需要空气全部预先混入燃气，故不再需要二次空气，从而为减少燃烧设备体积，降低大气污染提供有利条件，热效率较高。这种燃烧器需要采取必要措施防止脱火、冷回火与热回火，因此三十余年来并没有动摇大气式燃烧器在民用燃具的主导地位。公司创新的技术成果解决了上述技术局限，实现了全预混燃烧方法在红外线灶具的广泛应用。应用该技术研制的红外线灶具多次升级换代，从2009年的热效率68％提升到70％，再提升到75％，再提升到85.7％，不断地实现新的突破，与2007年发布的国家标准要求大气式灶最低标准50％相比高出了35％以上；干烟气中CO浓度低至0.003％，只是大气式灶具的1/16，是一种低碳环保节能的产品。

3.1.2 主要技术成果

（1）低成本高性能红外多孔陶瓷清洁生产技术

解决了制备高性能多孔陶瓷的配方、成形、烧成工艺问题，提高了产品性能和生产效率；同时成形、干燥、烧成、精加工等工序充分采用最新节能技术，达成最佳节能、降低成本效果；废料循环利用技术的解决使得制造工艺既环保又可节省成本，便于大规模推广。

（2）高红外发射率和高温燃烧催化双效涂层生产加工技术

多孔陶瓷燃气燃烧器在正常工作时其表面温度为900～950℃，从这个炽热的陶瓷板表面向外辐射热量。根据普朗克定律,900℃时绝对黑体的辐射能力沿着波长而变化,主要的辐射能量集中在2~6μm波段内,其发射率越高越好。然而,普通陶瓷在这一波段内发射率很低。为了提高燃烧器的辐射能力和辐射能比率,研究了一种高发射率燃烧催化材料,作为复合层多孔陶瓷的表面涂层材料,它具有广谱高发射率的特点,从而弥补了普通陶瓷的缺点,使辐射能力提高。同时可以有效地增强抗回火能力,提高热效率,并实现燃烧的更完全,进一步降低烟气中CO和NOx含量。还对基板与表面层的热膨胀系数进行研究和控制,使它们有良好的匹配,又保证了复合层多孔陶瓷能很好烧成,并在频繁急冷急热条件下长期使用。

（3）燃气全预混无焰燃烧技术

采用全预混无焰燃烧技术,通过独特设计将燃气燃烧得到的热量大部分以红外线辐射的方式传递,而普通大气式灶具通过对流和热传导传递热量方式。采用完全预混式催化燃烧技术,精确控制空燃比,并使混合更均匀,既保证燃烧更完全,减少不充分燃烧带来的"化学热损失",又减少了过剩空气所带走的热量,同时还有效抑制了CO和NOx的生成。

（4）防意外熄火和回火安全防护技术

突破了现有类似装置灵敏度低,可靠性差,寿命短的技术瓶颈,大大提升了产品的安全性,为产品大规模应用铺平了道路。

3.2 技术效益和实用性

自2009年"高红外发射率多孔陶瓷节能燃烧器技术"研制成功,目前已广泛应用在红外线灶具上,同时应用该技术开发的高功率密度节能型红外线节能燃烧器性能指标已达到国际先进水平,作为民用燃气具和工业燃烧领域的共性核心部件,被大量应用于烧烤炉、取暖器、壁挂炉、工业烤箱和喷涂干燥生产线,起到了明显的节能减排的效果。

技术应用产品红外线灶具的技术特点和优势:

（1）核心部件原材料储量丰富、生产过程低碳环保

红外线灶具的关键部件多孔陶瓷替代传统的灶具分火器铜材,采用堇青石等作为多孔陶瓷的主要原材料,在我国储量丰富,价格低廉,大量开采对生态环境无影响;原料中使用水溶性高分子材料取代行业传统工艺中仍普遍采用的桐油石蜡等物质,从根源上杜绝污染气体排放。生产过程采取除尘设备,环境清洁;引入微波、红外、窑炉尾气余热利用等综合干燥技术,节约电能35%;陶瓷一次烧成,无须排蜡,废料经过处理后循环使用。

同类产品技术能耗对比:红外线灶具所用的多孔陶瓷火盖约为0.15kg,双头炉用两个为0.3kg;薄板冲压炉头每个重约0.65kg,双头炉用两个为1.3kg。而普通大气式双头灶用铜约1kg,铸铁约3kg。经计算数据说明每制造1台红外线灶具比大气式灶具节能0.81kgce(千克标准煤)。

（2）红外线灶具主要材料的性能与技术指标

红外线灶具配置了两个红外线燃烧器,采用全波段红外强力辐射加热技术,功率密度大于$19W/cm^2$;使用离子感应式熄火保护装置。2018年最新研制成果中热效率指标最高可达85.7%(国标要求大于50%,同类产品50%~55%)。烟气中CO浓度小于0.005%(国标要求小于0.05%)。最小0.0027%。燃烧烟气中NOx含量最小0.0013%(同类产品0.015%~0.018%)。红外涂层平均发射率达0.89,多孔陶瓷开孔率≥45%,单一火孔面积≤1.00mm²,热膨胀系数<$2.0×10^{-6}$(20~800℃),抗折强度7~12MPa,反复急冷

急热 100 次不裂。多孔陶瓷平均寿命大于 12000h，可正常使用 8 年。

2014 年国家标准《家用燃气灶具能效限定值及能效等级》GB 30720-2014 正式发布，其对于红外线灶具与普通的明火灶具的能效标准的技术参数做了明确的对比，见表 1。

家用燃气灶具能效等级（嵌入式灶） 表 1

类型	最低热效率值(%)		
	能效等级		
	1	2	3
大气式灶	63	59	55
集成灶	61	58	55
红外线灶	65	61	57

注：多火眼灶具的能效等级根据最低热效率值火眼的能效等级确定。

4 应用推广情况

4.1 经济和社会效益

创新技术成果应用产生的经济效益遍及全国，同时，技术与产品承载着节能环保理念，与国家倡导的节能政策一致。

节能、环保是这个时代的主题，也是红日始终不渝的发展方略。自主创新技术"高红外发射率多孔陶瓷节能燃烧器技术"2011 年入选《国家重点节能技术推广目录》，2013 年入选《战略性新兴产业重点产品和服务指导目录》。2015 年入选"中国双十佳最佳节能技术"并再次入选《国家重点节能低碳技术推广目录》。国家标准《家用燃气灶具能效限定值及能效等级》的发布与实施，明确红外线灶具的节能效果优于普通灶具，引领了灶具行业的产业升级换代。2016 年红外线灶已被列入了《"十三五"全民节能行动计划》（发改环资〔2016〕2705 号），建筑能效提升行动中大力推广的高效清洁灶具行列，为红外线灶产业快速发展创造了更好的政策环境。

4.2 发展前景

我国日常家庭生活中厨房已经是碳排放重地，而灶具已成为我国居民除供暖外生活能耗的第一大户。根据中国城市燃气协会调查数据，平均每台燃气灶每月炊事用气约 20m³（相当于每天 0.47kg 天然气），全国每天耗气达 8.7 万 t，相当于每天排放二氧化碳 24 万 t，而目前大多数家庭的灶具热效率都在 53% 左右，红外线灶具热效率目前已达 75%，最高可达 85.7%。从市场调查的情况看，节能灶具在销售量及用户使用量比例不大，若加以推广，燃气灶具的节能潜力巨大。推广低碳环保的红外线灶具应成为民用节能工作的重点。为推进红外线节能灶具的推广，2015 年 4 月国家标准《家用燃气灶具能效限定值及能效等级》GB 30720-2014 的正式实施，也明确标识红外线灶具的热效率明显高于大气式灶具。燃气灶能效标准的实施，除了能节约大量能源、带来可观的经济和社会效益，还可有效促进更多企业加大技术创新力度，引导越来越多的消费者使用更节能的燃气灶产品。未来，燃气灶具市场的主流必将属于那些真正具备节能技术实力的品牌和产品。根据调查数据，目前燃气灶的利用效率水平为每户家庭每月炊事用气约 20m³ 计算，则每户每年的炊事耗用天然气量为 240m³，按最低节能 20% 计算，每户每年可节省天然气 48m³（约合

58kg 标准煤）。

本技术所用原料在我国储量丰富，价格低廉，产品打破了节能低碳产品性能好但价格贵的传统观念，成本比铜制同类产品低 1/2，让老百姓买的省，用得更省，消除了节能产品替代传统产品的门槛和瓶颈。预计到 2023 年，全社会灶具保有量大概 3 亿台。本技术产品推广比例达 30％，总量可达 9000 万台，按每户每年节省 58kg 标准煤计，每年节能量可达 522 万 tce（吨标准煤当量）。

红日真正将低碳、节能、减排落实到消费者日常的生活和具体的行动中去，通过创新科技，引领时尚健康生活，关爱消费者，关爱环境，期望在政府与行业协会的推动下，引领行业节能关键技术推广、指标提升，加快产业结构调整，推动行业转型升级。

4. 降低燃气热水器 CO 排放技术的研究与应用

1 基本信息

成果完成单位：青岛经济技术开发区海尔热水器有限公司；

成果汇总：经鉴定为国际领先水平；授权专利 13 项，其中发明专利 4 项、实用新型专利 9 项；

成果完成时间：2014 年。

2 技术成果内容简介

该项目应用贵金属作为催化剂，采用 CO 触媒催化燃烧减排技术，有效地降低了燃气热水器排放烟气中 CO 含量，使 CO 排放由 200ppm 降低至 30ppm 以下，提高了燃气热水器的安全性和环保性。降低燃气热水器 CO 排放技术主要创新点：

（1）应用贵金属催化剂，显著降低燃气热水器排放烟气中的 CO 含量，提高了燃气热水器的安全性和环保性。

（2）开发了基于蜂窝陶瓷载体的催化模块，并通过调节风机的风量和风压，解决了催化模块对燃烧工况的影响。

（3）优化了催化模块安装方式和安装位置，保证了催化模块在热水器中有效降低 CO 排放的性能。

图 1 为降低 CO 排放燃气热水器系列产品实物图。

3 技术成果详细内容

3.1 创新性

采用 CO 触媒催化燃烧减排技术，研发了一种 CO 净化器，包括蜂窝陶瓷基体和附着在蜂窝陶瓷基体表面的催化剂层，催化剂层包括催化剂载体和分散于载体内的活性组分颗粒；活性组分由一种或多种贵金属构成。CO 净化器具有机械强度高、热膨胀系数小、耐高温、热稳定性好、净化 CO 的效果好、使用寿命长等优点。

本技术与传统技术相比，具有如下特征：催化剂载体的组分包括 90％～99％的 γ-Al_2O_3 和 1％～10％稀土氧化物，相对于现有技术，本技术具有新颖性。

图 1　降低 CO 排放燃气热水器系列产品

目前 CO 净化器存在处于高温的环境中稳定性差、净化 CO 的效果差且寿命短的技术问题，为解决上述技术问题，本技术成果优化了催化剂载体的组分，将其优化为 $90\%\sim$ 99% 的 $\gamma\text{-}Al_2O_3$ 和 $1\%\sim10\%$ 稀土氧化物。$\gamma\text{-}Al_2O_3$ 具有高比表面、耐高温的惰性，高活性和多孔性，并且硬度高、尺寸稳定性好，吸附能力强，能够牢固地负载更多的活性组分，提高催化 CO 的效率，提高催化剂层的耐磨性能和使用寿命。催化剂载体 $\gamma\text{-}Al_2O_3$ 中掺杂稀土氧化物，起提高活性组分分散度以及助催化的作用，使活性组分分布均匀，催化效率更高。

3.2　技术效益和实用性

本技术提供一种 CO 净化器及设有该 CO 净化器的燃气热水器，净化器包括蜂窝陶瓷基体和附着在蜂窝陶瓷基体表面的催化剂层，催化剂层的组成物质包括催化剂载体和分散于载体内的活性组分颗粒，活性组分由一种或多种贵金属按比例构成，催化剂载体由 Al_2O_3 和稀土氧化物按比例组成；两者通过一系列制备工艺附着在陶瓷基体上，为烟气中 CO 和 O_2 提供再反应的催化平台。CO 净化器选用蜂窝陶瓷作为基体，具有机械强度高、热膨胀系数小、耐高温、热稳定性好的优点，净化 CO 的效果好、使用寿命长。在普通燃气热水器的烟气流道中，加装 CO 净化器，在保证烟气能够正常通过蜂窝孔隙的条件下，最大限度地达到催化剂与烟气中 CO 的接触面积，CO 在通过 CO 净化器的过程中，在催化剂活性成分贵金属的作用下与 O_2 发生氧化还原反应，生成 CO_2 并释放出热量，而达到净化 CO 的目的，实现出口处 CO 浓度降至 30ppm 以下，净化 CO 的效果非常好。

本技术解决了本领域关键性、共性的技术难题。燃气热水器是一种快速即热式热水器，燃气通入机器内部，在内部燃烧腔内进行燃烧，燃烧产生的高温烟气流过热交换器，冷水通过热交换器进行换热，产生热水，同时高温烟气换热后变为低温烟气，低温烟气通过烟管排到室外。燃气在燃烧腔内燃烧过程中，不能保证燃气与氧气混合完全充分，燃烧完全反应，会存在 CO 的排放。国标中规定 CO 排放浓度不高于 600ppm（折算后），尽管各厂商可以达到国标要求，但是实际 CO 的排放浓度也会在 120～300ppm（折算后）不等。如果排烟管在排烟过程中出现泄漏，烟气中 CO 就会污染室内环境，CO 浓度过高后还会危及用户人身安全。

CO 的泄漏对用户的健康和安全构成了严重的威胁。针对此问题，目前燃气热水器行业采用的办法主要有两种：一是提升燃气热水器的燃烧质量，优化燃烧器，优化空气和燃气的燃烧配比，降低燃气热水器本身燃烧所产生的 CO 浓度；但是实际 CO 的排放浓度也会在 120～300ppm（折算后）不等，效果不佳。二是在燃气热水器上增加 CO 报警器，当 CO 浓度超过设定限值后进行报警，不能完全杜绝 CO 的产生，只能起到了警示作用。这两个方案都不能在源头上彻底解决 CO 存在泄漏引起的隐患和危害。

本技术提供的净化器和燃气热水器有如下特点：（1）CO 净化器采用陶瓷作为基体，热膨胀系数小且膨胀系数与催化剂层一致，热稳定性好，使用起来稳定可靠。（2）CO 净化器中的催化物质使烟气中的 CO 和 O_2 在正常排烟温度下进行氧化反应，生成 CO_2，本身并不参与反应，不存在消耗问题，理论上可以无限制使用。同时，外排气体中所含的 CO 等气体在触媒物质作用下充分燃烧，以生成热能，供热水器加热使用，提高了热水器的加热功率，降低了能耗；（3）在 CO 产生的根源上予以消除，有效解决了燃气热水器使用过程中 CO 泄漏导致在的安全隐患，实现高效节能、环保安全可靠的使用效果。

4 应用推广情况

4.1 经济和社会效益

海尔热水器秉承"绿色、创新、交互、共赢"的理念，不断完善自身环境管理体系，将安全设计、生态设计与智能设计融合，不断为消费者提供安全、智能舒适、节能效果好、环境效益高的产品。燃气热水器历经直排式、烟道式、强排式、平衡式、安防式 5 个发展阶段，不同阶段之间的更替几乎都是因为在安全防护方面有了突破。尽管行业采取了包括强排和报警在内的多种措施，但并不能从根本上消除 CO 的产生，CO 中毒安全问题是人们使用燃气热水器最大的安全隐患。本技术成果可以有效解决用户在使用燃气热水器的过程中存在 CO 中毒问题，对于普通消费者只需正常使用燃气热水器，不需要进行其他任何操作，也不用担心触媒物质损耗，或者触媒氧化引起的危害，就可以保证用户在燃气热水器规定的使用寿命内 CO 的排放都在安全限值以下，从而有效保证用户的健康和使用安全，创造安心舒心的使用体验。这种主动消除 CO 的研发方向将引领燃气热水器行业向更加绿色、安全的方向继续发展。

4.2 发展前景

我国《中华人民共和国消费者权益保护法》第七条规定："消费者在购买、使用商品和接受服务时享有人身、财产安全不受损害的权利。消费者有权要求经营者提供的商品和服务，符合保障人身、财产安全的要求"。

消费者享有人身、财产安全不受损害的权利。人身安全权是消费者最重要的权利。消费者有权在通过支付等价的货币后，购买到的应当是合格的商品和享受到优良的服务，这是商品的经营者、服务的提供者不容推卸的责任和应尽的义务。商品的经营者、服务的提供者不得因为商品质量和服务质量的低劣，给消费者生命健康安全带来损害。

海尔研发设计的"CO 净化器及设有该 CO 净化器的燃气热水器"使得外排气体中所含的 CO 等气体在触媒物质作用下，充分与氧气反应以生成 CO_2 等无毒气体后再外排，保证燃气燃烧产生的废气在第一时间内得到充分催化，从源头上消除 CO，CO 排放浓度降至 30ppm 以下，远远低于国家标准的 600ppm，是海尔对于消费者安全保障的又一次升级，对于保障消费者的生命安全具有划时代的意义。

5. 风机比例阀联动技术

1 基本信息

成果完成单位：宁波方太厨具有限公司；

成果汇总：经鉴定为国内领先水平；共获奖 2 项，其中省部级奖 1 项，市级奖 1 项；共获专利 1 项，其中发明专利 1 项；

成果完成时间：2012 年。

2 技术成果内容简介

风机比例阀联动技术的创新在于改变风机安装结构，利用可调式风机产生的压力和电磁线圈产生的推力共同控制比例阀的开度，空气、燃气匹配更合理，同步响应更快速，外部风压变化时，风机风压腔会同步变化，使比例阀开度迅速调整到最佳位置（比例阀控制电流只进行微调），使燃烧、排放更稳定，其空气量和燃气量的匹配效果更佳，同时降低比例阀工作功耗，延长比例阀使用寿命。同时避免损耗造成燃气流量控制不精确问题，保证燃烧工况最佳，一氧化碳排放低于国家标准限定值的 90％。该技术为行业内首次创新，经鉴定为国内领先水平。

3 技术成果详细内容

3.1 创新性

国内燃气热水器燃气进气量控制仅由比例阀来完成，燃气比例阀由两道截止阀和比例调节阀构成。微电脑控制器通过感知水流量的大小及出水温度与预设温度的差值来调节比例阀的开启度，以及鼓风机的转速，从而控制燃气量与空气量。当外界环境变化或改变设定温度时，风机和比例阀动作时间不一致，致使燃气空气量匹配不一致，造成燃烧不稳定甚至熄火、爆燃等情况。再者，控制比例阀开度的电磁线圈长期发热会带来损耗，减少比例阀寿命，严重影响燃气量的精确度，同时影响燃烧工况。

该成果研发的比例阀独有风压、比例阀协同精控燃气流量设计，为行业内首次创新。比例阀推动件与阀体之间存在空腔，燃气热水器的风机输出口通过管道与空腔连通。使得一部分风压可通过风机经过管道到达比例阀，成为比例阀开阀的一个推力。同时微电脑可以通过风机的转速以及比例阀需要的电流，计算出需要的燃气量和空气量，通过风机联动比例阀可以精确的控制空燃比，从而使得燃烧完全，达到减少废气排放的目的。

风机联动比例阀结构如图 1 所示，与原有国内技术相比，本技术优点在于：使用了燃气热水器本身风机产生的风压力和电磁线圈产生的推力共同控制比例阀的开度，空气燃气量快速同步响应变化，优化比例阀性能；同时比例阀线圈处于小电流工作状态，减少发热、延长寿命，避免损耗造成燃气流量控制不精确问题，高效精确控制燃气量和空气量，形成完美的配比，保证燃烧工况最佳，使燃烧完全，减少有害污染物的排放量。

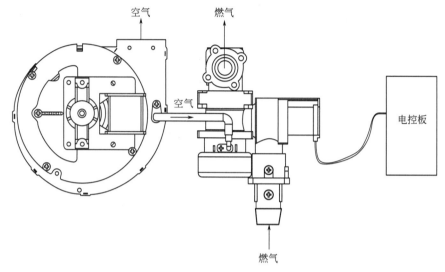

图 1 风机联动比例阀示意图

3.2 技术效益和实用性

采用该技术以后，每台快速燃气热水器一氧化碳排放量能降低 20% 以上。按上述全国年产量 1330 万台来算，我国每年能减少 174.8 万吨一氧化碳的排放量，同时附带减少氮氧化物和硫化物的排放，大大减少酸雨形成的有害气体。由此可知，采用高效精控比例阀装置的快速燃气热水器将使国家节能减排的目标向前推进一大步。

4 应用推广情况

4.1 经济和社会效益

（1）高效节能。对比国家标准，整机全负荷、半负荷热效率分别提升 4% 和 6%，大大提高了燃气的利用率。节约不可再生能源，响应国家大力发展低能耗产品的号召。

（2）减少污染。烟气中一氧化碳降低 20% 远低于国家标准，氮氧化物的排放减少到 14.9ppm，降低 75.2%，保护人体健康，为减排、环境保护做出了贡献。

（3）舒适性。保证燃烧稳定、水流稳定，使水温保持在设定温度的 ±0.5℃，远远满足人们对燃气热水器舒适性的要求。

（4）畅销。本项目产品自上市以来，一直受到消费者的热捧，成为公司热水器销售主力机型，为公司带来了巨大的利润。

（5）顾客满意度。在中国质量委员会、全国用户委员会组织的 2015 年燃气热水器满意度调查中，方太燃气热水器满意度得分为 83.9，成为消费者第一满意的产品。

综上，本项目产品的上市，社会和经济效益显著，带动了本行业技术水平的整体提升；同时因产量的大幅提升，带动相关产业的发展，新增近万个就业岗位。

4.2 发展前景

风机比例阀联动技术应用在燃气热水器上优化了比例阀性能。同时比例阀线圈处于小电流工作状态，减少发热，延长寿命，避免损耗造成燃气流量控制不精确问题，高效精确控制燃气量和空气量，形成完美的配比，保证燃烧工况最佳，使燃烧完全，减少有害污染物的排放量。

6. 一种解决燃气热水器水温波动的温控舱技术

1 基本信息

成果完成单位：华帝股份有限公司；

成果汇总：共获奖 7 项，其中国际奖 1 项、行业奖 1 项、其他奖 5 项；共获专利 1 项，其中实用新型专利 1 项；

成果完成时间：2015 年。

2 技术成果内容简介

华帝研发出的温控舱技术能有效解决一直令用户反感的洗浴中途水温骤升骤降的难点问题：

（1）该温控舱技术主要是在热水器出水终端设置一温控舱，其进水端与热交换器连接，出水端与外界管路连接，热交换器流出的冷、热水可以在温控舱内进行混合换热。

（2）利用温控舱热力缓冲原理，当热水器短暂开机重启动后，热交换器先流出的高温内存水与温控舱内存水混合从而降低了出水温度；

（3）重启后未经换热系统加热的冷水进入温控舱内与腔内的热水混合降低重启加热后水温，防止水温骤升骤降，实现了普通恒温机型在洗浴过程中即便中途启停时也可基本恒温。

（4）零冷水机型的预热可以有效解决首次启动段水温骤升骤降的问题，对于中途短暂开机重启后的水温波动仍无法消除，结合温控舱技术则可以弥补零冷水机型的该缺陷，完美实现全程基本恒温。

图 1 为带温控舱的燃气热水器实物图。

3 技术成果详细内容

3.1 创新性

为解决用户反映的突出问题，华帝公司进行深入研究，开发了温控舱控温技术以及搭载该温控舱的其他恒温控制技术，对洗浴中途水温骤升骤降的难点问题达到了良好的改善效果。

3.1.1 普通恒温机＋温控舱控温技术

在热水器主水路出水端设置一个温控舱，利用热力缓冲原理，减小水温波动幅度，抑制水温骤升骤降，实现中途启停水温波动小，恒温效果好。用户在洗浴过程中关水后余热

图 1 带温控舱的燃气热水器

继续加热机内存水，但高温存水储存于温控舱中，重开水阀后未进行加热的冷水流入温控舱中，与前段高温水混合换热，极大缓和了水温忽冷忽热的问题。结构示意图如图 2 所示。

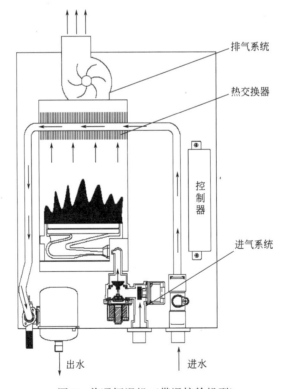

图 2 普通恒温机（带温控舱机型）

辅以预热后循环技术（燃气热水器的恒温出水控制方法、控制系统及燃气热水器，专利申请号：201811368875.1）。在循环预热时，当测得回水温度达到程序预热温度，则停止供气，熄火后维持循环泵运转一段时间，热水管段较热存水流入回水管与回水管壁进行热力交换，回水管段较冷存水吸收热交换器换热翅片余热，再流入热水管与管壁进行热力交换，有效均匀管道各处水温，进一步降低出水过热温升。预热后循环与大容积温控舱结合，控温效果更明显，且水泵后循环时间越长，循环管路水温越均匀，用水时水温变化更平缓。

3.1.2 零冷水机型＋温控舱控温技术

在循环预热过程中，循环水被加热后从温控舱底部流入，与温控舱存水进入混合换热后再经导流管流出热水器。预热时，因回水温度上升而不断调整燃烧火力，温控舱不断中和前后段水温，使出水温度变化更为平缓。在完成预热后打开热水，温控舱温水先与前段热交换器高温存水混合换热来降低过热温升，再与后段未来得及加热的冷水混合换热来降低热水温降，因此过热温升与热水温降均得到有效控制，且温控舱容积越大，控温效果越好。搭载温控舱，预热后出水温度曲线更平缓，过热温升更小，热水温降更低，洗浴水温更舒适。

同理，在热水器工作状态下，大容积温控舱能够有效抑制因水量突变、火力分段等因素引起的水温波动，提升洗浴水温稳定性。在洗浴中途关水重启时，利用温控舱热力缓冲原理，大幅降低水温骤升与骤降幅度，确保洗浴安全，避免水资源浪费。结构示意图如图3所示。

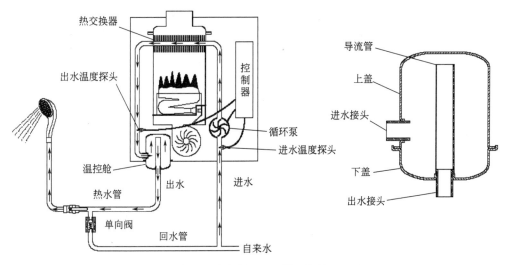

图 3　零冷水机型（带温控舱）

同样辅以预热后循环技术，技术原理同上。

3.2 技术效益和实用性

（1）普通恒温机型，中途启停无骤冷骤热，水温波动小。图4为带温控舱与不带温控舱的机型的关水重启温度变化曲线，带温控舱水温变化与设定温度值偏离小。由此解决了中途关水重启水温波动剧烈的问题，实现了中途启停后无骤冷骤热，水温仅有较小波动。

图 4 为华帝带温控舱产品的测试数据，设置温度为 42℃，进水温度 19℃，温控舱规格为 0.9L，3m 出水口下的停水 1min 后重启水温变化曲线，实测华帝搭载温控舱产品在中途停水重启后温度波动为−4.2～+0.5K，普通不带温控舱产品的−9.7～+5.3K，可见带温控舱机型的停水重启温升远小于不带温控舱产品的停水重启温升，中途停水重启后的热水性能明显优于不带温控舱的机型。

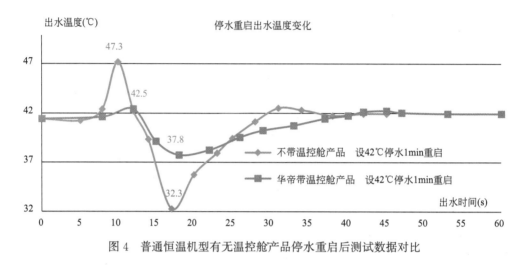

图 4　普通恒温机型有无温控舱产品停水重启后测试数据对比

（2）零冷水机型，即开即热，全程零冷水。华帝零冷水燃气热水器搭载温控舱规格为 0.9L，并应用预热后循环技术，预热后水温变化更平缓，热水温升和温降更低，洗浴更舒适，节约水资源。图 5 为华帝 16JH2.1 的测试数据，在 60m，DN15 管循环管路、自来水温度 19℃、预设温度 42℃、出水口离热水器 3m、自来水流量 9L/min 等相同测试条件下，实测华帝 JH2.1 系列零冷水产品预热后出水温度波动为−4～+1K，优于普通零冷水产品的−8～+3K，但水温稳定时间约增加 10s。

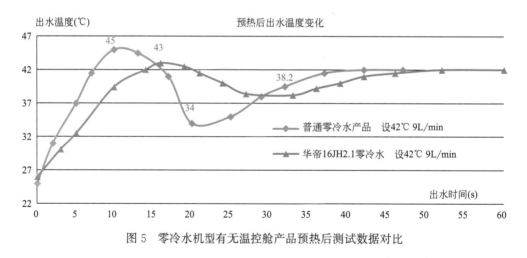

图 5　零冷水机型有无温控舱产品预热后测试数据对比

（3）更优恒温性能和更低停水温升。华帝 JH2.1 系列零冷水热水器应用 0.9L 温控舱，实测水温超调幅度仅为±0.6K，停水温升小于 1K（测试数据来自国家燃气用具质量监督检验中心出具的检验报告），远低于国标的水温超调幅度±5K，停水温升±18K 的要求，洗浴水温波动更小，洗浴更舒适、放心。如图 6 所示，在自来水温度 19℃、预设常用洗浴温度 42℃、出水口离热水器 3m、自来水流量 9L/min 等相同测试条件下，实测华帝 JH2.1 系列零冷水产品停水 1min 后重启的出水温度波动为−4.2～0K，优于普通零冷水产品的−7.6～+4.2K，停水温升更低、更安全。

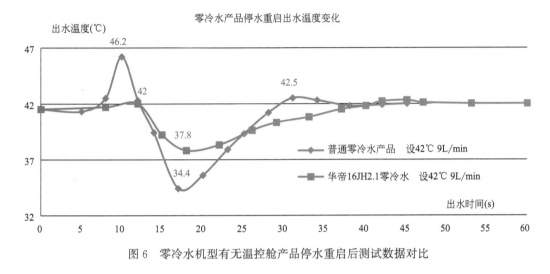

图 6　零冷水机型有无温控舱产品停水重启后测试数据对比

（4）温控舱工艺性好、耐压强、耐腐蚀。温控舱主要由上盖、下盖及导流管组成，均为高强度耐腐蚀不锈钢材质；其中上盖与下盖均采用整体拉伸成型工艺，法兰面扣合钎焊形成一个容积为 0.9L 的圆柱形容器，可承受 2.0MPa 水压。在温控舱下侧面设置进水接头连接热交换器，在底部设置出水接头连接外部热水管，并在温控舱内部垂直安装导流管连通出水接头。通水时，自来水被加热后从温控舱底部流入，水流上升过程与温控舱存水混合换热，再经导流管流出热水器。

（5）应用范围广。此技术已经应用于恒温机 JEW、JHW、JSW、JH1、JS1、GE5、GE2、RE5、i12032、i12033、i12034、i12045、i12046 共计 13 个系列 53 款机型，零冷水 TA2、JH2、JH2.1、GH8i、JH6i、i12047、i12048、i12068 共计 8 个系列 15 款机型，总计 68 款产品。

（6）用户认可度高。带温控舱的普通恒温热水器在首次通水开机时，需要排清温控舱冷水后才流出热水，以 0.5L 温控舱为例，出水流量 9L/min，10m，DN15 管水路下，带温控舱机型比普通恒温机型的出热水时长增加 3s 左右，其增加时长与温控舱的容积成正比。但是相比于洗浴中途水温的骤升骤降的问题而言，出热水时间的增加仅是很小的不足，这对于用户来说是完全可以接受的，因为这已经真正解决了用户最关切的问题。

另外，温控舱与零冷水的结合，能够提前将温控舱冷水转变成舒适热水，热水即开即用，可以完美的将温控舱出热水较慢的缺点进行规避，真正实现了洗浴过程的全程恒温。

4 应用推广情况

4.1 经济和社会效益

基于用户的关切问题以及市场强烈需求,华帝率先研发出"一种防止燃气热水器水温波动的温控舱技术",以及搭载温控舱的创新性零冷水控制技术,真正解决了用户最迫切希望解决的问题,取得良好改善效果。首先,细致分析预热过程中及预热通水后的循环管路水温变化,运用预热后循环+温控舱控温技术,巧妙解决预热后水温骤升骤降问题,大幅降低洗浴中途的停水温升,实现全程零冷水,消除安全隐患,节约水资源,为消费者提供更优质的洗浴体验。2015年以来该温控舱技术在华帝的总计68款产品上进行推广应用,迎来了新一代恒温燃气热水器的新潮,应用该技术的机型能明显降低重启加热后水温波动幅度,实现使用过程中启停无骤升骤降,水温波动小。该技术的出现为燃气热水器领域提供了一种解决水温波动大的恒温技术,同时也为行业提出了一种较优的防止水温骤升骤降的解决方案,对其他应用此原理的结构提供了一定的借鉴与参考。

另外,在零冷水机型上研发的温控舱技术+预热后循环技术,全程水温无骤升骤降,实现真正零冷水,具有技术前瞻性,为燃气行业深入研究零冷水技术并解决用户热点问题提供宝贵的经验。

华帝公司应用创新性技术成果所开发的JH2.1系列零冷水燃气热水器,凭借其技术先进性和优越性能,得到业界和消费者的普遍认可,先后获得由中国家用电器协会/红顶奖组委会颁发的"2018中国高端家电及消费电子红顶奖"及由信息时报颁发的"2018年度消费者喜爱的家电产品"。该温控舱技术解决了一直困扰用户的水温骤升骤降的难点问题,在市场上取得一致好评,使用过的用户对此评价甚高;也不用再为洗浴中途水温骤升骤降的问题而苦恼,为燃气热水器领域提供了一种解决水温波动剧烈的恒温技术,实现中途启停水温低波动,同时也为行业提出了一种较优的防止水温骤升骤降的解决方案。华帝智能恒温燃气热水器还获得由广东省高新技术企业协会颁发的"广东省高新技术产品"。

应用该温控舱技术的燃气热水器TA2先后获得了由信息时报颁发的"2017年度中国家电智能创新产品",中国家用电器研究院颁发的"好产品奖""嘉电"产品奖,中国家电协会颁发的"艾普兰奖-智能创新奖"及德国"红点奖Red Dot"等多项电器行业大奖。

搭载温控舱的零冷水燃气热水器JH2.1系列运用创新性预热后循环+温控舱控温技术,解决行业难题,实现全程零冷水,节约水资源,得到业界和消费者的普遍认可,具有强大的市场潜力。

4.2 发展前景

华帝公司注重使用体验,对水温舒适性、运行噪声提出更高要求,继而倒逼燃气热水器厂家不断提升热水器产品的恒温性能及可靠性,解决日益突出的用户痛点问题。

基于对用户需求出发研发出的全不锈钢温控舱结构,具有工艺性好、耐压强、耐腐蚀等特点,可满足大批量生产,显著改善水温骤升骤降问题,解决了中途启停水温波动过大问题,实现了中途启停水温低波动。零冷水机型搭载温控舱则实现了燃气热水器全程水温零波动。

华帝公司先行一步研发温控舱+预热后循环控温技术,实现真正的全程零冷水,得到业界的广泛认可，有力地推进中国零冷水产业朝健康路线发展。

7. 燃气热水器自适应恒温控制技术

1 基本信息

　　成果完成单位：杭州德意电器股份有限公司；

　　成果汇总：经鉴定为国内领先水平；共获专利 1 项，其中实用新型专利 1 项；获软件著作权 2 项；

　　成果完成时间：2017 年。

2 技术成果内容简介

　　燃气热水器自适应恒温控制技术基于自学习和自整定算法，结合 PID 控制和模糊控制以及前反馈智能定位控制，根据水流量、进出水温度、用户使用场景和烟道风阻以及不同季节环境等一系列因素经过人工智能算法计算后由系统自动快速匹配出最优的恒温控制参数和燃烧配风曲线。能够更快更准确地检测水流量波动状况和烟道风阻堵塞程度，快速调整燃气比例阀热负荷（燃气量）精准输出，同时对每次恒温运行参数和结果进行自整定以自适应产品零部件的离散性和使用环境的差异性，可以显著提高恒温性能，有效解决了沐浴过程多点同时用水造成水温忽冷忽热的用户痛点和行业技术难题，图 1 为带有自适应恒温控制技术的燃气热水器实物图。

图 1　带有自适应恒温控制技术的燃气热水器

3 技术成果详细内容

3.1 创新性

3.1.1 攻克的技术难点

　　常规燃气热水器在使用过程中多点同时用水造成经过热水器的水流量波动，由于系统重新调节燃气量存在反应延迟和输出偏差的影响，会造成水温忽冷忽热现象，用户使用热水舒适性较差。

　　为了解决上述用户需求，市场上有的产品采用在出水管端串联一个储水罐用于中和出水温度的波动，储水罐容积足够大时对使用过程中停水再开启的恒温效果有一定改善，但对于使用过程中多点同时水造成的水温忽冷忽热现象改善不明显，并且存在首次冷态启动出热水慢和使用中途调节温度等待时间长等缺点，以及成本较高和结构较复杂，实际应用有限。而本燃气热水器自适应恒温控制技术是在没有带储水罐的常规恒温燃气热水器上通过恒温算法的优化，改善沐浴过程中多点同时用水造成水温忽冷忽热的用户痛点和行业技术难题。

3.1.2 主要技术成果

1) 燃气热水器热平衡原理

根据能量守恒原理可知，燃气热水器燃烧产生的总热量主要转换为热交换器直管内部水吸收的热量、盘管内部水吸收的热量、流出热水吸收的热量和热交换器吸收的热量以及损耗热量。则燃气热水器换热模型可以简化为如下热平衡公式表示：

$$\eta \cdot P_s = Q_c + Q_d + Q_0 + Q_{Cu}$$

即：

$$\eta \cdot P_W \cdot t = C_p \cdot V_c \cdot k_c \cdot \frac{\Delta T}{2} + C_p \cdot V_d \cdot k_d \cdot \frac{\Delta T}{2} +$$

$$C_p \cdot \frac{L \cdot t}{60} \cdot k_0 \cdot \Delta T + C_{Cu} \cdot m \cdot k_{Cu} \cdot \Delta T$$

式中　P_W——燃烧热负荷，W；

η——热效率，%；

t——燃烧时间，s；

V_c——盘管水体积，L；

V_d——直管水体积，L；

L——出水流量，L；

ΔT——出水温度温升，℃；

m——热交换器质量，kg；

k_c——盘管水温升折算系数（折算成温升百分比）；

k_d——直管水温升折算系数（折成温升百分比）；

k_0——出水温度温升折算系数（折成温升百分比）；

k_{Cu}——铜热交换器温升折算系数（折成温升百分比）；

C_p——水比热容，4200J/(kg·℃)；

C_{Cu}——铜比热容，386J/(kg·℃)。

现以国内普通的 12L 强鼓恒温机（热负荷 24kW，热效率 90%）为例进行数据分析：

盘管换热部分：换热慢、少，内径约 11mm，总长度约 1200mm，即盘管总体积 V_c 约 110mL，盘管水温升折算系数 k_c 约等于 10%。

直管换热部分：换热快、多，内径约 16mm，总长度约 900mm，即直管总体积 V_d 约 180mL，直管水温升折算系数 k_d 约等于 90%。

铜热交换器部分：重量约 1.5kg，换热系数 k_{Cu} 等于 3～6（温升 120℃左右）。

出水温度温升折算系数 k_0：在启动和水流量波动状态为 50%；热平衡后为 100%。

2) 水流量波动状态影响恒温性能的关键因素

水流量波动状态影响燃气热水器恒温性能的关键因素是水流量波动检测时间和燃气比例阀输出热负荷准确度。

（1）水流量波动检测时间

当热水器系统处于热平衡状态后出现水流量波动时，系统重新调节燃气比例阀负荷前，燃烧产生的热量不变，盘管热量变化在短时间内可以忽略不计，热量变化部分主要包括直管内的水温变化、热交换器温度变化、出水热量变化（水流量和温升有变化）。

则水波动状态换热模型可以简化为如下热平衡公式表示：

$$\eta \cdot P_w \cdot t = 4200 \times 0.18 \cdot \Delta T_v + 4200 \times \frac{L \cdot t}{60} \cdot (\Delta T + \Delta T_v \times 50\%) + 386 \times 1.5 \cdot \Delta T$$

求得出水温度波动温差：

$$\Delta T_v = \frac{\eta \cdot P_w \cdot t - 70 \cdot L \cdot \Delta T \cdot t}{1335 + 35 \cdot L \cdot t}$$

根据上述公式可求得水流量波动状态的检测时间与水温波动温差关系见表1。

检测时间与水温波动温差关系

表1

序号	设置温升 ΔT(℃)	水流量波动	热负荷 P_W(kW)	热效率 η（％）	时间(s)	波动温差 ΔT_v(℃)
1	30	9L→5L	21.5	90	0.2	1.3
					0.5	3.1
					1.0	5.8
					1.5	8.2
2	30	5L→9L	12.0	89	0.2	−1.2
					0.5	−2.7
					1.0	−4.9
					1.5	−6.8

备注：此表数据以冬季常见水流量波动场景为例（温升30℃，水流量5～9L波动），其中 P_w、η 是经验值。

根据表1可知，水流量波动状态，水温波动温差与检测时间成正比，检测时间越长，水温波动温差越大。

行业现有脉冲计数法或脉宽采样平均值滤波法两种水流量检测技术，水流量波动检测时间约0.5s，在不考虑负荷偏差情况下，根据上述检测时间与水温波动温差关系表可知，水流量状态出水温度波动温差至少±3℃。

用户使用热水器具有不同的场景（包括开水、关水、多点用水）和不同的水流量状态（包括有干扰、常规、过冲和振动），如图2所示。为了缩短水流量波动检测时间，常规的方法是减少检测周期或降低水流量波动判断阈值，由示意图可知，减少检测周期的方法受到干扰时很容易误启动或误关闭，而降低水流量波动判断阈值的方法在水流量有振动时很容易出现误判。水流量场景识别预测技术基于不同场景的水流量各种状态采用不同的检测方法。开水或关水判断检测时，提高检测周期和滤波脉冲数量，而水流量常规波动状态采用有序同向比较法可以快速可靠检测出水流量波动。有序同向比较法采用连续采样3个水流量脉冲信号为一个检测周期，然后对最近6组检测数据进行建模判断是否有序同向变化，从而判断水流量是否有波动。6组检测数据总需时18个水流量脉冲周期，水流量5～9L之间波动时，波动状态检测时间约0.2s，则理论上出水温度波动可以控制在±1.3℃（设置温升30℃时）。

（2）燃气比例阀热负荷输出准确度

热水器水流量变化后，根据公式 $Q = cm\Delta T$ 可知，需要热负荷跟随变化，则需要重新调整燃气比例阀热负荷输出。现行业恒温控制方法主要PID控制或PID控制＋前反馈智

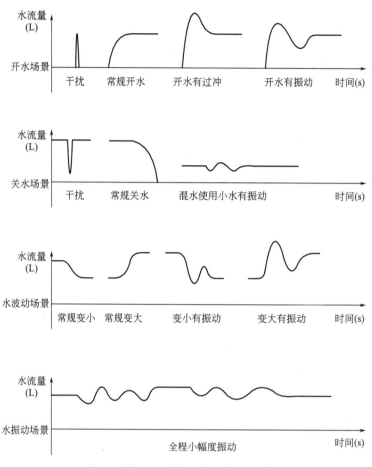

图 2　水流量不同场景各种状态示意图

能定位控制两种方式。PID 控制实现简单，但由于燃气热水器恒温系统具有非线性和滞后性的特点，在不同的工况和不同的水流量波动下，很难实现较好的恒温效果。而 PID 控制＋前反馈智能定位控制针对在水流量波动初期先按需求热负荷智能定位，等待相应时间后再采用 PID 控制调节，此控制方式对于样机可以获得较好的恒温效果，但由于燃气热水器零部件的离散性和使用环境的差异性，智能定位输出热负荷存在较大偏差，很难保证长期大批量产品的恒温性能一致性。

　　燃气比例阀热负荷输出准确度影响因素主要包括进出水温度传感器精度（行业现有水平±1℃）、水流量传感器精度（行业现有水平±8%）、燃气比例阀负荷曲线偏差（行业现有水平回差 50Pa）、燃气热值偏差（用户实际使用偏差±5%）。由上述影响因素根据组合概率原理，估算出热负荷输出偏差值达±10%以上，因此在设置温升 30℃工况，水流量波动时，由于热负荷输出偏差造成的出水温度波动温差达±3℃。而本燃气热水器自适应恒温控制技术基于自学习和自整定算法，结合 PID 控制和模糊控制以及前反馈智能定位控制。在水流量波动时，可以快速调整燃气比例阀热负荷精准输出，整个控制过程既对水流量波动突变性及时反应，在调节过程不断修正输出量，同时对每次恒温运行参数和结果进行自整定，自适应产品零部件的离散性和使用环境的差异性，有效提高热负荷输出准确度。

燃气比例阀热负荷输出曲线自学习算法是根据热负荷平方与二次压力是正比例关系，以及二次压力与比例阀电流是分段线性关系的原理，推出根据已知比例阀电流值和其对应热负荷求出另个需求热负荷所对应的比例阀电流值。原理如下：

热负荷平方与二次压力是正比例关系：

$$(Q_a/Q_b)^2 = (P_a/P_b)$$

二次压力与比例阀电流是分段线性关系：

$$P = P_{min} + (P_{max} - P_{min}) \times (I - I_{min})/(I_{max} - I_{min})$$

根据上述两式可以求出需求热负荷 b 点的输出电流值与 a 点电流值关系：

$$I_b = I_{min} + (Q_b/Q_a)^2 \times (I_a - I_{min}) + [(Q_b/Q_a)^2 - 1] \times P_k$$

式中　Q_a——a 点热负荷值；

　　　Q_b——b 点热负荷值；

　　　I_a——a 点燃气比例阀电流值；

　　　I_b——b 点燃气比例阀电流值；

　　　I_{min}——最小二次压力燃气比例阀对应电流值（已知）；

　　　P_k——比例系数（不同系列产品根据实验数据计算所得）。

根据上述公式可知，通过两组热负荷值相除可以有效降低由于温度传感器或水流量传感器的精度或燃气热值偏差对理论热负荷输出准确度的影响。并且系统对每次恒温运行参数和结果进行自整定，以自动调整比例系数 P_k 达到最优。通过此燃气比例阀热负荷输出曲线自学习算法，可以提高热负荷输出准确度达到±3％，则在设置温升 30℃工况，水流量波动时，由于热负荷输出偏差造成的出水温度波动温差下降至±1℃。

3.1.3　主要技术性能指标

由于水流量波动检测时间和燃气比例阀热负荷输出准确度的综合影响，行业现有恒温控制技术在多点用水场景的水温超调恒温性能是±4℃（设置温升 30℃工况，水流量 5～9L/min 波动），水温波动超过 3℃人体已经明显感觉水温忽冷忽热的不舒适感。

本燃气热水器自适应恒温控制技术可以靠加快水流量波动检测时间（由行业现有技术水平的 0.5s 加快至 0.2s）和提升燃气比例阀热负荷输出准确度（由行业现有技术水平的 10％提高至 3％），从而提升多点用水场景的水温超调恒温效果至±2℃（设置温升 30℃工况，水流量 5～9L/min 波动），使用户在沐浴过程没温差感、感觉舒适。

3.2　技术效益和实用性

本燃气热水器自适应恒温控制技术在常规恒温燃气热水器上通过恒温算法的优化可以显著提高恒温性能，有效解决沐浴过程中多点同时用水造成水温忽冷忽热现象，满足用户对恒温性能舒适性要求。本技术不需要增加产品成本，所有恒温燃气热水器产品都可应用，已在德意电器所有产品推广使用。

本技术的应用提高了燃气热水器产品核心性能指标，在冬季常用工况模式，设置温差 30℃，多点用水，水流量 5～9L/min 之间波动，水温超调可以控制在±2℃，比行业现技术水平±4℃的恒温性能有显著提高，提高了用户洗浴舒适性和产品市场竞争力。

4 应用推广情况

4.1 经济和社会效益

2017 年 6 月，通过在德意电器 RG6516、RG6513 和 RG6588 产品试制应用，恒温性能效果良好，达到项目目标要求，并且在 2018 年 8 月份通过省级工业新技术专家组鉴定和审核，技术水平达到国内领先水平。

常规燃气热水器沐浴过程多点同时用水，会造成出水温度波动±4℃（测试条件：进水温度 15℃，用户设置温度 45℃，水流量 5～9L 之间波动），人体已经明显感觉水温忽冷忽热的不舒适感。而本燃气热水器自适应恒温控制技术可以显著提高恒温效果，上述相同测试条件出水温度波动（水温超调）±2℃，人体感觉水温稳定、无温差感、舒适度高，有效解决了沐浴过程多点同时用水造成水温忽冷忽热的用户常见问题和行业技术难题，提高了用户洗浴舒适性和产品市场竞争力。

为解决多点同时用水造成水温忽冷忽热的用户关注问题，行业现所采用的在出水端串联储水罐的技术方案成本高、结构复杂，并且存在首次冷态启动出热水慢和使用中途调节温度等待时间长等缺点。而本燃气热水器自适应恒温控制技术方案不需要增加成本，在多点同时用水场景，水温超调性能指标更优，并且在常规恒温燃气热水器上应用，结构和硬件不用做任何更改，只需更新控制程序即可实现，方便全面推广使用。

4.2 发展前景

1）技术水平

随着人们生活品质的提升，舒适恒温已经成为消费者对燃气热水器的主要需求。常规恒温燃气热水器在使用过程中多点同时用水造成水压波动，由于系统重新调节燃气量存在反应延迟和输出偏差的影响，会造成水温忽冷忽热现象，用户使用热水舒适性较差，水温忽冷忽热是用户主要投诉热点。

本燃气热水器自适应恒温控制技术基于自学习和自整定算法，结合 PID 控制和模糊控制以及前反馈智能定位控制，根据水流量、进出水温度、用户使用场景和烟道风阻以及不同季节环境等一系列因素经过人工智能算法计算后，由系统自动快速匹配出最优的恒温控制参数和燃烧配风曲线，能够更快更准检测水流量波动状况和烟道风阻堵塞程度，快速调整燃气比例阀热负荷精准输出，同时对每次恒温运行参数和结果进行自整定，以自适应产品零部件的离散性和使用环境的差异性，可以显著提高恒温性能，从而有效解决了沐浴过程多点同时用水造成水温忽冷忽热的用户常见问题。提升产品在市场的竞争力，促使产品的更新换代，加快行业的技术升级，解决行业的舒适恒温燃气热水器关键技术难题，具有良好的社会效益。

2）创新性

（1）水流量场景识别预测技术

本水流量场景识别预测技术基于不同场景水流量的各种状态，采用不同的检测方法。开水或关水判断检测时，提高检测周期和滤波脉冲数量；而水流量常规波动状态采用有序同向比较法，可以快速可靠检测出水流量波动。有序同向比较法采用连续采样 3 个水流量脉冲信号为一个检测周期，然后对最近 6 组检测数据进行建模判断是否有序同向变化，从而判断水流量是否有波动。水流量波动检测时间可以由行业现有技术水平 0.5s 提升到 0.2s，有效降低由于控制反应延迟造成的水温波动温差。

（2）燃气比例阀热负荷输出曲线自学习算法

由于温度传感器、水流量传感器和燃气比例阀负荷曲线的精度以及燃气热值偏差的影响，造成控制热负荷输出有较大偏差量，从而影响多点用水时水温超调的恒温性能。

燃气比例阀热负荷输出曲线自学习算法是根据热负荷平方与二次压力是正比例关系，以及二次压力与比例阀电流是分段线性关系的原理，推理出根据已知比例阀电流值和其对应热负荷求出另个需求热负荷所对应的比例阀电流值，计算公式中两组热负荷值相除，可以降低由于温度传感器或水流量传感器的精度或燃气热值偏差对理论热负荷输出准确度的影响。并且对每次恒温运行参数和结果进行自整定以自动调整计算系数达到最优。通过此燃气比例阀热负荷输出曲线自学习算法，热负荷输出准确度可以由行业现有水平±10％提升至±3％，有效降低由于热负荷输出偏差造成的水温波动温差。

3）先进性

使用本燃气热水器自适应恒温控制技术的 JSQ30-RG6588 恒温燃气热水器，依据《家用燃气快速热水器》GB 6932-2015 检测，水温超调幅度性能指标为±0.5℃，优于国家标准规定±5℃和行业现有±3℃的技术水平，用户洗浴更舒适。

8. 家用热水零等待中央热水系统

1 基本信息

成果完成单位：广东万家乐燃气具有限公司；

成果汇总：共获奖 4 项，其中行业奖 2 项、其他奖 2 项；共获专利 12 项，其中发明专利 3 项、实用新型专利 9 项；

成果完成时间：2009 年。

2 技术成果内容简介

针对用户使用热水前需放一大段冷水的这一问题，万家乐首创开发了家用热水零等待中央燃气热水系统，它通过将循环水泵、混水罐、加入热水器结构设计中，以及搭载可实现管路循环的四通单向阀配件，设计出了第一台具有循环预热功能的燃气热水器——家用热水零等待中央热水技术的热水器 X3。该中央热水技术，通过采用独有的结构及程序设计，可实现提前预热用户家循环管路中的冷水，对它进行提前加热，达到即开即热的洗浴体验，同时避免了冷水的浪费，大大缩短了用户洗浴等待时间，提升了用户体验，并节约了水资源，实现节能减排。目前行业内外争相模仿和推广这一技术，引领行业向更舒适、更节能方向发展，图 1 为家用热水零等待中央热水系统实物图。

3 技术成果详细内容

3.1 创新性

普通型燃气热水器作为一种快速加热水的设备，已普遍用于普通家庭，为用户提供快

图 1　家用热水零等待中央热水系统

速使用的热水；另常见的储水式电热水器也是家庭常用的一种热水设备，但其需要提前加热储水罐中的水，水量用完需重新加热，不能即时产出热水；普通燃气热水器虽然可提供实时的热水，但由于水流需经过管道及用水设备（花洒、水龙头）等达到用户洗浴端，这个过程中，不可避免的有一段冷水的浪费。

市面上其他类型的热水器有空气能热水器及太阳能热水器，均受环境因素影响大，在冬季潮湿寒冷的气候条件下无法使用，无法稳定提供即时的热水，且占地面积大，导致两种产品市场占有率低，消费群体小。

本技术成果家用热水零等待中央热水系统解决了燃气热水器行业多年来的洗浴难题——洗浴前需放很长时间的冷水，带给用户即开即热的洗浴体验；行业首创家庭中央热水技术，开创了行业家用中央热水燃气热水器的先河，引发行业争相研发中央热水产品与技术。

家用热水零等待中央热水燃气热水系统搭载了多项技术，具有如下技术特点：（1）行业首款可用手机 APP 云控制的燃气中央热水器；（2）行业首创 Easy 热力门技术，对两管安装用户进行轻松改造，解决安装问题；（3）行业领先的恒热池混水技术，用户使用过程温度波动±0.1℃；（4）行业首创即开即热技术，满足即开即热的需求，同时更加节能；（5）行业首创自主学习模式，自动判断用户家热水管道的长度，更加智能、节能；（6）行业领先的直流水泵技术，扬程大，动力足，大大缩短预热时间，提升了用户体验；（7）行业领先的 ITO 滑控操作，极致的人机交互体验；（8）玉白色双曲面玻璃，与现代家装风格完美匹配；（9）业界领先的甲烷与一氧化碳检测报警器，24h 监测，为用户的安全保驾护航。此技术逐步应用在万家乐 X7 系列、X7PRO 及 X7S 系列等燃气热水器中。

3.2 技术效益和实用性

本家用热水零等待中央热水技术目前主要应用于燃气热水器，已应用于万家乐生产的 X 系列燃气热水器、燃气壁挂炉 BX7 及万家乐派生产品零冷水（仅内置水泵）Z6 系列上。

本家用热水零等待中央热水技术中涉及了循环水泵配置、水温混合装置及单向阀配件，还可推广应用于以下产品：（1）空气能及太阳能热水器：通过加装循环水泵可实现空气能热水器及太阳能热水器即开即热，同时该两种设备本身配备有大容量的储水罐装置，可以达到更好的恒温性能；（2）商用多能源热水系统：商用多能源热水系统一般由太阳能热水器、空气能热水器、燃气热水器、大容量的混水罐构成，与普通家用热水器一样存在管道内残留的冷水过多，热水等待时间过长的问题，通过加装循环水泵可实现即开即热的中央热水。

与普通燃气热水器、具有零冷水功能的燃气热水器及具有水温混合装置的燃气热水器进行技术优势对比，见表1。

技术优势分析 表1

项目	应用本技术的燃气热水器	对比技术		
		普通燃气热水器	具有零冷水功能的燃气热水器	具有水温混合装置的燃气热水器
优势	(1)无冷水,节水节能; (2)无须等待,即开即热; (3)停水温升低,恒温持久; (4)主动防冻、降本节能	(1)水路结构及控制方案简单; (2)成本低	(1)加热时间较短,能快速出热水; (2)可实现零冷水即开即热功能	水温相对稳定
不足	(1)成本较普通热水器高出 10%～15%; (2)配件为易损件; (3)内置混水罐,耐腐蚀性能有待提高	(1)管道长,管道残留的冷水过多,水资源浪费严重,等待时间过长; (2)洗浴过程中反复开关操作,存在冷烫水、水温波动大的问题,洗浴舒适度差; (3)需加装电加热防冻装置,来实现防冻,加热不均匀,容易防冻失效,且耗费电能	(1)洗浴过程中反复开关操作存在冷烫水现象,水温波动大,洗浴舒适度差; (2)配件为易损件	(1)管路复杂,操作困难,安装难度大; (2)管道内残留的冷水过多,热水等待时间过长,洗浴舒适度差; (3)成本较高; (4)需加装电加热防冻装置,加热不均匀,容易防冻失效,且耗费电能

4 应用推广情况

4.1 经济和社会效益

自 2015 年万家乐首推中央热水以来，行业内争相推出类似零冷水产品，随着各个厂商在市场推广上不断加大投入，用户认可度逐年升高，再加之用户的不断积累，同类热水器行业也跟进此项技术的研究，进一步推动了中央热水技术的发展，根据市场数据来看，中央热水及零冷水产品呈倍增趋势。

应用该技术的万家乐 X 系列即开即热节水型燃气热水器通过增加"循环水泵"，能自动回收管路内的滞留冷水进行智能预热，实现即开即热、热水零等待。通过"恒温混水罐"混水结构，在二次启动热水器时将机器内的冷热水自动进行二次搅浑，实现±0.5℃的精控恒温，突破了行业±1℃的恒温瓶颈。通过"四通单向阀"轻松实现普通家庭两管安装，无须改造升级。

该技术产品攻克了现有燃气热水器产品"热水等待时间过长，管道残留的冷水浪费，洗浴冷烫水，水温不稳定"的问题，填补了行业空白。该技术还可推广应用于空气能热水器、太阳能热水器、商用多能源热水系统等，为我国家庭及商用热水产业的结构升级，提供技术平台。

应用该技术的产品解决了困扰热水器行业多年的开机时出冷水、热水等待时间长，三管布管麻烦，二次开水水温"忽冷忽热"等用户痛点。

（1）零冷水，全屋恒温：内置的循环水泵可以智能预热全屋管路内滞留的冷水，无论是何时需要用水，就有源源不断的恒温热水。

（2）零等待，即开即热：提前预热功能（全天 24h 或任意时间段），自动恒压调节水温，突破性的即开即热体验，让洗浴无需等待。

（3）零波动，极速恒温：通过恒温混水罐技术将冷热水温完全调和，保证洗浴全程水温波动恒定±0.5℃。

4.2 发展前景

由于家用热水零等待中央热水技术的蓬勃发展，市场上现有派生型产品大量出现，即零冷水热水器产品（中央热水技术简化版），行业内外等均开发了大量的零冷水产品，市场前景广阔，给行业带来较大的市场驱动力，同时让中央热水、零冷水产品进入千家万户，极大的提升了用户体验。该产品促进了我国热水器行业进入了舒适化、智慧化、节能化发展阶段，引领燃气热水器产业向"以用户体验为本，以节能舒适为中心，满足人民美好高标准生活需要"的方向不断创新发展。

9. 恒温燃气热水器控制方法及恒温燃气热水器

1 基本信息

成果完成单位：青岛经济技术开发区海尔热水器有限公司；

成果汇总：经鉴定为国际领先水平；共获奖 1 项，其中省部级奖 1 项；共获专利 1项，其中发明专利 1 项；软件著作权 1 项；

成果完成时间：2013 年。

2 技术成果内容简介

恒温燃气热水器控制方法及恒温燃气热水器技术提供了一种燃气热水器的恒温结构以及控制方法。使用该技术方案的热水器具有：水温恒定舒适、水流稳定、防止用户烫伤、减少冷凝水、提升整机寿命，以及根据不同使用场景提供不同用水量的特点。具体方案为：

（1）通过在进水管和出水管之间设置旁通管，并且旁通管上设置有旁通水伺服器，主控板根据第一温度传感器和第二温度传感器采集的温度信息，得知换热器出水温度和出水管出水温度，从而控制旁通水伺服器动作调整旁通管的水流量，使出水管的出水温度恒定，避免输出过高温度的热水，实现恒温燃气热水器出水温度恒定，提高了恒温燃气热水器的舒适度和安全性。

（2）因换热器在水量改变的情况下温度保持不变，通过旁通水量改变及 PID 调节保证出水恒温，换热器不存在高频次升降温，既能防止使用低温水时，机器产生冷凝水腐蚀机器，又能保证不会因水流量突然减小引起机器干烧，达到很好的保护换热器的效果，有效的延长了机器的使用寿命，可靠性提高。

（3）恒温燃气热水器具有预锁水量功能，主要实现的方法是通过程序控制主路水伺服器开路保持在 80% 的开度，这样既满足了日常生活中的用水，也能在水流量波动的情况下通过调节主路水伺服器开度大小来保证水流量稳定，使水量恒定，避免水流量忽大忽小。

（4）恒温燃气热水器还可以防止用户烫伤，在日常用水时旁通水伺服器一直保持着通过总水量的 20% 的开度，有效的避免了因水流量波动或其他情况造成水温超调造成的用户烫伤。

（5）如用户需要使用高温水时，比如浴缸注水，在关水的情况下用户将机器温度设定到 50℃ 以上，旁通水伺服器将会根据程序关闭水路，保证用户高温水的使用，满足用户不同使用场景对水温的需求。

图 1 为恒温燃气热水器系列产品实物图。

图 1　恒温燃气热水器系列产品

3 技术成果详细内容

3.1 创新性

本技术研发了一种恒温燃气热水器控制方法及应用,该方法的恒温燃气热水器,产品结构包括主控板、换热器、燃烧器、进水管、出水管和旁通管,旁通管连接进水管和出水管,进水管设置有主路水伺服器,旁通管上设置有旁通水伺服器,换热器的出口处设置有第一温度传感器、出水管的出口处设置有第二温度传感器,进水管的进口处设置有第三温度传感器,第一温度传感器、第二温度传感器、第三温度传感器、主路水伺服器和旁通水伺服器分别与主控板电连接。另外控制方法上,主控板根据第一温度传感器和第二温度传感器采集的温度信息,得知换热器出水温度和出水管出水温度,从而控制旁通水伺服器动作调整旁通管的水流量,使出水管的出水温度恒定,避免输出过高温度的热水,实现恒温燃气热水器出水温度恒定,提高了恒温燃气热水器的舒适度和安全性。因换热器在水量改变的情况下温度保持不变,通过旁通水量改变及PID调节保证出水恒温,换热器不存在高频次升降温,既能防止使用低温水时,机器产生冷凝水腐蚀机器,又能保证不会因水流量突然减小引起机器干烧,达到很好的保护换热器的效果,有效地延长了机器的使用寿命;恒温燃气热水器具有预锁水量功能,主要实现的方法是通过程序控制主路水伺服器开路保持在80%的开度,这样既满足了日常生活中的用水,也能在水流量波动的情况下通过调节主路水伺服器开度大小来保证水流量稳定,减少水温波动;恒温燃气热水器还可以防止用户烫伤,在日常用水时旁通水伺服器一直保持着通过总水量的20%的开度,有效地避免了因水流量波动或其他情况造成水温超调造成的用户烫伤,如用户需要使用高温水时,比如浴缸注水,在关水的情况下用户将机器温度设定到50℃以上,旁通水伺服器将会根据程序关闭水路,保证用户高温水的使用。

3.2 技术效益和实用性

目前,行业内恒温控制主要通过进出水温度传感器和水流量传感器来检测用水流速和温度,结合用户热水设定温度需要,控制器控制燃气阀门的热量输出,通过燃烧换热,保证出水温度达到用户设定温度;当水流变化或用户设定温度变动等原因导致出水温度达不到用户设定温度时,控制器通过后反馈控制方式增加燃气阀门热输出,保证出水温度与设定温度一致。这种控制是在出水温度已经不满足设定温度的条件下进行的再调整,此种恒温控制,存在检测调节和换热传热的滞后性,使用户在用热水时会有较长时间的过热或过冷的水流出,影响热水使用。

本技术是通过在进水管和出水管之间设置旁通管,并且旁通管上设置有旁通水伺服器,主控板根据第一温度传感器和第二温度传感器采集的温度信息,得知换热器出水温度和出水管出水温度,在水流量突变或设定温度有变化时,快速的调节旁通水伺服,对热交换器流出的热水进行混合,通过前馈控制和省去燃烧换热时间,快速达到设定温度。《家用燃气快速热水器》GB 6932-2001中热水性能的规定是:停水温升不大于18K;加热时间不大于45s;热水温度稳定时间不大于90s;水温超调不大于±5℃。该技术2014年应用于海尔燃气热水器,应用该技术的热水器可(1)停水温升1K,远低于国家标准18K;(2)加热时间16s,远低于国家标准45s;(3)热水温度稳定时间6s,远低于国标90s;(4)水温超调2.6℃,远低于国标±5℃;(5)水温波动0.3℃,2001版国标无规定。升级的《家用燃气快速热水器》GB 6932-2015，新版国标加热时间缩短至 35s，热水温度稳定时间缩短至 60s，水温波动±3℃。

4 应用推广情况

4.1 经济和社会效益

该项技术值得我公司乃至整个热水器行业推广应用，将燃气热水器产品提高到一个更高的档次，也是我公司本着高效节能、低碳、安全为本、用户为师的设计原则的又一个典范，在国内推广可以带动热水器行业在安全方面上一个新的台阶，提高我国燃气热水器产品在国际上的影响力。

（1）恒温舒适，引领消费者洗浴习惯，提升物质生活水平。通过在进水管和出水管之间设置旁通管，并且旁通管上设置有旁通水伺服器，主控板根据第一温度传感器和第二温度传感器采集的温度信息，得知换热器出水温度和出水管出水温度，从而控制旁通水伺服器动作调整旁通管的水流量，使出水管的出水温度恒定，避免输出过高温度的热水，实现恒温燃气热水器出水温度恒定，提高了恒温燃气热水器的舒适度和安全性。

（2）提升整机可靠。因换热器在水量改变的情况下温度保持不变，通过旁通水量改变及 PID 调节保证出水恒温，换热器不存在高频次升降温，既能防止使用低温水时，机器产生冷凝水腐蚀机器，又能保证不会因水流量突然减小引起机器干烧，达到很好地保护换热器的效果，有效的延长了机器的使用寿命，提高了可靠性。

（3）防止用户烫伤。在日常用水时旁通水伺服器一直保持着通过总水量 20% 的开度，有效地避免了因水流量波动或其他情况造成水温超调造成的用户烫伤。

（4）满足不同用水需求。如用户需要使用高温水时，比如浴缸注水，在关水的情况下用户将机器温度设定到 50℃以上，旁通水伺服器将会根据程序关闭水路，保证用户高温水的使用，满足用户不同使用场景对水温的需求。

4.2 发展前景

海尔研发设计的"恒温燃气热水器控制方法及恒温燃气热水器"恒温舒适，引领消费者洗浴习惯，提升物质生活水平。在日常用水时旁通水伺服器一直保持着通过总水量 20% 的开度，有效的避免了因水流量波动或其他情况引起水温超调造成的用户烫伤。

该技术目前广泛应用于海尔燃气热水器各种型号中，按照《家用燃气快速热水器》GB 6932-2015 应用该技术的热水器可达到：（1）停水温升 1K，远低于国标要求的 18K；（2）加热时间 16s，远低于国标要求的 45s；（3）热水温度稳定时间 6s，远低于国标要求的 60s；（4）水温超调 2.6℃，远低于国标±5℃；（5）水温波动 0.3℃，远低于国标±3℃。海尔热水器以行业发展为己任，积极推动国家标准升级。在海尔主导的《家用燃气快速热水器》GB 6932-2015 中推动热水性能全面升级，提升用户舒适体验。

10. 一种可拆洗的集成环保灶

1 基本信息

成果完成单位：浙江帅丰电器股份有限公司；

成果汇总：共获奖 1 项，其中行业奖 1 项；共获专利 1 项，其中发明专利 1 项；
成果完成时间：2011 年。

2 技术成果内容简介

集成灶具有空间利用好，抽油烟效率高，安装方便等特点，受到消费者喜爱。但油脂清理一直是消费者使用油烟机或集成灶的一个难点。本技术旨在解决集成灶日常油脂清洁的问题，使清洁变得简单方便。本技术是将集成灶的进风腔即油脂分离的主要功能腔体，进行结构分解，消费者可不借助工具即可拆卸，使油烟通过的腔体为开放状态，方便进行日常油脂清洁工作。本技术同时在腔体后壁，即油烟进入腔体第一时间接触撞击的位置，采用玻璃材质。玻璃材质具有提高油脂凝固速度，加快油脂分离的优点，并方便快速清洁擦洗。

本技术解决了集成灶油污清洗麻烦，且较难清洗干净的问题，改善了集成灶的卫生环境，降低了消费者清洁的工作强度和难度，图 1 为集成环保灶系列产品。

图 1 集成环保灶系列产品

3 技术成果详细内容

3.1 创新性

油烟机在中国诞生及发展已有 37 年（第一台油燃机于 1984 年 7 月在上海试制成功），经过三十余年发展，其外观设计随时代审美的变化而发展；其排油烟性能也得到很好的发展，基本满足家庭厨房排油烟的需求。但油烟机内腔清除油脂、滴油、异味始终不能得到很好的解决，成为消费者一大难点。

2003 年集成灶的诞生，使排油烟功能得到更好的体现，因集成灶油脂收集盒在其产品最底部，且容量大，解决了油烟机的滴油问题。其次集成灶可以将烹饪产生的油烟在扩散前很好的收集和排出，并不经过呼吸系统，大大提高了烹饪的体验感。油烟不经过呼吸系统，也有益烹饪者的健康。但油烟腔体仍采用封闭式结构，要做油脂清理，必须是专业售后人员方可处理。

本技术的集成灶烟腔不借助工具，即可拆下导烟板，使烟腔形成开放式的状态。便于消费者方便、简单地进行集成灶烟腔内的油烟清理，使油脂清理变成日常操作，极大的提高了集成灶的使用体验。

3.2 技术效益和实用性

本技术与传统集成灶相比在技术上有了重要的创新，本技术所设计的一种可拆洗的集成环保灶，解决了目前集成灶油污清洗麻烦且较难清洗干净的技术问题；采用了侧吸下排技术，使油烟吸净率达到了 99.7％以上；提高了集成灶的节能效果，热效率达 63％以上，和传统集成灶相比极大地节约了能源的消耗；同时在集成灶的吸风箱内置玻璃，使将油烟同水蒸气进行彻底分离，其油脂分离度达 96.3％以上，确保只排烟气不排油；本项目产品属《国家重点支持的高新技术领域》八、高新技术改造传统产业/（四）新型机械/2、通用机械和新型机械/有核心专利技术、利用新机械结构的新型机械技术。通过技术创新，增加了集成灶行业的整体技术含量，提高了集成灶产品附加值；本项目涉及的技术难度较大，解决了行业发展中的难点和关键问题；总体技术水平和技术经济指标达到了国内先进水平。

本技术的转化程度高，具有良好的示范、带动和扩散作用，促进了整个集成灶产业的优化、升级及产品的更新换代，对提高集成灶行业的整体技术水平、竞争能力和系统创新能力具有积极作用。

本技术规定了机体、灶具总成和除油烟装置，除油烟装置包括机体后部上方与机体相连接的进风箱，进风箱由后板和抵触在后板上的前板组成，后板两侧各设一立柱，立柱连接在机体两侧，与后板、两侧立柱形成一个腔体，前板上端作为进风通道入口。本技术的进风箱可方便、快速的安装和拆卸，无需专业的人员和专门的工具，省时省力；并且后板与前板分体式，拆卸后可对由前、后板内壁构成的吸烟管道进行清洗，解决了集成灶油污清洗麻烦且较难清洗干净的问题，改善了集成灶卫生环境。

公司集 20 多年厨具产品研发制造的经验和实力，已培养出一支在厨具行业内具有丰富经验和创新能力的研发团队和制造能力及企业现有的技术装备，拥有行业内领先的燃气、电器、噪声等实验室，结合国内已有相关产品的技术和标准，根据项目的技术要求，召集技术、营销、品质、采购、生产、财务等相关部门人员进行论证，制定了切实可行的实施方案，并组织实施，进行技术的推广与应用。

4 应用推广情况

4.1 经济和社会效益

烟腔油脂清洁和烟腔滴油也是诸多油烟机用户的痛点，同时烟腔油脂清洁也费时费力且需要专业人员完成的工作。

本技术成果的实施，在公司的大力推广下，得到了消费者的普遍认可。该技术实施前，集成灶和油烟机厂家一般推行一年一次专业上门，为消费者专门清理烟腔油脂服务，首年免费，次年收取工时费不少于200元。清理操作时，需要拆解整机，把整个厨房搞得零乱，油脂污染厨房，需要花半天时间处理。售后费时费力，提高售后成本；同时又占用消费者时间，成为消费者使用的痛点。同时，烟腔油脂清洁和烟腔滴油也是诸多油烟机用户的难题。

本技术可不借助工具快速拆卸导烟板，使得集成灶烟腔清洁维护变得轻松、简单、方便。不需要专业人员处理，消费者日常使用结束后即可清洁烟腔，减少油脂累积、异味，深受消费者认可，成为消费者选择购买集成灶的其中一个重要原因。对推动集成灶的发展和应用起着重要的作用，2015年以来公司集成灶每年保持40％以上的增长，创造了良好的经济效益。该技术也得到了同行的认可，同行企业纷纷模仿应用。目前市场90％以上的集成灶应用模仿了该技术，使该技术得以充分的发展，也推动了集成灶行业的发展。

4.2 发展前景

集成灶具有空间利用率高，排油烟效果好，油烟直接排出室外，有利于健康，清洁保养方便，不滴油不碰头等优点，受到消费者认可。随着集成灶用户群体的扩大，对集成灶认知度的提升，集成灶市场以每年30％以上的增长速度发展，发展前景巨大。而可拆卸导烟板已经作为集成灶产品必备标配部件之一。

11. 一种可以预设风压的有源风压箱测试装置

1 基本信息

成果完成单位：宁波方太厨具有限公司；
成果汇总：共获专利1项，其中实用新型专利1项；
成果完成时间：2012年。

2 技术成果内容简介

本抗风测试装置通过设置风压箱、风机、控制箱以及各种具备数据采集功能的部件，如温度传感器、风压测试仪和风压检测装置等，由控制箱根据设置的风机参数去控制风机向风压箱内送风，使得风压箱处于不同的风压模式，并且结合风压箱内的风速情况、风压情况、风压箱出风口的烟气浓度情况以及待测的燃气热水器的进出水温度、燃气火焰情况等状态数据，处理得到待测的燃气热水器在当前风压模式下出现火焰状态异常变化（如火焰无法维持或者出现回火、漏火、离焰状态）时所对应的最大风压值，从而方便用户通过操作控制箱就可以模拟燃气热水器在不同风压模式下的工作情况，便于针对燃气热水器开展抗风能力测试，图1为有源风压和测试装置。

3 技术成果详细内容

3.1 创新性

本产品是一种燃气热水器风压检测装置。由于燃气热水器的烟气排放管安装在户外，

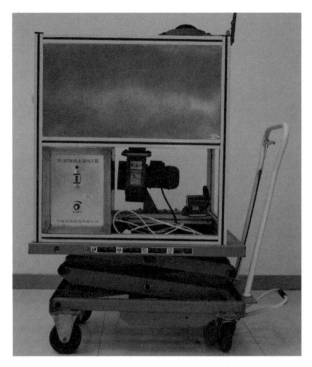

图 1　有源风压箱测试装置

因此燃气热水器在工作时需要抵抗外界风压，对于一些大风天气较多的地区，或者高层住户，在环境大风气压高的时候，外界的风容易从排烟管倒灌进热水器，导致热水器点不着火，影响使用。本产品增加风机鼓风，模拟外界风压与风机对抗，为防止风速直喷，结构上新增挡风板，均匀箱内压力，同时为适应不同直径的产品，通过更换进气口，可联接不同烟管，可以有效模拟各种风压环境，可帮助研发人员在研发阶段测试燃气热水器抗风性能，以提高客户使用效果。

3.1.1　攻克的技术难点

现行国家标准《家用燃气快速热水器》GB 6932-2015 中规定的强排式热水器风压过大安全装置按照其表 25 进行测试检验，实验装置按其图 17 进行连接；有风状态下的点火性能测试按其图 18 进行连接测试。实际使用中我们发现现行国家标准《家用燃气快速热水器》GB 6932-2015 中图 18 的吹风装置体积很大操作繁琐，而国标 GB 6932-2015 中图 17 的风压测试箱和实际使用状况偏差很大，尤其在高层建筑受风压影响比较大的场合，通过该图的装置测试后的产品，难以在实际使用场合稳定的工作；且国标 GB 6932-2015 中图 18 的装置由于体积较大使用也是很不方便。

所以本公司发明了一种和实际使用状态接近的风压测试箱，通过模拟自然界的吹风状态，使得热水器的排烟管始终处于有风压的状态下进行点火运作，这样就能测试出热水器从启动到工作等诸多工作状态下的运行工况，并且接近于用户的实际使用状况。实现如下创新：

（1）针对现有技术的现状提供一种能用于检测设备或电器抗环境风压能力的风压模拟装置。

（2）针对现有技术的现状提供一种热水器抗风压性能检测方法。

3.1.2　主要技术成果

该风压模拟装置，包括密封的箱体，箱体上设有排气孔和连接待测设备的出气孔；通送风装置的出口连通箱体的内腔，压力检测仪通过管道连通箱体的内腔；排气孔上设有阀门。为保持从出气孔所送出的气流的恒定，优选在箱体内设气体分布器；送风装置的出口通过气体分布器连通箱体的内腔。可以在箱体上设有进气口，气体分布器为挡设在进气口的上方和一个侧边上的挡板。或者，气体分布器还可以为扣罩在进气口上的球冠状罩体，罩体上均布有多个连通进气口的通孔。作为上述各方案的进一步改进，可以在出气孔设有三通电磁阀，三通电磁阀第一端口连通出气孔，第二端口连通待测设备，第三端口放空。该方案能够模拟多种工况，从而对待测设备进行全方位的性能检测。更好地可以在排气孔上设伺服电动阀，以进一步提高本风压模拟装置的自动化程度。上述各方案中，送风装置、压力检测仪和控制箱可以均设置在盒体内；盒体和箱体共用部分壁面；进气口设置在该共用的部分壁面上。为方便控制箱体腔内的风压，送风装置可以连接用于控制送风装置的控制箱。上述各方案中的送风装置可以是鼓风机，优选送风装置包括电机和蜗壳，电机的输出轴驱动连接叶片，叶片设置在蜗壳内，并且蜗壳的出口连通进气口。

使用上述风压模拟装置的热水器抗风压性能检测方法，包括下述步骤：

（1）将热水器的排烟管连接三通电磁阀的第二端口。

（2）热水器的密闭空间熄火性能检测。

控制箱控制三通电磁阀关闭第一端口，第二端口和第三端口连通，同时控制伺服电动阀关闭的排气孔；送风装置不工作；观察热水器在熄火保护前，是否有火焰外溢现象；

（3）热水器的普通点火抗风压性能检测。

控制箱控制三通电磁阀关闭第三端口，第一端口和第二端口连通，伺服电动阀工作部分打开排气孔；送风装置启动，在控制箱的控制下，使得排气孔与送风装置风力相适配，使得箱体内风压达到设定值；在此状态下，热水器工作，检测热水器的最大点火抗风压能力；

（4）热水器的抗风压骤变性能检测。

控制箱控制三通电磁阀的第一端口关闭，第二端口和第三端口连通；控制伺服电动阀打开排气孔；启动送风装置；此时热水器正常燃烧工作；然后突然关闭三通电磁阀的第三端口，此时第一端口和第二端口连通，使得热水器的排烟阻力突然增大，检测此时热水器的抗风能力；

上述状态稳定一段时间后，控制箱突然打开三通电磁阀的第三端口，关闭第二端口，使得热水器的排烟阻力突然降低，检测热水器的离焰熄火性能；

（5）热水器的抗风压波动性能检测。

控制箱控制三通电磁阀的第二端口连通第三端口，关闭第一端口；伺服电动阀打开排气孔，送风装置启动；控制箱控制电机的转速周期性变化，从而使得箱体内的风压随时间周期变化，检测热水器的抗波动风压的能力。

3.2　技术效益和实用性

本产品在公司应用 7 年以来，由外界风压大引起的点不着火故障投诉降低，大幅提升了用户使用满意度。

本产品涉及一种风压模拟装置，包括密封的箱体，箱体上设有排气孔和连接待测设备的出气孔，通送风装置的出口连接箱体，压力检测仪通过管道连通箱体内腔。本产品设计简洁但又能有效模拟各种风压状态。

4　应用推广情况

4.1　经济和社会效益

装置体积小使用方便，成本合理。修正了原来日本标准中风压箱的不足之处，使得检测和调试更加符合实际状态，为研发人员提供了一种简便、实用的研发和调试工具。

由于风压箱内的风压可以根据实际的使用场合进行设置，方便了在特殊地区不同风压条件下的检测需求，在上海市地方标准修订时，为了适应高层建筑众多的场合使用热水器的特殊需求，本检测装置被上海地方标准《燃气燃烧器具安全和环保技术要求》DB31/T 300-2018 采纳，作为上海地区热水器适应性检测的专用装置。

4.2　发展前景

与现有技术相比，本技术所提供的风压模拟装置，结构简单，风压恒定，可作为多种设备或电器抗风压性能检测的配套设备使用，并且该装置能够模拟多种工况，尤其适合配套燃气热水器的抗风压性能检测实验使用。本技术所提供的热水器抗风压性能检测方法能够测试各种工况下热水器的抗风压性能，且测试方法简单易操作，测试结果准确，具有良好应用前景。

12. 零冷水瀑布洗技术在燃气热水器上的研究与应用

1　基本信息

成果完成单位：青岛经济技术开发区海尔热水器有限公司；

成果汇总：经鉴定为国际领先水平；授权专利 13 项，其中发明专利 4 项、实用新型专利 9 项；

成果完成时间：2017 年。

2　技术成果内容简介

舒适化的零冷水和瀑布洗技术的结合，独创热水、冷水、回水三管大水量零冷水技术，解决传统零冷水产品普遍存在节流阻力大、洗浴水量少的难题，建立基于管路长度和流量的恒温出水评判准则，行业率先实现热水即开即来，同时保障洗浴大水量的最佳用户洗浴体验；扩展热水器热负荷调节范围（2.5～31kW），最小温升小于 4℃，真正实现"冬天大水量，夏天水不烫"。原创涡轮自适应增压耦合智能风压技术，突破低水压困境，实现低流量供水条件下水力增大 70% 以上，给用户带来瀑布浴般体验。海尔燃气热水器成为中国首个通过"欧洲三星标准"认证的品牌，同时也是国内唯一一达到"欧洲三星标准"满分的品牌，本项目总体技术处于国际领先水平，搭载零冷水瀑布洗技术的燃气热水器如图 1 所示。

图 1　搭载零冷水瀑布洗技术的燃气热水器

3 技术成果详细内容

3.1 创新性

3.1.1 攻克的技术难点

该项目通过涡轮增压技术和循环加热智能控制技术，将集成的直流变频增压水泵应用于燃气热水器加热与循环控制系统运算体系中，实现在现有家庭管路条件下，解决热水等待时间长和水量小的系统难点，打造"开机即洗，放大水量"的用户体验。经鉴定该技术为国际领先水平。

3.1.2 主要技术成果

创新点 1：发明舒适化的零冷水技术，实现大流量零冷水自适应恒温供热水

创新三管大水量零冷水技术，突破传统两管技术节流阻力大、洗浴水量少等问题，实现热水即开即来同时保障洗浴大水量。独创热水、冷水、回水三管大水量零冷水创新技术，将回水管和进水管分开，洗浴用水单独通路并加热，保障洗浴大水量，解决传统两管零冷水产品普遍存在节流阻力大的难题。经实验测试，较市场上销售的两管零冷水产品，水量提升达到 20%。搭载直流变频循环水泵，扬程达到 9.5m，当量循环管路 135m，满足大户型多水点用户需求。开发柔性支撑技术，主动降低循环水泵噪声，提升燃气热水器品质。

创新点 2：发明热水精细恒温技术，实现变水压、变流量及变海拔、变季节下多场景的精确控温

设计火排分段燃烧方法，最小火 3 排，最大火 15 排，扩大热力负荷无级调节范围，精确控制燃烧侧火力分布，实现火力切换过程平滑无突变，解决火力切换导致的水温波动；开发基于气压传感的前馈控制以及基于燃烧 CO 传感的反馈控制技术，实现了根据环境压力自动调整空燃比，保证了高海拔使用燃烧器寿命及燃烧效率；扩展热水器热负荷调节范围（2.5～31kW），最小温升小于 4℃，真正实现"冬天大水量，夏天水不烫"。智能触控技术及 Wi-Fi 智能互联技术，用户可根据洗浴习惯智能预约零冷水循环时间段，在满足舒适洗浴的同时实现智慧节能用水。

创新点 3：提出涡轮自适应增压搭载智能风压技术，创新热水动力系统

研究燃气热水器水流量、风压、燃料量之间的动态耦合关系，提出燃气热水器炉内燃烧热负荷与管内水温提升的动态深度耦合方法；原创涡轮自适应增压耦合智能风压技术，突破低水压困境，实现低流量供水条件下水力增大 70% 以上，实现洗浴水量增倍、水力增大的"瀑布洗"效果。

3.2 技术效益和实用性

本项目开发的零冷水瀑布洗技术在海尔热水器上实现了大规模应用，市场调研和用户测评显示，应用本项目技术的产品市场竞争力和用户满意度显著提升。海尔是全球白色家电第一品牌，在全球拥有 10 大研发中心、25 个工业园、122 个制造中心，有着二十多年的热水器生产经验，具备国际一流的生产设备和研发团队，这些为本技术的推广应用提供了坚实的保障。项目技术较好地满足了用户在"安全、智能、舒适"方面的实际需求，具有广阔的推广应用前景，有力推动了燃气热水器行业的发展和进步，显著提升我国燃气热

水器产品在国际市场的竞争力。

海尔零冷水智能增压技术热水器实现了即开即热、恒温舒适洗浴的要求，还节约水资源。该系列产品代表当今热水器行业的最高水平，其技术达到国际领先水平，已大量推广上市，产生显著经济效益和社会效益。

4 应用推广情况

4.1 经济和社会效益

利用零冷水技术能够实现年平均节约用水量 13t/台，按照应用的 50 万台热水器计算，年节约水量达 650 万吨，核算每年节省水费总计约 2000 万元，年节约用户等待时间约 1400 万小时。

海尔多年以来秉承高科技、高品位、高差异的企业宗旨，以国际领先的安全技术引导行业潮流，以不断创新的产品满足消费需求。

4.2 发展前景

该产品是一种节水、舒适的新型燃气热水器，代表了行业的发展趋势和潮流。该项目技术值得在我公司以及我国热水器行业推广应用，将热水器产品提高到一个更高的档次，也是我公司本着以用户安全为基础的设计原则的又一典范，在国内推广可以带动热水器行业上一个新的台阶，提高我国热水器产品在国际市场的竞争力，具有很好发展前景。

13. 基于参数自适应模糊控制技术的燃气分户供暖技术

1 基本信息

成果完成单位：山西三益科技有限公司；

成果汇总：经鉴定为国内领先水平；获奖 1 项，其中市级奖 1 项；共获专利 4 项，其中实用新型专利 4 项；获软件著作权 2 项；

成果完成时间：2009 年。

2 技术成果内容简介

燃气分户供暖技术的主要设备是壁挂式供暖洗浴两用燃气炉，按照提供生活热水和供暖的要求，该设备采用先进的双水路设计，实现了洗浴供暖双系统双水路。同时采用参数自适应模糊控制技术自动调节气量，以回水温度主控、出水温度辅控的闭环控制方法，精确控制供暖系统的温度，实现了恒温控制，保证了最经济的燃气供给量。采用三层保温结构、密闭燃烧室技术、比例阀控制、钎焊式热交换器，达到了国家 2 级能效标准。

产品性能：（1）额定热负荷，热效率不小于 90%；50% 额定热负荷，热效率不小于 88%，能效达到等级 2 级；（2）最大热负荷不小于 26kW；（3）水温超调不大于 ±3℃，收敛时间不大于 35s，显示精度 ±1℃；（4）控制模式采用闭环数字模式，精确控制燃气流量，比传统模式省气 15% 以上，壁挂式供暖洗涤两用燃气炉系列产品见图 1。

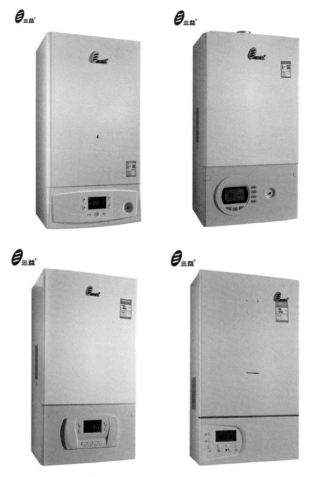

图1 壁挂式供暖洗浴两用燃气炉系列产品

3 技术成果详细内容

3.1 创新性

　　燃气采暖炉在总体设计上完全遵守《燃气采暖热水炉》GB 25034-2010 的有关规定，并就户内供暖使用的特殊性，重点解决低噪声，提高可靠性、稳定性及热效率等问题。整机结构形式首次以欧洲热水器为仿制蓝本，将电控部分装在燃气供暖炉下部，并用隔板与燃烧器部分隔离，这种结构最大的优点是水电气隔离，避免器件受高温、潮湿、油烟等恶劣环境的侵蚀，提高了电子器件的使用寿命和稳定性。燃烧系统采用全封闭式的绝热燃烧室结构，热效率高达90%，水路系统选用进口的大功率湿转子屏蔽泵，确保运行无水泵噪声，为了增大水流流量，水路通径设计为 $\phi 12$。安全保护设计有熄火保护装置、限温保护装置、过压保护装置、风机堵转保护装置、缺水保护装置、防冻保护装置、污垢保护装置、回火保护装置等，充分提高系统运行的可靠性和安全性。

　　燃气采暖炉有如下特点：

　　（1）首次在国内走欧洲路线，有利于与国际的接轨。

（2）采用了新的燃烧系统，既方便清理积碳，又能方便改型，从大功率机型到小功率机型的改型，只需要增加或减少火排，燃烧室的左右侧板和火排固定支架仍可继续使用，不需要大量投入模具，兼容性好并在结构形式上有创新和突破。

（3）采用了新的热交换系统，使用了整体钎焊工艺和椭圆形管吸热技术，保证了热交换器的使用寿命，同时也提高了整机的使用寿命。

（4）采用了进口的水路集成系统，不仅提高了集成化程度，同时提高了可靠性。采用软件全程控制，方便显示工作状态和故障代码，人机界面良好。

整机性能除完全符合《燃气采暖热水炉》GB 25034-2010 规定外，还根据用户需求设计有"外出""睡眠""供暖"等快捷键，使用户只需一键操作，就可实现个性化要求；大功率设计能满足不同面积住房的供暖需求；超强功能的燃气比例调节系统能迅速提供生活热水，水温恒定舒适，精度高达±1℃；超强智能故障反馈系统实时显示运行状态及故障信息；关键元器件全部采用进口件，以实现高可靠性。

关键技术及采取的措施如下：

（1）恒温控制：采用比例阀控制技术自动调节气量，实现恒温。

（2）提高热效率：采用密闭燃烧室技术、比例阀控制、新型热交换器。

（3）双水路：采用意大利进口水路集成部件，标准管路接口。

（4）可靠性：采取容错、冗余、抗干扰等技术，接插件、关键元器件选用进口件。

3.2 技术效益和实用性

（1）额定热负荷热效率不小于 90％，50％额定热负荷热效率不小于 88％，能效等级达到 2 级；

（2）最大热负荷不小于 26kW；

（3）水温超调不大于±3℃，收敛时间不大于 35s，显示精度±1℃；

（4）控制模式采用闭环数字模式，精确控制燃气流量，比传统模式省气 15％以上。

4 应用推广情况

4.1 经济和社会效益

本项目产品关键技术基本成熟，其产品质量可靠，项目产品已经在湖南怡恒电子有限公司、怀仁县金源天然气有限公司、青海省中房集团银川房地产开发有限责任公司实现销售使用，获得用户一致好评。未来 5 年，公司将加大针对重点客户进行推广销售；进一步与潜在客户合作，根据准客户的特殊要求设计制造适合准客户需要的产品；利用互联网络销售，借助相关行业的营销网络进行捆绑销售，在全国范围招商（主要是代理商）。

本项目投资少、操作简单、安全方便、节能显著。项目的实施贯彻了国家节能政策，有利于加快推进供暖行业的发展，有利于促进建筑供暖能耗的降低，有利于促进国家节能减排战略目标的实现，并具有良好的社会效益。

项目产品的推广应用，可最大限度地节约能源，对提高能源利用率，促进节约能源和优化用能结构，建设资源节约型、环境友好型社会有着重要的意义，也对实现"十三五"节能减排目标有重要作用。

4.2 发展前景

燃气供暖炉使用洁净能源天然气供暖，克服了使用区域性锅炉房供暖的高污染、低效率的弊端，符合国家环保政策，节约能源，绿色环保。为社会人员提供了就业机会。分户式供暖形式还能解决公用事业单位集中供热收费难的普遍问题。

综上所述，我国分户供暖行业对先进、可靠的燃气供暖炉生产技术及其装备具有迫切的需求，且需求量正在逐年快速扩大，市场前景十分广阔。

14. 基于模糊控制技术的太阳能分户供暖技术

1 基本信息

成果完成单位：山西三益科技有限公司；

成果汇总：经鉴定为国际先进水平；共获奖 2 项，其中市级奖 1 项、其他奖 1 项；共获专利 8 项，其中实用新型专利 8 项；获软件著作权 2 项；

成果完成时间：2011 年。

2 技术成果内容简介

基于模糊控制技术的太阳能分户供暖技术，采用太阳能和燃气壁挂炉一体化内置式设计，确保房屋供暖可节约 50％以上的供热成本，太阳能工作站整合了系统规定部件，包含了控制器、膨胀罐、循环泵、安全阀和温度计等部件，同时采用多功能蓄热水箱结构，将用于收集太阳能介质热能、生活热水和供暖用水分离，实现了太阳能的热存储和循环利用。

本技术成果采用承压式太阳能平板集热器，可阳台壁挂安装，可房顶安装，拓展了太阳能的应用范围，同时采用多传感器的智能控制方式，通过设定温差自动控制太阳能和燃气能，太阳能优先，不足时燃气能辅助，最终实现洗浴、供暖功能。采用软件全程控制，方便显示工作状态和故障代码，人机界面良好，图 1 为燃气辅助太阳能分户供暖技术原理图。

3 技术成果详细内容

3.1 创新性

基于模糊控制技术的太阳能分户供暖技术在结构上首次采用太阳能和燃气壁挂炉一体化设计，实现了太阳能和燃气的双能源家用供热器，其中关键部件太阳能工作站整合了系统规定部件，包含了控制器、膨胀罐、循环泵、安全阀、温度计等部件的综合功能；在控制模式上应用多传感器的智能控制方式，通过设定温差自动控制太阳能和燃气能，太阳能优先，不足时燃气能辅助，最终实现安全可靠的洗浴、供暖功能。

本技术成果应用多传感器的模糊控制方式，设定温差自动控制系统控制太阳能和燃气能进行协调工作，包括太阳能收集系统、燃气壁挂炉辅助加热系统、热水供应系统、供暖系统和模糊控制系统。

基于模糊控制技术的太阳能分户供暖技术产品性能指标： （1）热水产率：96％；

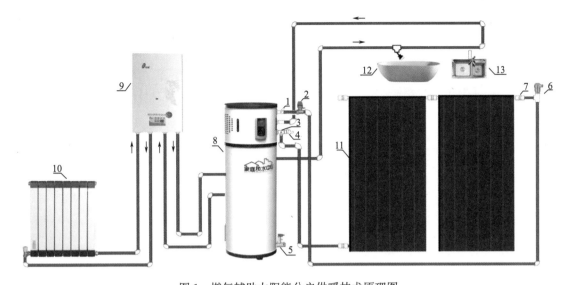

图 1　燃气辅助太阳能分户供暖技术原理图

1—进水阀；2—0.3MPa 安全阀；3—出水阀；4—补水阀；5—进水阀（0.8MPa 泄压阀）；

6—自动排气阀；7—太阳能温度传感器；8—多功能储热水箱；9—燃气供暖炉；

10—暖气片；11—太阳能平板集热器；12—浴缸；13—水槽

（2）热水热效率：90%；（3）供暖热输出准确度：102%；（4）供暖热效率：92%；（5）太阳能集热板吸收率：93%。

3.2　技术效益和实用性

　　本系统投资少、操作简单、安全方便、节能显著。项目的实施贯彻了国家新能源政策，有利于加快推进太阳能在供暖行业的应用，有利于促进建筑供暖能耗的降低，有利于促进国家节能减排战略目标的实现，并具有良好的社会效益。本技术成果关键技术成熟，产品质量可靠，项目产品已经在多个公司实现销售使用，获得用户一致好评。

4　应用推广情况

　　基于我国太阳能行业的产业政策、市场需求及公司自身发展的需要，应用推广"基于模糊控制技术的太阳能分户供暖技术"，对民用太阳能生产技术进行升级，对保持公司在行业技术的领先优势，保持公司的核心竞争力，具有重要的现实意义。

　　随着国家经济的高速发展，能源短缺、环境污染等问题的日益突出，节能、绿色、环保已经成为人类生存发展的首要问题。全国普及率最高的区域性锅炉房供热形式，由于效率低下、污染严重将被限制发展或取缔，而集中供热由于费用收缴困难、空房能源浪费及城建规划困难等缺陷也不能完全普及，因此，一种全新的供暖供热方式顺应产生。这种方式的主要能源是燃气和太阳能。以太阳能优先，当受到天气、环境等自然条件的影响，在阴雨天气中太阳能不充分时，以燃气炉辅助加热，满足生活热水和供暖的需要。

　　在欧美等发达国家和地区，太阳能的民用普及率高达 65%，而在中国，这个数据尚不到 5%。根据国家权威机构的统计，目前国内有超过 5000 亿元市场规模的太阳能应用市场空间。同时，随着经济发展，房地产开发的持续，每年都将有大量新建筑物产生，太阳能技术和设备的消费还将以10％～15％的速度递增。我国民用太阳能行业对先进、可靠的民用太阳能生产技术及其装备具有迫切的需求，且需求量正在逐年快速扩大，市场前景十分广阔。

15. 半封闭聚能燃烧节能环保灶具关键技术研究及产业化

1 基本信息

　　成果完成单位：杭州老板电器股份有限公司；
　　成果汇总：共获专利15项，其中发明专利2项、实用新型专利13项；
　　成果完成时间：2017年。

2 技术成果内容简介

　　本技术成果在深入研究与分析我国传统家用燃气灶具热效率低、燃气燃烧不充分以及点火成功率低等痛点的基础上，根据传热学、燃烧学、计算流体力学及参数优化理论，建立了基于CFD仿真的流动和传热计算模型及优化平台。基于所建立的计算模型，研发了灶具上进风、内聚焰、半封闭的燃烧技术，突破了传统大气式燃烧器热效率与一氧化碳排放无法兼顾的技术难题，极大地提高了灶具燃烧热效率；发明多腔分级组合引射系统，解决了传统一次空气引射能力不足的技术难题，使空气和燃气混合更加均匀，燃烧更加充分，废气排放量低；开发燃烧器三维立体蜂窝空间精准点火技术，通过在燃烧器小火盖上搭建三维立体的点火空间，解决了传统点火器点火不良的问题，实现了100％的点火成功率，半封闭聚能燃烧节能环保灶产品见图1。

图1　半封闭聚能燃烧节能环保灶产品

3 技术成果详细内容

3.1 创新性

3.1.1 建立基于CFD仿真的流动和传热计算模型及优化平台

　　根据燃烧学、计算流体力学及参数优化理论，建立了基于CFD仿真的流动和传热计算模型及优化平台。基于所建立的计算模型，可以对不同灶具燃烧器内部流场和燃烧反应进行仿真计算，获得燃烧过程中引射系数、各组分浓度、温度分布等规律；基于优化平台，根据不同燃烧器的喷嘴结构、空气进口结构、内流道结构、锅架高度等，实现了产品参数优化设计，降低产品研发过程中的周期和成本。

基于CFD仿真的流动和传热计算模型及优化平台，研发了灶具上进风、内聚焰、半封闭燃烧技术，使燃烧热效率显著提高、一氧化碳排放量有效降低，突破了传统大气式燃烧器热效率与一氧化碳排放无法兼顾的技术难题，极大地提高了灶具燃烧热效率，远超国标一级能效，高达73%以上。

（1）设计了一种上进风内聚焰半封闭高效燃烧器

燃烧器通过上进风结构的一次空气和二次空气补给系统，将燃烧所需的空气由面板的上方引入半封闭隔热圈。外环火孔分布在外环火盖的内侧，火焰方向朝向燃烧系统的中心。热量内聚在燃烧系统的中心区域，不易流失。燃烧器采用半下沉式分体设计，在火盖的外侧有一个挡圈，挡圈分为上层结构和下层结构，使整个结构形成一个半封闭的燃烧系统。基于此技术，申请并授权实用新型专利1项。

（2）设计了一种热效能导流装置

通过在半封闭隔热圈上设置带导流圈的锅架，该组合结构既形成了热效能导流装置，具有导流聚能的作用，同时解决了燃烧时二次空气与排烟有效分隔问题，二次空气进入燃烧器更顺畅，使排烟沿着锅壁，有效利用排烟中的余热，以达到提高热利用率的目的。基于此技术，申请并授权发明专利1项。

（3）首次将燃气热水器燃烧原理技术引入灶具燃烧器

创新性采用燃气热水器燃烧器燃烧原理技术，将喷火器分成若干个小单元分段燃烧，小单元不同梯度面上集中大小出火孔，大小出火孔多排交替均匀分布，使二次空气补给量更加充分，燃烧更完全，热效率更高。基于此技术，申请并授权实用新型专利1项。

3.1.2 多腔分级组合引射技术的研究

首次提出了基于喷嘴侧壁开孔的多腔分级引射结构，以及带有环侧孔的风门调节结构，两项技术成功产品化，通过燃烧器外侧补充二次空气、有效提高燃气灶的热效率，极大地提高了灶具燃烧热效率，远超国标一级能效，高达73%以上，有效减少一氧化碳的排放量，低于国家标准的80%以上。

（1）设计了一种多级空气引射技术的喷嘴结构

燃烧器喷嘴为多级空气引射结构，喷嘴侧壁上设有两级二次空气侧孔，可以有效提高喷嘴的空气引射能力，增进空气与燃气的混合效果，从而改善燃气灶的燃烧工况，降低燃烧产生的一氧化碳含量，提高燃气灶的热效率。基于此技术，申请并授权实用新型专利1项。

（2）设计了一种组合引射管结构

所设计的引射管设置分层组合结构，通过分层来提高引射能力，确保燃气与一次空气的充分混合，改善了燃烧工况的效果。

3.1.3 燃烧器三维蜂窝立体空间精准点火技术的研究

通过对点火结构优化设计，采用点火针放电至稀有金属材质的蜂窝网上，在整个燃气出口形成一道三维立体的点火空间，解决了传统点火器由于点火杆和燃气接触不充分、点火杆电火花太小而造成的点火不良的问题，实现了100％的点火成功率。

（1）设计了一种高效燃烧器的点火结构

分火器组件安装后，小火盖组件中的引导杆与点火针头部对正，使点火针放电至稀有金属材质的蜂窝网上，在整个燃气出口形成一道三维立体的点火空间，点火针始终位于蜂窝网的立体空间。基于此技术，申请并授权实用新型专利1项。

（2）设计一种可持续稳定火焰的燃烧技术

在引导杆安装孔正下方设有引火孔，使点火孔处形成了燃气与空气的混合云团，扩大了着火面积，实现此点火区域的稳流，保证点火针对引导杆放电后引火孔出气及时被点燃，并传至整个小火盖；在小火盖正对热电偶的位置设有一组熄火保护火孔，保证小火盖组件点燃后热电偶能始终感应到火焰，从而不会松手熄火，实现了100％的点火成功率。基于此技术，申请并授权实用新型专利1项。

3.2 技术效益和实用性

该项目研发的上进风内聚焰半封闭高效燃烧器，采用上进风结构的一次空气和二次空气补给系统，外环火孔分布在外环火盖的内侧，火焰方向朝向燃烧系统的中心，热量内聚在燃烧系统的中心区域，热量不易流失。燃烧器采用半下沉式分体设计，在火盖的外侧有一个挡圈，挡圈分为上层结构和下层结构，使整个系统形成一个半封闭的燃烧状态。显著提高了系统的热效率，其热效率最高可达到73.7％，远高于国家能效标准规定的一级能效值63％。本项目技术及应用产品将传统灶具的CO排放量从国标要求0.05％降低到0.003％，降低了90％以上的CO排放，加快实现建设环境友好型社会的整体目标。

4 应用推广情况

随着本项目技术及应用产品的推广，在传统灶具的基础上将热效率提升了14％以上，保守估计可以节省25％左右的燃气消耗，每户家庭可节约燃气量约30m³左右，节约了化石能源，本技术成果中产品的推广和使用可以产生极其重大的间接经济效益，为早日实现建设节约型社会的整体目标及空气环境保护方面作出较大的贡献。

灶具热效率低是国人在烹饪中的第一大难题，除了会造成大量的燃气浪费之外，不充分燃烧更会造成一氧化碳有害气体的排放，危害人体的健康。随着国家节能、环保政策的推进，民用燃具越来越以高效、节能为发展趋势，开展提升家用燃气灶热效率关键技术研发及产业化的项目研究具有十分重要的现实意义，发展前景广阔。

16. 基于提供宽温域与恒温热水的壁挂炉控制技术及应用

1 基本信息

成果完成单位：万家乐热能科技有限公司；

成果汇总：共获奖1项，其中行业奖1项；共获专利4项，其中实用新型4项；

成果完成时间：2016年。

2 技术成果内容简介

现有普通壁挂炉存在供暖和洗浴升温慢、温度波动大，夏季洗浴水温过烫、冬季水温不够等诸多缺点。本技术成果为具有智能恒温功能的壁挂炉，通过研究供暖及卫浴恒温技术，提高壁挂炉供暖和热水的双舒适体验，同时壁挂炉智能化适应用户的不同作息习惯需求、不同的节能舒适要求及不同的用户环境。主要包括供暖恒温技术、卫浴恒温技术和智能技术。

供暖恒温技术：通过理论计算推导恒定出水温度、恒定回水温度、恒定系数三种控制方式，在室外温度变化时，房间温度的变化趋势，证明恒定系数方式可最快使房间达到供暖适宜温度。定义三个目标温度的概念：用户设定温度值、基础目标温度值和实际目标温度值。其中基础目标温度值可认为是系统的积分输出，使用基础目标温度计算回水期望值，然后采用比例控制方式计算实际目标温度值，加快房间加热速度及保持温度恒定。

卫浴恒温技术：引入系统储热概念，在控制前期提供较大功率，尽快积累系统储热，使温度快速上升，然后在合适的时机逐步降低输入功率，最终保持输入和输出的平衡，维持水温恒定，减小水温波动。同时采用分段燃烧及热水增流的技术，加大燃烧负荷比至 $1:6$，30K 温升下流量可增加 2L/min，最小温升降低至 6K 以内。

智能技术：在供暖方面，通过调研分析，根据用户作息习惯，在睡眠、外出情况下，壁挂炉适当减小燃烧热负荷，有效实现舒适节能。同时当室外环境温度变化大时，壁挂炉通过室外温度传感器反馈主控制器，计算并自动调节供暖出水温度，使室内时刻保持舒适的供暖温度；在洗浴方面，搭配记忆合金稳流阀芯，当水压波动时，水流量变化小，保持水温恒定；同时当夏季进水温度较高时，稳流阀芯调大水流量，降低温升；冬季进水温度低时，稳流阀芯调小水流量，增大温升，从而解决夏季水温过烫、冬季水温不热的痛点。

3 技术成果详细内容

3.1 创新性

本技术成果提供一种宽温域与恒温热水的壁挂炉控制技术，通过供暖恒温技术、卫浴恒温技术及智能技术，提升用户供暖与热水的舒适性体验，解决长期存在的诸多难点。

3.1.1 攻克的技术难点

1) 供暖恒温技术

采用供暖回水温度控制方式，通过供回水温度的反馈，实时计算实际供暖消耗热负荷，然后采用比例控制方式计算实际目标温度值，加快房间升温速率 10%，同时减小房间供暖温度波动。

控制方案如下：首先确定回水温度期望值，然后对回水温度进行控制，以出水作为控制量，出水设定作为积分初值，回水期望值作为目标值，做长周期比例控制，若一定时间内稳定，稳定后转增量式 PI 控制，以消除误差；若一定时间内不能稳定，比例系数减小后再继续做一段时间的比例控制，如此循环，直至稳定。稳定判别依据暂定为连续三次控制出水需求值的最大与最小值不超过 2℃。

2）卫浴恒温技术

引入系统储热概念，在控制前期提供较大功率，尽快积累系统储热，使温度快速上升，然后在合适的时机逐步降低输入功率，最终保持输入和输出的平衡，即可维持水温恒定，水温超调幅度小于4K。

采用分段燃烧及热水增流技术，加大燃烧负荷比，最小负荷：最大负荷由普通壁挂炉的1∶2.5提高到了1∶6，满足了用户更宽的负荷需求范围。使用户在夏季低负荷需求及冬季高负荷需求的条件下，都能保证卫浴目标温度的恒定。解决用户夏季水温过高、冬季水温过低的痛点。

（1）采用分段燃烧技术，实现小负荷，最低温升降低50％

分段燃烧技术是通过比例阀分流及燃烧器分段的特点，使燃气供暖热水炉在较小的卫浴热需求时切换至部分火排燃烧。

实施方式如下：①根据比例阀分流及燃烧器分段的功能，通过实现燃气供暖热水炉在较小的卫浴热需求时切换至部分火排燃烧，实现卫浴最小功率低于供暖最小功率。为在技术上避免全排火与半排火切换时不出现负荷断档，致使水温波动影响卫浴舒适度，必须满足部分火排最大功率大于全排最小功率的要求；②为了避免部分火排燃烧时的风压问题，壁挂炉采用调速风机或变频风机。当切换部分火排燃烧时，风机根据负荷需求相应降低风机转速。

（2）采用热水增流技术，卫浴流量增加2L/min，加热时间低于50s

热水增流技术在满足供暖需求的前提下，卫浴额定热负荷的设置从供暖卫浴额定负荷共用PH模式中分离出来，互不干扰。单独控制提高卫浴热负荷，通过增大卫浴热负荷及卫浴限流量，增大大流量的舒适卫浴需求。

实施方式如下：①供暖功率设定范围为 $\{bP_{min}\sim bP_{max1}\}$；卫浴功率设定范围为 $\{aP_{min}\sim bP_{max2}\}$；$P_{min}$ 代表单排火最小功率，P_{max} 代表单排火最大功率；②功率的不同，综合考虑能效和排放，热交换器的翅片管数选取要满足 P_{max2} 的要求。

采用分段燃烧及热水增流技术的燃气供暖热水炉温度流量域更广，增加了最低温度域及最大流量域及温度域，更能满足用户的差异化的舒适性需求。

3）智能技术

（1）智能暖：根据用户作息习惯，智能选择睡眠模式、外出模式、自动模式。在睡眠、外出情况下，壁挂炉适当减小热负荷，匹配部分热负荷运行，有效实现节能；当室外环境温度变化大时，壁挂炉通过室外温度传感器反馈主控制器，计算并自动调节供暖出水温度，使室内时刻保持舒适的供暖温度。

（2）智温感：系统会根据传感器探测到的外部环境温度，计算并自动调节卫浴目标温度，使每个季节不同环境温度下，都自动保持一个舒适的卫浴温度；卫浴带有记忆合金稳流阀芯，当卫浴进水温度发生变化时，记忆合金弹簧由于其温感属性伸长或者缩短，此时稳流阀芯内部水流开度相应的发生变化。当夏季进水温度较高时，稳流阀芯水流开度自动增大，水流量增大，从而达到降低最低温升的效果；当冬季进水温度较低时，稳流阀芯水流开度自动减小，卫浴水流量减小，从而达到增大温升的效果，避免卫浴水不够热。

（3）Wi-Fi功能：通过手机APP功能，实时获取壁挂炉使用当地的天气情况，在不同的环境温度的条件下，自动匹配相对应的舒适供暖和洗浴温度。

3.1.2 主要技术成果

（1）一种功率可调范围大、夏季洗浴水温舒适的燃气供暖热水炉

现有壁挂炉行业供暖和热水功率设定值在一定范围内，而对于房屋保温效果好且洗浴需求较大的用户而言，其对供暖和洗浴热负荷需求不同，这种负荷需求的不匹配影响了壁挂炉能效和用户供暖/洗浴的舒适度。另外，现行的壁挂炉最小额定热输出普遍较大，用户在夏季洗浴时由于负荷较大导致温度过高，洗浴水太烫且容易出现超温或停机现象。

针对现有技术中存在的问题，研发一种功率可调范围大、夏季洗浴水温舒适的燃气供暖热水炉，包括：机壳，设置在机壳内的燃烧器、换热器、供暖管路、供热水管路和风机，燃烧器为换热器提供热量，供暖管路和供热水管路与换热器连接；燃烧器为分段燃烧器，在分段燃烧器上连接有分段燃气比例阀，风机为调速风机。通过设置分段燃烧器和分段燃气比例阀，有效降低洗浴时的最小功率，洗浴功率可调范围大，避免夏季洗浴水温过高带来的各种问题。

（2）一种便于远程控制和监测的壁挂炉控制系统

现有技术中，壁挂炉的控制方式目前主要是以手动操作方式进行控制，且安装位置一般在厨房或阳台，操作不方便。虽然部分产品增加了遥控的功能，但只能在小范围内进行控制，无法进行远程控制，同时壁挂炉涉及天然气的使用，其运行状态的实时监测尤为重要，现有技术无法实现对壁挂炉的远程监测。

针对现有技术中存在的缺陷，研发一种便于远程控制和监测的壁挂炉控制系统，包括：用于采集房间温度信息的温控器，与壁挂炉主控制器连接用于获取壁挂炉运行状态信息的接收器，与温控器、接收器信号连接的 Wi-Fi 中央控制器，通过路由器与中央控制器连接的互联网服务器，以及与互联网服务器连接的用户终端。工作时，温控器采集各房间的温度信息，并将采集到的房间温度信息发送到中央控制器；接收器获取壁挂炉的运行状态信息，并将壁挂炉的运行状态信息发送到中央控制器；中央控制器通过路由器接入互联网，用户终端对互联网服务器进行访问，即可获取房间温度信息和壁挂炉的运行状态信息，从而实现对整个壁挂炉供暖系统的远程监测，信息监测方便、实时、准确。

（3）一种空燃比稳定、能显示烟道堵塞状态并自动关机保护的燃气供暖热水炉控制系统

现有技术中，常规燃气供暖热水炉多采用定速风机强制排气，在中小负荷中，空气系数过大，尤其是小负荷时空气和燃气比例不合理，明显降低了中小负荷时的换热效率；若采用双速风机或三速风机，虽能提高中小负荷的换热效率，但效果不明显，且成本增加。以上壁挂炉，在烟道堵塞时仅仅依靠风压开关进行熄火保护；风压开关未动作前，壁挂炉的空燃比随着烟道堵塞面积的变化而变化，不能保证空燃比在合理的范围内。

基于上述问题，研发一种空燃比稳定、能显示烟道堵塞状态并自动关机保护的燃气供暖热水炉控制系统，包括主控制器，与主控制器连接的燃气比例阀和交流风机，主控制器上集成有电压检测模块、电压控制模块、转速检测模块、比例阀电流采集模块、燃气量计算模块、氧含量计算模块和氧含量比较模块；交流风机上设有转速反馈模块，转速检测模块与转速反馈模块相连，用来检测交流风机的转速。控制系统可根据烟气中氧含量变化动态控制交流风机电压，使得在所有负荷状态下，空燃比恒定，提高中小负荷的换热效率。

与传统的抗风压控制技术相比，取消风压开关等易损件。降低整机故障率，降低整机噪声。

（4）一种便于远程掌控壁挂炉运行状态且控制功能多样的壁挂炉控制系统

随着壁挂炉行业的发展，人们对便捷、智能化的需求越来越高，因此在壁挂炉上融入更便于用户了解壁挂炉的运行状况的 Wi-Fi 技术。用户可以根据手机 APP 对壁挂炉进行智能远程操作。目前行业内的 Wi-Fi 智能控制在壁挂炉上应用都比较简单，多数停留在简单的开关机及温度控制等方面。

基于上述问题，研发一种便于远程掌控壁挂炉运行状态且控制功能多样的壁挂炉控制系统，包括壁挂炉本体，安装在壁挂炉本体上的主控制器，以及与主控制器连接的操作显示器和 Wi-Fi 模块；Wi-Fi 模块设置在壁挂炉本体内，在壁挂炉本体的底部设有与 Wi-Fi 模块连接并伸出到壁挂炉本体外的 Wi-Fi 天线。本控制系统基本不改变整个壁挂炉本体的外部结构、形状，结构紧凑，且信号传输、接收温度，特别适合大数据的传输。

3.2 技术效益和实用性

基于对壁挂炉智能恒温技术的多年研究，具有智能恒温功能的壁挂炉已经批量推广应用，有效解决了用户在壁挂炉使用的一些痛点，提高了用户供暖、卫浴的舒适性体验。

恒温技术减小了温度波动，提升了升温速率，为用户提供了更加舒适的供暖及卫浴体验，同时为用户提供了大流量的恒温卫浴用水，提升了卫浴品质；智能技术使用户对壁挂炉使用更加便捷智能。睡眠时自动启动睡眠模式，自动保持供暖及洗浴温度的恒定，提供舒适体验；自动模式下，自动适应不同的室外环境，使用户始终保持舒适的供暖及卫浴体验。

4 应用推广情况

壁挂炉的智能恒温功能通过行业领先的分段燃烧、热水增流、回水温控、智温感等技术可以实现，有效解决了壁挂炉供暖及卫浴升温慢、水温波动大的痛点；同时智能技术让壁挂炉自动适应用户不同使用习惯、不同的使用环境。具有智能恒温功能的产品对消费者关切把握精准，通过技术突破提高用户供暖和卫浴的舒适性体验，为壁挂炉行业产品的创新提供了方向，起到了引领作用。

随着"煤改气"政策的持续推广，采用天然气清洁能源的壁挂炉供暖方式逐步取代燃煤供暖已经成为必然的趋势，而随着壁挂炉的普及，人们在供暖及生活热水的舒适方面的追求会越来越高，因此具有智能恒温功能的壁挂炉将成为人们选择的趋势。

17. 三芯短焰燃烧系统设计与算法研发及其在燃气热水器上的应用

1 基本信息

成果完成单位：广东万和新电气股份有限公司；

成果汇总：经鉴定为国内领先水平；共获奖 2 项，其中行业奖 2 项；共获专利 4 项，其中实用新型专利 3 项、外观设计专利 1 项；

　　成果完成时间：2015 年。

2　技术成果内容简介

　　本技术成果采用浓淡两级燃烧来实现氮氧化物的低排放，这种燃烧方式理论上属于非化学当量比燃烧。实现这种燃烧过程的方法是将燃气体积分数大的燃烧器与燃烧体积分数小的燃烧器组合成复合燃烧器。这种燃烧结构，中间一个淡火焰，两侧各一个浓火焰，一个火孔由三个火焰组成，因其火焰短，也称三芯短焰燃烧。其主要目的是降低燃烧高温区的温度，减少热反应型氮氧化物的生成，实现烟气中氮氧化物的排放降低，符合国标 5 级要求，结合配套燃烧系统设计与风机算法支持，同时也能符合欧标 EN 26：2015 的要求，图 1 为万和应用三芯短焰燃烧器的产品 L 系列。

图 1　万和应用三芯短焰燃烧器的产品 L 系列

3　技术成果详细内容

3.1　创新性

　　燃气热水器的发展由最初的直排机发展到烟道机，再到强排恒温机，再到直流风机强排恒温机，其核心技术除了涉及对风机、比例阀、主控制器等零部件的应用，更重要的是燃烧器的不断革新突破。从最开始的口琴式燃烧器，到后来的 T 型、Z 型燃烧器。这些燃烧器都为热水器的稳定运行起到了重要作用。但这类普通的燃烧器，其目的首先考虑的是强化燃烧，使得燃气的热量得以充分释放，因此其燃烧器燃烧强度大，热反应型氮氧化物生成较多，在需要考虑氮氧化物排放的场合，此类热水器就不再适合，针对这种现状对燃烧器进行设计研究。

3.1.1　攻克的技术难点

　　采用浓淡两级燃烧来实现氮氧化物低排放，其主要理论是通过偏离化学当量比的燃烧来降低燃烧的强度，同时也降低了燃烧温度，减少热反应型氮氧化物的生成。其创新之处在于，将同一个燃烧器设计内外两层，燃烧器的内层负责完成一次空气系数大的淡火焰燃烧，外侧负责一次空气系数小的浓火焰燃烧，可以理解为将行业通用的Z型燃烧器的基础之上再多加一层外壳，用另一个引射口，将浓燃气引射之后传递到外壳与内壳的夹缝之间，构成浓火孔，同时增加一个内芯，将淡火孔再一分为三，利用三个淡火孔喷出的淡火焰，共同形成一个淡火焰，有助于淡火焰的稳定，通过调整三个淡火孔的尺寸大小来调整淡火孔的流速，三芯短焰燃烧器示意图见图2。

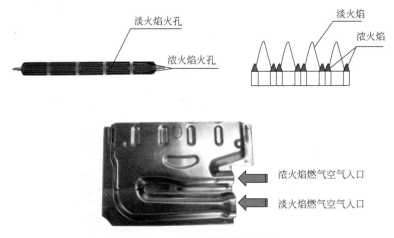

图2　三芯短焰燃烧器示意图

本技术的核心在于对浓火孔和淡火孔的尺寸设计、火孔之间间隙与高度尺寸设计以及燃烧器引射口的引射能力设计。经过仿真理论分析与实际测试，对燃烧器的尺寸外形反复的迭代优化，最终定义浓火孔尺寸、淡火焰尺寸，使其具有较稳定的燃烧特性，既能兼顾氮氧化物和一氧化碳的排放，又能兼顾燃烧器的稳定性能和传火性能，能够形成较好的浓淡火焰状态。针对引射口的引射能力，根据仿真结果分析相关结构，可在燃烧器流道的不同地方设置一些压型和渐变，来合理的分配燃气和控制流速，确保燃烧器的不同火孔处的火焰状态一致，避免出现火焰向一边偏移或者部分燃烧器的燃烧状态差影响整个热水器的燃烧性能。

三芯短焰燃烧技术不仅仅是燃烧器的技术，在配合燃烧器的使用时，需要综合考虑喷嘴的大小、浓淡的比例、一、二次空气的比例、燃烧室的结构设计、整个热水器的排烟系统、燃烧控制系统、空气供给系统等。浓淡燃烧因其偏离化学当量比的这种特性，导致其非常容易出现燃烧共振和噪声，因此在燃气与空气的配合方面，需要合理的选型风机和比例阀、设计合理的喷嘴尺寸与一、二次空气比例，且利用精准的算法去控制风机转速，并且需要考虑整机系统的流道阻力。不同长度的排烟管带来不同的系统阻力，最终也会影响热水器的燃烧状况。通过对整个燃烧系统及其周边的系统进行功能框图分析，对所有影响三芯短焰燃烧的关键因子都进行控制和设计，包括风机转速的偏差因子分析、风机挡风片的设计、电控系统的风机自适应算法，这一套配合三芯短焰燃烧器，最终构成了三芯短焰燃烧技术，三芯短焰燃烧技术示意图见图3。

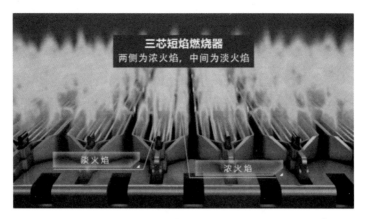

图3 三芯短焰燃烧技术示意图

3.1.2 主要技术成果

随着社会的发展以及人们生活水平的提高，人们的环保意识在逐渐增强。燃气在燃烧过程中会产生氮氧化物，而烟气中氮氧化物的排放量在《家用燃气快速热水器》GB 6932-2015 中已有明确要求，目前北京和上海地区已明确要求只允许低氮氧化物排放的燃气壁挂炉才能进入销售，而低氮氧化物排放量的燃气热水器也亟待研发投入市场。

而目前的技术状况，绝大多数热水器生产厂家都不能实现低氮氧化物排放，同时还存在燃料燃烧不充分而产生大量一氧化碳的问题，而氮氧化物和一氧化碳都会污染环境，不利于可持续性发展，面对目前窘境，需要开展降低氮氧化物排放的必要研究，而目前的研究重点在于燃烧器本身的研发。

为解决上述问题，提出三芯短焰燃烧技术，并研发了多种燃烧器，该燃烧器能够在燃烧时降低氮氧化物的排放，且保证火焰稳定均匀燃烧，实现绿色环保需求。

3.1.3 主要技术性能指标

通过自主开发设计三芯短焰燃烧器、喷嘴尺寸、燃烧器一、二次空气比例、燃烧室腔体、系统流道阻力等，实现了热水器烟气排放的氮氧化物低于20ppm的目标，远低于国标最严等级70ppm，进一步的通过风机自适应算法对热水器的系统阻力进行监控，通过对风机电流和转速的监控并实时进行对风机转速的反馈调节，可实现全负荷段、全烟道段综合折算的氮氧化物不超过56mg/kWh，符合欧标 EN26：2015 的要求。

3.2 技术效益和实用性

自2015年正式将三芯短焰燃烧技术推向市场之后，在该技术平台的基础之上，陆续开发了L系列零冷水燃气热水器系列、ST碳氮双防热水器系列、SV碳氮双防冷凝系列等，其中ST系列作为高端热水器的代表，获得十大创新机型，SV作为冷凝机型获得节能认证，L系列作为零冷水技术和三芯短焰技术的结合，也赢得了高端消费者的青睐，而且目前国内的部分城市已经开始加严关于氮氧化物排放的要求，例如北京和上海，这些地区也更优先考虑低氮排放的机器，相信未来中国也会强制推行低氮排放的要求，响应全球环保的趋势。

在2017年通过持续优化的三芯短焰燃烧技术，攻克了欧洲市场的最严标准要求，燃气热水器产品进军欧洲市场。且自2018年欧盟将GAD改为GAR，许多标准要求变成强制实施，特别的对于氮氧化物的要求变得异常严格。没有提前储备相关技术的厂家均不能再生产和销售热水器产品。此低氮氧化物排放产品进入欧洲市场之后，由于三芯短焰技术的成熟，很快占据欧洲市场，在多个欧洲国家的燃气热水器市场占有率排前三。北美市场是全球对氮氧化物排放要求最严格的地方，此产品也在逐步开拓北美市场，预计未来北美也会看到中国制造的燃气热水器产品。

三芯短焰燃烧技术在技术创新和全球的节能减排方面都做出了一定的贡献。

4 应用推广情况

4.1 经济和社会效益

自从2015年推出三芯短焰燃烧技术和相关的低氮产品之后，在市场宣传的碳氮双防和低氮环保的概念已经得到了一些传播。普通大众已经有一部分人开始关注氮氧化物这个产物。环保人士已经开始宣传降低氮氧化物排放的必要性。部分城市对氮氧化物排放的要求也开始变得更加严格。北方"煤改气""煤改电"政策已经是一个信号，国家未来也会越来越重视有害气体的排放。

三芯短焰燃烧技术在市场上的推广，在一定程度上推动整个社会对氮氧化物这类有害气体的认知。在行业发展方面，在推出该技术之后，其他同行也开始研究相关的低氮技术，并且陆续推出产品上市。通过本技术的研究，以专利和论文的方式公开了许多低氮燃烧的核心技术，启发同行研究低氮技术。相信在未来，已经掌握低氮燃烧的企业将会一起共同致力于推进我国燃气具行业的绿色减排工作。当整个行业大部分企业都能够掌握低氮燃烧的技术，必然会推动国家标准的更新，届时我国的排放标准将会与欧美等发达国家接轨。

4.2 发展前景

在国内方面，未来对天然气这种绿色能源的清洁利用必然是国家和社会关注的重点。一旦行业的技术准备成熟、国家标准更新完毕，整个燃气热水器市场将会改头换面，曾经的普通强排热水器可能会直接被淘汰，被低氮燃烧的各种技术所取代。目前行业正研究的水冷低氮、浓淡燃烧、全预混燃烧技术，都是实现低氮的一种技术手段，而在现阶段，全预混制造成本高且后期维护成本也高，短期内不适合中国国情，而水冷技术则更适合烟道机和机械恒温机，热水体验不够好。最适合中国国情的就是浓淡燃烧技术，三芯短焰燃烧技术将会是未来中国市场实现低氮的主流技术，也将是燃气热水器行业最具经济效益和社会效益的技术之一。

在国外方面，欧盟已经强制执行EN26：2015中对氮氧化物要求，未来5年之内氮氧化物排放要求会更加严格，从56mg/kWh降低至38mg/kWh。北美和加拿大区域是全球氮氧化物排放要求最严格的地方，目前加州执行的标准是50.4mg/kWh，且对企业、对使用者、对销售者均进行登记备案，对整个排放进行大数据监控，可见其对低氮排放的重视程度。随着三芯短焰燃烧技术不断优化，未来在全球范围内都将可以创造极大的经济效益和社会效益。

18. 涡轮增压多层立体喷射高效燃烧技术研发及其在家用燃气灶具的应用

1 基本信息

　　成果完成单位：广东万和电气有限公司；

　　成果汇总：经中国轻工业联合会鉴定为国际先进水平；共获授权实用新型专利5项。

　　成果完成时间：2019年。

2 技术成果内容简介

　　本技术成果通过研发鼓风灶技术及其适用的双重分流供给涡轮增压技术、多维喷射高效燃烧技术、温区线性响应排烟技术及一键爆炒智能控制技术，以保证家用燃气灶具出色的燃烧性能，在达到额定热负荷4.1kW、热效率70%以上的同时，具备了一键爆炒的创新功能，爆炒状态下热负荷达6.0kW、热效率达68%以上，图1为多维喷射涡轮增压灶。

图1　多维喷射涡轮增压灶

3 技术成果详细内容

3.1 创新性

　　本技术成果主要包括了双重分流供给涡轮增压技术、多维喷射燃烧技术、温区线性响应排烟技术，将其应用在家用燃气灶具上，以提高热负荷与热效率。

3.1.1 攻克的技术难点

　　（1）双重分流供给涡轮增压技术

　　在燃气旋塞阀后端设置燃气增流管道，燃气增流管道上设置电磁阀与鼓风机，通过电控部分来控制燃气增流管道上的电磁阀通断与鼓风机的启停；开启爆炒功能时，燃气增流管道上的电磁阀打开，燃气流量增加，热负荷由4.1kW提高到6.0kW；与此同时，鼓风机启动，增加一次空气补充量，确保充分燃烧，达到节能环保效果。

　　（2）多维喷射燃烧技术

　　燃烧器的分火器表面采用外凸的圆弧面，火孔垂直于分火器的圆弧面，这样增加了分火器的表面积，使火孔间距增加，促进了二次空气的补充，燃烧更充分。垂直设计的火孔，燃烧更集中，有效提高换热面积，使热效率达到 68％以上。

（3）温区线性响应排烟技术

借助仿真软件模拟，得到高温分布曲线，按照此曲线设计相适应的聚能圈；二次空气从聚能圈的间隙进入燃烧室，实现空气补给，从而限制二次空气的补充量，减少有害烟气量。燃烧后产生的高温烟气在锅底与聚能圈之间的间隙排出，减薄了烟气厚度，增强了换热效率，减少了对流换热与热辐射的热损失，最终实现热效率 72％以上。

3.1.2　主要技术成果

针对大负荷高效节能灶具的市场需求，研究涡轮增压、多层立体喷射燃烧、渐变式烟气分离、一键智能控制等技术，设计了双重分流供给气路、多层曲面燃烧器、直径渐变烟气分离盘等新型结构，高效实现了 6.0kW 大负荷爆炒功能。

3.1.3　主要技术性能指标

应用涡轮增压多层立体喷射高效燃烧技术的家用燃气灶具性能指标如下：（1）热负荷：左边 3.81kW，右边 3.78kW；（2）热效率：左边 72.2％，右边 72.3％；（3）一氧化碳排放：左边 0.023％，右边 0.017％；（4）爆炒状态下热负荷：左边 5.46kW；（5）爆炒状态下热效率：左边 68.7％；（6）爆炒状态下一氧化碳排放：左边 0.011％。

3.2　技术效益和实用性

采用涡轮增压多层立体喷射高效燃烧技术的家用燃气灶具在 2019 年 6 月至 2019 年 10 月期间，分别在四川省成都市锦江区及江西省南昌市试销 150 台和 100 台，消费者一致认为这款灶具的一键爆炒功能符合我国烹饪习惯，烹饪效果极佳，而且省气、省时。此外，灶具产品额定热负荷达 4.1kW、热效率 72％以上，远超一级能效，比一般燃气灶具节能20％以上，而且其制造工艺仅限于若干常规金属材料的增加，不涉及特殊工艺，从零部件生产到整机装配都与普通产品相差无几，因此市场接受度比较高。燃气灶是最常见的烹饪器具，家庭保有率几乎达 100％。全国每年需求燃气灶超过 2000 万台，高效家用燃气灶具以年产能 200 万台作为基数进行计算，每年可节约天然气 0.48 亿 m^3，节约家庭支出 1.2亿元，同时减少 0.48 亿 m^3 的温室气体排放。

4　应用推广情况

4.1　经济和社会效益

随着国内生活水平的提高，人民对美食的追求也越来越讲究，大部分人都认为饭店的饭菜更好吃，究其原因是饭店的灶具火力大于家用燃气灶，目前市场上的大火力家用燃气灶已成趋势，但与商用灶对比仍然有差距，主要在于燃烧器的限制，家用燃烧器普遍比商用燃烧器体积小，为了解决这一系列的问题，各大厂商也正在全力开发全新的燃烧系统。目前在燃气具行业，灶具目前还是以大气式燃气灶为主，热负荷在 3.6～4.5kW 之间，其热效率多在 59％左右，有效火力只有 2.5kW；正在蓬勃发展的节能灶具，其热效率可以做到 63％，然而其热负荷偏小，多在 4.0～4.5kW 之间，有效火力也仅有 2.6kW。国人烹饪讲究色、香、味俱佳，很多时候需要用到猛火爆炒。小火力的烹调往往使食材失去原有的色泽，达不到国人对烹饪效果的要求。

本技术成果采用多维喷射燃烧技术，使得灶具燃烧更充分，火力分布更均匀，多孔喷射的外观设计搭配渐变式聚能圈美观又时尚。尤其是爆炒功能，热负荷达到 6kW、热效率达 68％以上的同时，具备熄火保护，爆炒定时功能，既安全又智能。

4.2 发展前景

通过应用本技术成果，开发出热效率高达 72％（国家一级能效标准为 63％），一氧化碳排放小于 300ppm，最高热负荷实现 6.0kW 的高效燃气灶产品，创造了燃气灶产品热负荷新纪录，提升了行业技术水平，具有良好的社会效益，发展潜力巨大。

19. 大功率低氮燃烧技术在冷凝式燃气暖浴两用炉上的应用及产业化

1 基本信息

成果完成单位：广东万和热能科技有限公司；

成果汇总：经鉴定为国内领先水平；共获奖 1 项，其中行业奖 1 项；共获专利 6 项，其中实用新型专利 6 项；

成果完成时间：2015 年。

2 技术成果内容简介

本技术成果为大功率低氮燃烧技术在冷凝式燃气暖浴两用炉上的应用及产业化，采用风压智能监控技术、燃气二次压力监控技术、大功率低氮燃烧技术和多重弯道多路并联换热技术，使得冷凝式燃气暖浴两用炉在最大与最小热负荷范围内运行时，均能保证空气和燃气合理的混合比例，以保持两用炉在最佳的燃烧工况下工作，同时提高两用炉对低燃气压力环境的适应力和抗风能力，有效减少氮氧化物和一氧化碳的生成，图 1 为大功率低氮燃烧技术冷凝式燃气暖浴两用炉产品实物。

图 1　大功率低氮燃烧技术冷凝式燃气暖浴两用炉

3 技术成果详细内容

3.1 创新性

本技术成果主要包括风压智能监控技术、燃气二次压力监控技术、大功率低氮燃烧技术及多重弯道多路并联换热技术，将其应在燃气暖浴两用炉上，可提升热效率，减少氮氧化物的排放，更加绿色与环保。

3.1.1 攻克的技术难点

（1）风压智能监控技术：使两用炉在不同的热负荷下分别对应不同的风机转速及压差值。通过检测风机转速、压差值及当前两用炉热负荷是否在预设范围，自动调节风机转速，使得压差值与热负荷相匹配，并在压差值、风机转速反馈模块失效时，能有效关闭两用炉，保证两用炉在最大、最小热负荷范围内运行时，均能保证空气和燃气合理的混合比例，提高器具对环境的适应力、抗风能力，保证两用炉稳定工作，图2为风压智能监控技术示意图。

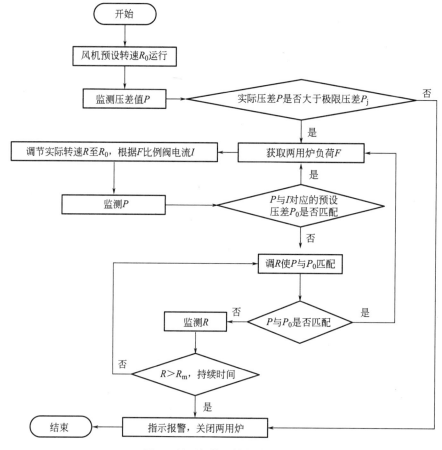

图2　风压智能监控技术示意图

（2）燃气二次压力监控技术：使冷凝式燃气暖浴两用炉具有较好的低燃气压力的自适应能力。通过实时调节风机转速，使压差值与燃气二次压力相匹配，实现低燃气压力时稳定燃烧，无回火等燃烧异常的问题，并且在燃气二次压力监控技术作用下，即使燃气进气压力低于400Pa（燃气二次压力300Pa）时仍能保证一氧化碳和氮氧化物排放符合国家标准要求，图3为二次压监测技术示意图。

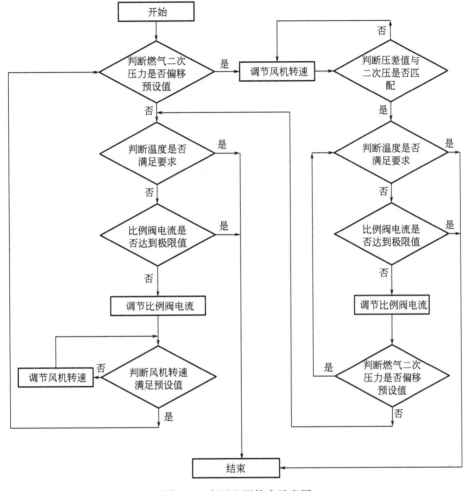

图3　二次压监测技术示意图

（3）大功率低氮燃烧技术：研制多排分段水冷燃烧器，火排的结构设计具有内阻力小、一次空气系数高、火孔面积大等特点，火焰基本达到全预混燃烧，燃烧温度高、燃烧速度快，有效抑制氮氧化物、一氧化碳生成量，燃烧器设置水冷系统，降低燃烧器温度，稳定火焰，图4为大功率低氮燃烧器。

（4）多重弯道多路并联换热技术：研制多重弯道、多路并联二级换热器，在有限的体积下，尽可能增大换热面积，回收烟气中的潜热使两用炉的额定冷凝热效率达到102%以上，具有较好的节能效果，图5为多重弯道多路并联换热技术换热器。

3.1.2　主要技术成果

本技术成果包括风压智能控制技术、燃气阀后压力控制技术，可实时监测当前燃烧状态的风压和燃气阀后压力，当燃气阀后压力发生偏移时，实时调节风机转速，使风压与阀后压力动态匹配，排气抗风能力强，并随着阀后压力的修正持续调节风机转速，使冷凝式

图 4 大功率低氮燃烧器

图 5 多重弯道多路并联换热技术换热器

燃气暖浴两用炉始终在最佳的空燃比下稳定燃烧，采用多重弯道多路并联换热技术，实现氮氧化物和一氧化碳有害气体排放优于国家标准 5 级，能效达到 1 级以上，环保和节能效果明显。

3.1.3　主要技术性能指标

（1）燃气压力监测：通过压力传感器，实时监测燃气压力，在燃气压力过低时可以及时调整风机转速，降低风量，维持稳定燃烧；

（2）气流监控装置：风压传感器监测气流，可以满足风机在不同转速下的压差值相匹配，达到安全运行；

（3）氮氧化物排放：20～30mg/kWh。

3.2　技术效益和实用性

本技术成果包括大气式全预混燃烧技术、风压智能监控技术、低温强冷燃烧技术和多重换热技术，实现高效节能，低排环保，高抗风，解决行业关键技术难题，提升行业、企业的创新能力和持续发展能力。产品围绕产业发展的核心技术和产业链关键环节，整体技术水平达到国内领先水平，拥有自主知识产权并实现产业化。本技术成果将对国内燃气供暖热水炉企业起到标杆作用，带动整个行业注重核心技术的研发及投入，继而推动产品技术升级，提高产品的技术创新，改善工艺装备，扩大规模生产，从而获得良好的经济效益和社会效益。

4　应用推广情况

4.1　经济和社会效益

大功率低氮燃烧技术在冷凝式燃气暖浴两用炉上的成功应用，将打破市场上大气式冷凝式燃气暖浴两用炉额定功率低于 30kW 的局面，成功将风压智能监控技术、燃气二次压力监控技术应用到两用炉，对行业技术升级、提高产品的技术创新强度、改善工艺装备起到了示范的作用。同时，对加快发展战略性新兴产业、促进产业结构调整和转型升级、积极构建现代产业体系起到先进模范作用。

本技术围绕产业发展的核心技术和产业链关键环节，整体技术水平达到国内领先水平，为企业、战略性新兴行业提供了清洁能源技术的技术平台，从而培养和造就一批企业及战略性新兴行业急需的专业技术人才和科技管理人才，对行业技术创新及对科技管理水平的提高起到了带动作用。

4.2　发展前景

供暖是御寒必须的，而燃气采暖热水炉是供暖的主要设备之一，相对于燃煤锅炉的集中供暖，燃气供暖更贴合国家节能环保政策，因此燃气供暖热水炉产业前景好，产品市场容量大，且目前市场并未饱和，还具有非常大的市场发展空间，特别是国家近年提出的"煤改气"政策，更加扩大了燃气供暖热水炉的市场容量。同时，在目前积极发展清洁能源政策的环境下，国家和地方政府加大了鼓励政策措施，并且随着消费者环境保护意识的增强，大功率低氮燃烧技术冷凝式燃气暖浴两用炉的应用市场空间将随之扩大。本技术成果中所包含的风压智能监控技术、燃气二次压力监控技术、大功率低氮燃烧技术和多重弯道多路并联换热技术，保持两用炉在最佳的燃烧工况下工作，提高器具对低燃气压力环境的适应力、抗风能力，降低氮氧化物和一氧化碳有害气体排放，使热效率达到国家一级能效等级，符合两用炉行业的发展趋势和国家政策方向，可逐步应用到其他两用炉产品上，以满足市场的发展需求。

第5章 燃气应用优秀原创专利

1. 燃气热水器气源自适应智能控制技术

1 基本信息

成果完成单位：青岛经济技术开发区海尔热水器有限公司；

成果汇总：经鉴定为国际先进水平；共获奖 2 项，其中市级奖 1 项、其他奖 1 项；共获专利 1 项，其中发明专利 1 项；获软件著作权 1 项；

成果完成时间：2013 年。

2 技术成果内容简介

燃气热水器自适应智能控制技术可以根据用户实际的气源、水流、水温等信息，通过在热水器的控制系统中增设多条选择性通断的电流调整支路，利用不同的电流调整支路改变控制气源比例阀的电流，进而控制比例阀的开度和燃气量，保证在气源热值不同的情况下、相同脉冲宽度调节值（以下简称 PWM 值）控制下所产生的燃烧热量相同，进而实现燃气热量与风机风量在最优配比下工作，提高不同组分燃气的燃烧效率，有效避免因燃气热量与风量不匹配而引起的熄火、水温不恒定等问题，提高了热水器的通用性（图 1）。

图 1 自适应控制燃气热水器

3 技术成果详细内容

3.1 创新性

针对不同地域燃气热值不同的情况，部分燃气热水器厂家推出地域专供的燃气热水器。地域专供燃气热水器虽然解决了不同地区燃气热值差异问题；但是，同一地区的燃气在不同时间、不同条件下也会发生热值的变化；此时，地域专供热水器也同样会存在热值变化带来的问题。而且，地域专供燃气热水器增加了设计、生产、包装、运输过程中耗费的人力、物力、财力等成本，不符合节能降耗、降成本的发展趋势。鉴于此，对燃气热水器进行燃烧控制，使其能够自动适应具有不同热值的气源来达到最优的燃烧性能，是目前亟待解决的问题。

针对现有热水器的控制原理及控制过程中存在的问题，可以采用下述的处理方式：在气源热值不同时，改变气源气量，使得相同 PWM 值所产生的燃烧热量相同。气源气量的变化取决于气源比例阀开度的变化，而比例阀开度的变化又是由对比例阀进行控制的电流的大小来决定的。因此，可以考虑通过改变 PWM 值对应的输出电流的方式来实现。

本技术通过在热水器的控制系统中增设多条选择性通断的电流调整支路，利用不同的电流调整支路改变控制气源比例阀的电流，进而控制比例阀的开度和燃气量，保证在气源热值不同、相同 PWM 值控制下所产生的燃烧热量相同，进而实现燃气热量与风机风量在最优配比下工作，提高了燃气燃烧效率，有效避免了因燃气热量与风量不匹配而引起的熄火、水温不恒定等问题，提高了热水器的通用性。

本技术从控制方法上解决了气源、气压、水压、分压等对燃烧的影响，建立了一种智能控制燃烧模型；使水、电、燃气、空气的燃烧配比最优，燃烧更充分，减少了燃烧过程中废气的产生，有效的抑制氮氧化物的生成；解决了用户在使用过程中因燃气热量与风量、水压等不匹配而引起的熄火、水温不恒定等问题。该成果经鉴定为国际先进水平，并获得相关技术奖励证书，另外基于此技术，申请并授权国家专利及软件著作权等。

3.2 技术效益和实用性

本技术成果通过建立水、燃气、空气模型智能控制方式，实现最佳燃烧状态，应用在热水器后，大大提高了热水器的性能，使水、电、燃气、空气的燃烧配比最优，燃烧更充分，减少了燃烧过程中废气的产生，有效的抑制氮氧化物的生成。本技术是行业发展的趋势和潮流，为消费者提供舒适安全洗浴的同时，也是对环保的积极贡献，可节约电能、水资源、提高空气质量，保护赖以生存的地球家园，解决了用户在使用过程中因燃气热量与风量、水压等不匹配而引起的熄火、水温不恒定等问题，为消费者提供更舒适的洗浴体验，引领消费习惯。

4 应用推广情况

4.1 经济和社会效益

本技术成果从控制方法上解决了气源、气压、水压、分压等对燃烧的影响，建立了一种智能控制燃烧模型，促使燃气热水器从硬件到软件控制性能的不断优化，采用了自适应燃烧技术的燃气热水器，具有如下优势：不管当地气源、海拔等环境条件如何，都免人工调试，智能快速自适应，完全避免了因人为调试引入的错误和偏差；燃烧控制系统匹配精度高，工作性能优良；工厂生产一致性高，运输销售不需按区域管控；减少售后上门率和操作难度。

应用本技术成果的燃气热水器产品推出后，迅速得到市场的响应，受到消费者的追捧，引领行业共同向提升燃气热水器使用性能及提高燃气热水器使用寿命的方向发展，促进行业的整体提升。

4.2 发展前景

为解决气源不同，生产厂家往往采取地域专供设计的方案提高产品的适用性，但是地域专供燃气热水器增加了设计、生产、包装、运输过程中耗费的人力、物力、财力等成本，不符合节能降耗、降成本的发展趋势。本技术成果对比普通的燃气热水器，不需要增加额外的零部件，只需要预设不同的曲线利用不同的电流调整支路改变控制气源比例阀的电流，通过优化控制方案实现燃烧性能最优，水温恒定，属于节能降耗的范畴。

该技术通用性程度高，对比普通机器不需要增加额外的零部件，可以提高燃烧效率，减少一氧化碳、氮氧化物的排放，节能降耗，环保舒适，属于国家政策明确鼓励、支持的类别，发展前景良好。

2. 智能变频燃气热水器循环水泵

1 基本信息

成果完成单位：广东万家乐燃气具有限公司；

成果汇总：共获奖 4 项，其中行业奖 4 项；共获专利 2 项，其中发明专利 1 项、实用新型专利 1 项；

成果完成时间：2017 年。

2 技术成果内容简介

本技术成果为开发了采用高速变频直流水泵的全新一代燃气热水器 13X7 精英版，如图 1 所示，它解决了第一代交流循环水泵易卡死，不能实现变频自适应管路，水量受安装环境限制比较大的问题；并成功实现水量智能增大的效果，在满足即开即热洗浴的同时，进一步提升了洗浴舒适感，该智能水泵的应用促使了全新一代智能变频零冷水技术的爆发式增长，引领行业向更智能化、更舒适方向发展。

图 1　13X7 精英版

3 技术成果详细内容

3.1 创新性

智能变频零冷水燃气热水器采用的循环水泵从供电方式上分类基本有两种：一种是交流水泵机型，一种是直流水泵机型。交流水泵机型价格相对较高，并且循环水流量偏小，结构上容易卡死；直流水泵机型体积较小，便于整机小巧化设计，部分水泵循环水流量大，结构上不易卡死，但目前直流水泵主要受噪声大、耐压不足限制。其他零冷水热水循环装置等，大多数采用国产交流水泵，价格相对较低，对整机销量造成一定影响，但其可靠性相对较差，其舒适性无法与整机相比。

本技术通过增加"智能变频直流水泵"，能自动快速回收管路内滞留的冷水并进行预热，实现即开即热、热水零等待，解决了困扰零冷水热水器行业多年的即热时间长、热水流量不足、水泵易卡死等用户关心的问题。

该变频技术核心零件—水泵，目前采用的是日本信浓的无刷直流磁力驱动水泵，无刷直流磁力驱动泵的磁铁与叶轮注塑成一体组成电机的转子，转子中间有直接注塑成型的轴套，通过高性能不锈钢轴固定在壳体中，电机的定子与电路板部分采用环氧树脂胶灌封于泵体中，定子与转子之间有一层薄壁隔离，无需配以传统的机械轴封，因而是完全密封。电机的扭力是通过矽钢片（定子）上的线圈通电后产生磁场带动永磁磁铁（转子）工作运转，此次设计的直流水泵线圈电压为高压直流 310V，通过电机芯片控制三极管的导通时序，从而达到对磁体进行 n 级（n 为偶数）充磁使磁体部分相互组成完整耦合的磁力系统，产生较大的电磁力。当定子线圈产生的磁极与磁铁的磁极处于异极相对，即两个磁极间的位移角 $\phi=0$，此时磁系统的磁能最低；当磁极转动到同极相对，即两个磁极间的位移角 $\phi=2\pi/n$，此时磁系统的磁能最大。去掉外力后，由于磁系统的磁极相互排斥，磁力将使磁体恢复到磁能最低的状态。于是磁体产生运动，带动磁转子旋转。

无刷直流水泵通过电子换向，无需使用碳刷，磁体转子和定子矽钢片都有多级磁场，当磁体转子相对定子旋转一个角度后会自动改变磁极方向，使转子始终保持同级排斥，从而使无刷直流磁力隔离泵有较高的转速和效率，并且该转速是可调节的；具体实现框图见图2。

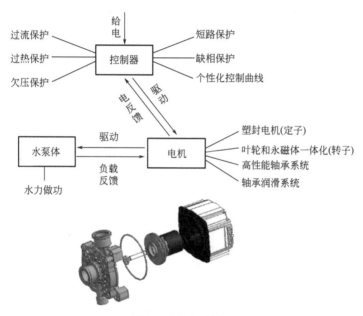

图 2　技术实现原理

3.2　技术效益和实用性

应用该技术的产品解决了困扰零冷水热水器行业多年的即热时间长、热水流量不足、水泵易卡死故障等用户痛点，具有以下优点：

（1）零冷水，全屋恒温。内置的变频循环水泵可以快速预热全屋管路内滞留的冷水，无论是何时需要用水，都有源源不断的恒温热水。

（2）智能增压，畅快洗浴。洗浴时自动提升至最大舒适水量，让洗浴更舒适。

（3）智能变速，防卡死。通过变频调速技术将水泵转速加大，在有异物或水质较差时可保证循环管道畅通，不堵塞。

应用本技术的燃气热水器实际增压效果情况如图3所示。

应用本技术的燃气热水器和其他零冷水燃气热水器对比见表1。

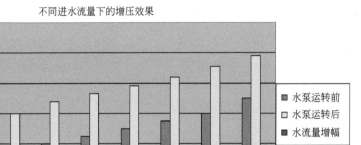

图 3 应用本技术的燃气热水器增压效果

应用本技术的燃气热水器和其他零冷水燃气热水器对比　　　　　　　　表 1

项目	应用本技术的燃气热水器	对比技术		
		普通零冷水燃气热水器	带普通直流泵的零冷水燃气热水器	其他零冷水装置
优势	(1)可减少水泵卡死故障率； (2)相同价位扬程大，循环水量大，可减少最低温升较高导致预热超温现象，同时大幅缩短预热等待时间； (3)体积较小，安装空间需求小； (4)相对节能，且相对容易实现调速	(1)水路结构及控制方案简单； (2)成本低	(1)加热时间较短，能快速出热水； (2)可实现零冷水即开即热功能	能满足基本的零冷水需求
不足	(1)新增驱动控制部分电路，理论上比交流泵故障率高； (2)新泵，性能可靠性需要时间验证、应用周期长	(1)管道长，管道残留的冷水过多，水资源浪费严重，等待时间过长； (2)洗浴过程中反复开关操作存在冷烫水、水温波动大的问题，洗浴舒适度差	(1)洗浴过程中不能根据实时水量自动增大水量，洗浴舒适度差； (2)水泵运行噪声较大	(1)管路复杂，操作困难，安装难度大； (2)洗浴舒适度差； (3)成本高

4　应用推广情况

4.1　经济和社会效益

应用该技术的万家乐 X、Z 系列即开即热节水型燃气热水器通过增加"智能变频直流水泵"，能自动快速回收管路内滞留的冷水并进行预热，实现即开即热、热水零等待。通过智能感知系统，在用户启动热水器时智能判定水量进行增大水量，提升循环效率和洗浴舒适性，实现超大水量、精控恒温。通过"四通单向阀"轻松实现普通家庭两管安装，无须改造升级。同时具备远程智能 Wi-Fi 控制、电力载波控制、语音及手势控制等智能技术于一体，极大增强了该系列产品的市场竞争力。

该技术产品攻克了普通燃气热水器产品"热水等待时间过长，管道残留的冷水浪费，洗浴冷烫水，水温不稳定"的问题；克服了以往中央热水交流水泵易卡死、流量不足的缺陷，解决了用户洗浴水流量不足的问题，提升了用户体验。该技术还可推广应用于空气能热水器、太阳能热水器、商用多能源热水系统等，为我国家庭及商用热水产业的结构升级，提供新技术应用。

4.2 发展前景

本智能变频燃气热水器循环水泵技术主要应用于燃气热水器，目前已应用于万家乐生产的 X、Z、HI、S10、S11、LX 等系列燃气热水器、燃气壁挂炉 X9、X10 及万家乐循环装置 Z0 系列上，如图 4 所示。

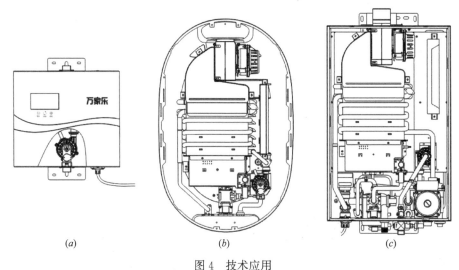

图 4　技术应用

（a）循环装置；（b）燃气热水器；（c）燃气壁挂炉

本智能变频零冷水中涉及了变频直流循环水泵装置、单向阀配件、变频控制技术，还可推广应用于以下产品：

4.2.1　空气能及太阳能热水器

通过加装变频循环水泵可实现空气能热水器及太阳能热水器即开即热，同时该两种设备本身配备有大容量的储水罐装置，可以达到更好的恒温性能。

4.2.2　商用多能源热水系统

商用多能源热水系统一般由太阳能热水器、空气能热水器、燃气热水器、大容量的混水罐构成，与普通家用热水器一样存在管道内残留的冷水过多，热水等待时间过长的问题，通过加装变频循环水泵可实现零冷水。

由于智能变频燃气热水器循环水泵实现零冷水技术的发展，市场上陆续有大量采用该技术的产品出现，零冷水热水器产品现在大部分都已切换为直流水泵，同时该直流水泵的成本下降也促使它的大量应用、市场前景广阔，给行业带来较大的市场驱动力，同时零冷水产品进入千家万户已成为主流，该技术可极大的提升用户洗浴体验。该产品促进了我国零冷水热水器行业进入舒适化、智能化、节能化发展阶段，引领热水产业向"以用户体验为本，以节能舒适为中心，满足人民更高标准生活需求"的方向不断创新发展，具有较好的发展前景。

3. 智能抗风技术燃气热水器系列产品

1 基本信息

成果完成单位：广东万家乐燃气具有限公司；

成果汇总：共获专利2项，其中发明专利2项；

成果完成时间：2014年。

2 技术成果内容简介

智能抗风技术主要包含恒电流控制技术和逐级抗风控制技术，分别应用在下鼓风式的燃气热水器和上抽型燃气热水器上。其依靠直流调速风机，通过采集数据建立抗风模型，感知外界风压状态变化时，依据风机转速、电流、压力等参数的变化实时调整风机运行状态，进行自主加风降风，以抵抗外界风压过大时，热水器由于供风不足造成的排烟困难、燃烧工况恶化、严重时造成回火、熄火等影响热水器正常工作的情况。尤其是当前高层用户越来越多，燃气热水器的安装环境也愈发复杂，用户对热水器的高抗风能力需求增大。相较传统热水器的100Pa（静压）抗风能力，采用"智能抗风技术"的燃气热水器抗外界风压最高可达400Pa（静压），抵抗10级大风（图1）。

图1　智能抗风技术风机产品

3 技术成果详细内容

3.1 创新性

当前市场上的普通燃气热水器其抗风效果主要依赖于传统交流风机和风压开关相结合的方式实现，由于交流风机转速固定，调速困难，在外界风压增大时无法主动感知并实现风机运行状态的改变，无法实现主动抗风效果，只能依靠风机自身的最大供风能力实现抗风，由于同时要兼顾燃气热水器的正常燃烧，风机供风能力不能无限制提高，因此抗风能力有限，一般情况下最高只能抵抗120Pa的外界风压。当外界风压增大到一定程度时只能被动依赖风机蜗壳内部的压力变化联动风压开关进行保护，避免造成意外熄火、回火等影响热水器使用和安全的情况发生；另一方面机械式的风压开关也一直是传统热水器高频故障维修部件，风压开关容易粘连、腐蚀、异物堵塞等造成失效，影响热水器运行安全和用户使用。

针对上述问题，提出了智能抗风技术，并研发了智能抗风技术燃气热水器系列产品，其主要有如下技术特点：

（1）智能抗风技术是建立在燃气热水器的供风和燃烧方式以及市场上技术成熟的调速直流风机的基础上实现的智能抗风创新方案。

（2）与交流风机的固定转速和功率运行相比较，智能抗风技术采用分段、分级的方式控制直流风机的运行状态。以恒功率和变功率相结合的方式处理外界风压变化时的风机运行工况，在外界背压增大时也能保证风机的供风量，进而保证热水器正常燃烧。

（3）为了实现外界风压增大时热水器燃烧和烟气排放良好，智能抗风技术中的逐级抗风采用分级加风模型，通过采样直流风机在各个燃烧工况以及不同外界风压下的电流、转速数据建立模型，设定一至三级加风等级。热水器正常燃烧时，根据负荷需求使直流风机在较低功率下运行，保证燃烧需求和换热效率。当外界风压增大时，抗风系统通过感知直流风机转速变化情况，判断是否触发加风，并根据外界风压的严重程度让直流风机在不同功率下运行，提升风机的转速和供风能力，保证在高外界风压下燃气热水器正常的燃烧工况，大幅提升燃气热水器的抗风能力的同时保证燃烧工况、烟气排放符合欧美等排放要求（图2）。

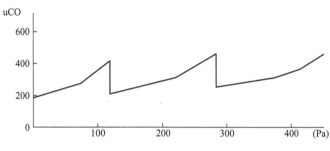

图 2　逐级抗风-风压-uCO 曲线图

（4）智能抗风技术中的恒电流抗风控制是采用鼓风式燃气热水器密闭燃烧腔室的燃烧方式，外界风压增大时直流调速风机通过减轻负载、降低电流等进行电流补偿，控制系统通过提高调速电压进而提高直流风机运行功率的方式达到抗风效果。当外界风压增大时，风机负载变轻，风机电流呈下降趋势，智能抗风控制系统通过电流取样、信号比较、电压补偿等控制手段恒定风机电流，进而主动提升风机转速和供给风量，达到抵抗外界风压的目的（图3）。

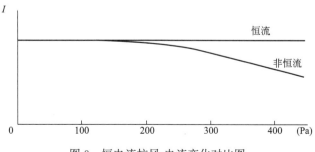

图 3　恒电流抗风-电流变化对比图

（5）直流风机可以跟随外界风压的变化自动适应，搭配风压传感器检测热水器内部压力，外界风压持续增大时系统抗风等级提升直至保护模式；外界风压降低时系统抗风等级下降直至退出抗风模式，实现自动感知、自动适应、智能保护（图4）。

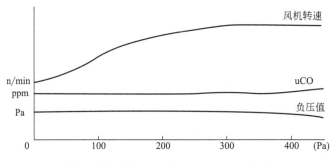

图 4　恒负压抗风-风机转速-uCO 曲线图

3.2 技术效益和实用性

相较于普通热水器的低抗风能力，搭载智能抗风技术的燃气热水器抗风能力有了大幅提升，可以保证热水器在外界恶劣风压环境下正常工作，让用户可以随时、随地享用热水。抗风状态下热水器风机增大转速和功率，供风能力提高，在外界风压作用下依然能够实现良好的燃烧工况，保证热水器正常燃烧和换热不受影响，烟气排放也达到标准要求。

4　应用推广情况

智能抗风技术燃气热水器系列产品将推动热水器行业抗风能力向高质量方向进步，促进行业良性发展，淘汰落后技术和产品，提升整个热水器行业技术水平。

随着我国城市化进程的不断加快，越来越多的人移居到城市生活，随之而来的就是高层住宅的大量增加，越来越多的人居住在高层房屋内，高层房屋容易形成大风、漩涡、气流紊乱等恶劣风压环境，对燃气热水器的正常使用带来较大挑战；此外用户复杂的安装环境以及市场上良莠不齐的安装技术水平也让燃气热水器的正常排烟变得困难，因此智能抗风技术在解决上述用户需求方面显得非常必要，从提升用户需求和提高产品竞争力方面，智能抗风技术的发展都会变得明确、明朗，相信未来在整个行业内将会更多的开花结果。

4. V 焰静音流道燃气热水器燃烧器

1　基本信息

成果完成单位：广东万家乐燃气具有限公司；

成果汇总：共获奖 2 项，其中行业奖 2 项；共获专利 3 项，其中发明专利 1 项、实用新型专利 2 项；

成果完成时间：2012 年。

2 技术成果内容简介

"V焰静音流道燃气热水器燃烧器"以数十年用户研究为基础,深入解决用户在使用过程中的燃烧噪声问题。为用户营造轻松愉快的沐浴环境,消除洗浴过程中噪声给用户带来的生理和心理的负面影响。实现热水器在全系列强抽燃气热水器上使用V焰静音流道燃气热水器燃烧器,解决强抽型热水器在冷态燃烧时火焰产生振荡及其引发共振的行业难题。相较传统E型燃烧器的65dB噪声,采用"V焰静音燃烧技术"的万家乐热水器噪声低至57dB以下(图1)。

图1 V焰静音流道燃气热水器燃烧器部装

3 技术成果详细内容

3.1 创新性

热水器工作时,其噪声主要包括燃烧噪声、空气动力性噪声、机械噪声以及水流噪声。水流一定的条件下,水流噪声可近似为不变,机械噪声与空气动力性噪声一般来自风机噪声,随着热水器风机流道设计的优化,风机引起噪声低于燃烧噪声。通常情况下热水器的噪声主要体现在燃烧部分噪声。因此,降低热水器噪声的关键在于降低燃烧噪声。现有E型燃烧器结构噪声较大,特别是在冬季冷态点火易出现燃烧振荡现象,严重时引发整机振动,热水器开机时噪声达到65dB,随后稳定燃烧噪声持续在63dB以下。现通过调整燃烧器单片火焰口结构、优化气体流道等方案,可有效降低热水器开机及稳定燃烧噪声,开机噪声达到56~57dB,稳定燃烧低至57dB以下。E型燃烧器燃烧与V型燃烧器燃烧火焰对比如图2~图3所示。

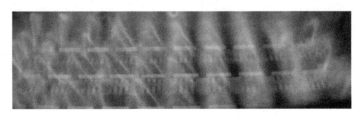

图2 E型燃烧器火焰图

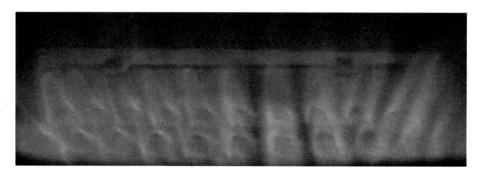

图 3　V 型燃烧器火焰图

　　针对强抽型燃气热水器使用 E 型燃烧器较高的问题，将 V 焰静音流道燃烧器技术引入强抽型燃气热水器结构中，以改善强抽型燃气热水器火焰稳定差、噪声高等方面的问题。但相对 E 型燃烧器而言，V 焰静音流道燃烧器除降低燃烧噪声外同时需要考虑到燃烧的速度、压力、CH_4 及 CO_2 质量分布等问题来分析燃烧工况，为解决上述问题，对 V 型火孔建立流体模型，进行 CFD 仿真分析，具体如图 4～图 9 所示。

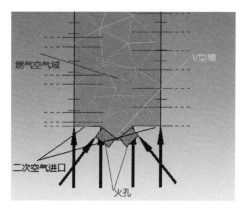

图 4　V 型火排流体域及边界条件

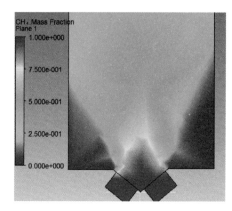

图 5　CH_4 分布图

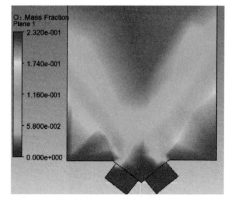

图 6　O_2 分布图

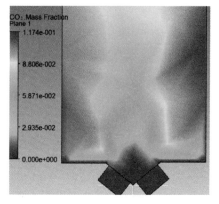

图 7　CO_2 分布图

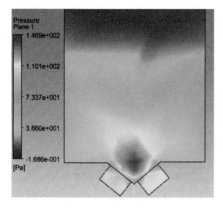 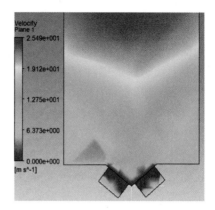

图 8　压力分布图　　　　　　　　　　图 9　速度分布图

　　根据试验及仿真结果可知，E 型燃烧器火焰形状发散、外焰抖动不稳定、火焰高度低；V 型燃烧器火焰集中、内焰与外焰分明、火焰稳定无抖动现象、火焰高度高。通过仿真分析发现 CH_4 在 V 型燃烧器火孔根部气体浓度高，在垂直火孔方向浓度分布集中。火焰经 V 型火孔喷出后，火焰燃烧集中，根部稳定性强，燃烧火焰高度相较 E 型火排火焰高度比为 5∶3，火焰拉高 67％，使燃烧释放的能量在根部聚集，火孔上方均匀分布，使得燃烧噪声有效降低。火焰高度被拉高，火焰尖端由于 CH_4 燃烧而 O_2 补充不足，导致燃烧产生的烟气略微增加。通过增加一次空气挡板及二次空气挡板，调整一次空气系数可有效解决上述 CO_2 增加的问题，使得燃烧噪声低至 57dB，有效的解决了在热水器使用过程中噪声对用户使用过程中带来的困扰。具体试验数据对比如表 1 所示。

E 型燃烧器与 V 型燃烧器燃烧工况对比　　　　　　　　表 1

序号	项目	E 型燃烧器	V 型燃烧器
1	噪声（dB）	63	56～57
2	燃气浓度	发散	集中
3	火焰高度	低	高
4	火焰集中度	分散	集中
5	燃烧产生 CO_2（ppm）	100～300	120～360

　　V 焰静音流道燃烧器其所生成的火焰，呈现出火焰根部有力稳定、整体火焰长度相对短的特点，从而强化了燃烧性能，增大了燃烧器单位热负荷可调范围，当热负荷再往上调节并进行燃烧时，避免了整机工作时出现开机共振的问题。应用在强抽恒温燃气热水器上，即使在风机强抽力作用的影响下，火焰也能保证稳定燃烧，既有效降低了燃烧噪声及排放烟气中的 CO 含量，同时又可以避免因火焰长度长、外焰焰尖间断接触热交换器集热片的不良现象的出现。

3.2　技术效益和实用性

　　V 焰静音流道燃烧器产品自 2012 年试产试用定型之后，目前已在多个型号产品应用，2013～2019 年累计生产整机数量达 203 万台以上，在市场上得到充分检验。从最初的原型机，派生到目前主流恒温机型和零冷水机型，涉及热水器升数从 12L 到 20L。实验室测试热水器燃烧噪声低至 57dB 以下。相较于 E 型燃烧器，其制造难度及成本不变，噪声及振动较 E 型燃烧器更具有优势。采用 V 焰静音流道燃烧器，火焰稳定性增强，消除燃烧过程中振荡噪声及振动，用户使用舒适性大幅度提升。

V 焰静音流道燃烧器具有以下技术效益和实用性：

（1）实际工作时，由于分流板将燃气预混气扩散腔分割成了两个独立混合腔，燃气预混气流经燃烧器头部时，分流到每个独立混合腔内。因此，燃气预混气在燃烧器头部混合分布的更为均匀。左排 V 型火孔与右排 V 型火孔共同组成的 W 形结构，将分流的混合气生成一个合体 M 型内焰，M 型内焰的火焰稳定效果好。

（2）相对现有燃烧器，本技术所生成的火焰，呈现出火焰根部有力稳定、整体火焰长度相对短的特点，从而强化了燃烧性能，增大了燃烧器单位热负荷可调范围，避免了整机工作时出现开机共振的问题。

（3）本技术应用在强抽恒温燃气热水器上，即使在风机强抽力作用的影响下，火焰也能保证稳定燃烧，既有效降低了燃烧噪声及排放烟气中的 CO 含量，同时又可以避免因火焰长度长、外焰焰尖间断接触热交换器集热片的不良现象的出现。

（4）本技术还可以用于强鼓、烟道式燃气热水器或类似结构的燃气设备或装置上，极具推广价值。

4 应用推广情况

V 焰静音流道燃气热水器燃烧器可以推动热水器行业产品向低燃烧噪声、高用户体验舒适性产品发展；促进行业良性发展，淘汰落后产品及产能，提升整个热水器行业发展前景。

V 焰静音流道燃烧器产品具有较好的发展前景，通过对过去 2013～2019 年及 2020 年上半年中国国内市场热水器行业用户消费规模及同比增速分析，用户对产品体验舒适性等要求逐年加剧，产品销售台数及销售额逐年增长加大，未来可以预计市场发展前景逐年升高，同时可推动产品技术升级并且完善优化。

从用户地域分布上，现有应用 V 焰静音流道燃烧器技术的燃气热水器系列产品更加适应地域广袤的中国，尤其是冬季温度低的使用地区，避免冷态燃烧振荡问题产生噪声，产品适应能力更强。

第6章　燃气应用技术发展展望

城镇燃气是经济发展的重要能源，是城市生命线的组成部分，在社会经济体系中占据重要的地位，是国民经济发展和人民美好生活的重要保障，关系到城市各行各业生产经营运行通畅、人民生活安定有序。2021年上半年，我国经济保持稳定恢复，制造业投资持续恢复，油气等重要工业品价格涨势有所趋缓，天然气消费需求持续反弹增长。随着物联网技术、大数据及人工智能技术的不断发展，信息化技术与燃气行业的深度融合，燃气应用终端产品逐步进行数字转型、智能升级与融合创新，不断向着节能、环保、安全、高效、智能化的方向发展。以"碳达峰、碳中和"为目标的新型能源发展需求和由此带来的能源新格局，对我国燃气应用行业的发展提出了新的、更高的要求和挑战。

1　行业技术发展方向

未来的燃气应用终端产品，不论是家用燃气燃烧器具，还是商用燃气燃烧器具，以及工业等其他燃气应用终端，在技术发展方面，除了满足其燃烧工况、能效与环保低碳这三项基本特性指标外，将更加注重设备终端产品的整体安全性、可靠性、舒适性、便捷性和智能化。

（1）安全性

传统应用的各种安全装置，如燃气热水器的熄火保护、防干烧、防止不完全燃烧、烟道堵塞和风压过大、燃烧室损伤、自动防冻、再点火等，燃气采暖热水炉的火焰监控、温度控制和水温限制、过热保护、自动排气、自动防冻等，燃气灶具的熄火保护、饭锅温控、油温过热控制等，其功能更加完善、持久、多元和集成，基于新材料、新一代信息技术的广泛应用和整合转化，对工作环境和介质物化指标的探测感知更加敏感精确，耐候性更加巩固，稳定性更加持久，工作时的误判断、误动作大为降低。同时亦采用延时报警、系统自检及防反接电源电路设计等，实现电器应用安全和燃气泄漏预警。对于器具及其部件的产品工作安全、用户使用安全和工作环境安全成为企业技术发展的永恒目标。

（2）可靠性

以大量集成和采用新技术、新材料为特征，从高韧性、弹性的功能冗余设计、核心基础及应用软件开发，到新型电子元器件及设备、高储能和关键电子材料的制造选用，以及先进钢铁材料、有色金属材料、石化化工新材料，无机非金属材料，高性能纤维及制品和复合材料由于规模化和经济性在燃气应用链的引入推广，再到以3D打印、纳米材料为代表的前沿新材料的产业化应用，不断强化和夯实燃气应用设备和部件产品从其内在结构、外观形体到用户体验的方方面面，对行业产品的可靠性形成巨大支撑。

（3）舒适性

以保证用户身心健康、精神愉悦的感观感受为目标，以方便操作、易于控制、集成组合为产品体现手段，强调厨房设备产品与环境温湿度的有机控制，新风与排风相结合，新排风、除湿和低噪音相匹配的产品形态；产品本身的品质提升，如供暖、生活热水的温度控制，零冷水与低能耗的协调，应用设备输出端的保健性与多功能性；外观、工艺的时尚化，突出外观时尚、工艺精美、色彩多样、形体大气的外部感知特征，极大的满足人们对品质、舒适和高端生活的向往和追求。

（4）便捷性

强调产品在操作使用上的便利、简单，融合集成了先进的信息技术、丰富的内部数据处理、多功能于一体的技术特点，跨界组合交叉的设计理念，简捷明示的操控界面系统，抛弃繁琐专业的控制操作模式，可满足不同年龄阶段、不同文化程度人群体验的新产品。便捷性体现在两个方面，一是设备产品操作上的便捷，如前论述；二是设备产品功能上的集成，如以内嵌的复杂电子集成系统，表征出简单的一键触屏操作，替代传统的手工按压点火燃气灶，体现为台面洁净、部件拆卸方便、操作简单快捷；以燃气采暖热水炉集成小型发电系统，提供照明、供热、供生活热水的多重功能等；以集成灶组合烤箱、蒸箱、消毒柜等的菜单式配置模式。

（5）智能化

随着人工智能、云计算、大数据、物联网、区块链等新一代信息技术的加速突破应用，人类社会正在进入以信息产业为主导的数字经济发展时期，主要特征是数字化、网络化和智能化。作用和体现于燃气应用设备产品，就是产品的高度智能化和人性化。家用燃气具产品集成信息技术和人工智能技术后的语音、手势操控，基于 Wi-Fi、5G、物联网的智能、远程、全天候运行控制和监控，满足设备产品安全、可靠运行的同时，在各方面也无时不体现着智能的特征；燃气具对气质的自适应燃烧技术，根据不同燃气品质或气种变化进行智能调整，实现完全无人干预并做到燃烧效率与系统可靠性的双重最大化；基于物联网的智能监控技术，将报警与关闭气源联动并加以控制，可以实现燃气泄漏的实时感知与安全切断；智能家居、工业 4.0 等新理念的提出，也加快了用气技术智能化建设。

2 家用燃气燃烧器具

以上所提燃气应用行业的 5 大技术发展方向，适用于家用燃气灶具、燃气热水器、燃气采暖热水炉、集成灶等核心家用产品。对家用燃气燃烧器具产品本身，未来人们将更加关注于多功能特性的组合集成，设备能力区间的外延，高度的安全性，产品部件的轻量化、模块化与智能化。就其关键技术和发展展望按产品类别分述如下：

（1）家用燃气灶具

家用燃气灶具产品的主要部件是电磁阀、炉头、喷嘴和熄火保护装置，燃气灶具的核心技术就是围绕着主要部件的升级换代进行和展开的，主要体现在：第一，高精度的气密性控制技术；第二，全预混燃烧技术；第三，高敏度、高稳定性的熄火保护技术；第四，基于新材料的灶具面板技术；第五，组合集成多功能的安防、智能技术。人们对于家用燃气灶产品的要求不断提升，外观设计精美、安装规范、易于清洁、使用方便、安全可靠、节能环保的产品更能满足消费者的需求，其未来技术拓展主要涉及产品功能、性能、结构和外观等方面。其主要技术发展趋势如下：

第一：基于节能、环保的技术。针对高效率与节能的目标，技术方向主要是优化燃烧系统及聚能技术，如新型燃烧器设计、增压式燃烧、全预混鼓风燃烧及高效聚热、换热强化等。低成本、高效率的燃烧器也是未来主要的技术研究方向。针对家用燃气灶具低排放技术研发主要有低一氧化碳排放技术、灶具烟气回收技术及混合能源应用技术等。

第二：提升安全、可靠性的技术。智能防干烧技术对于灶具的使用安全具有非常重要的作用，进一步开发精准智能化的防干烧技术，以保障燃气灶具的安全应用；可靠性及耐用性是家用燃气灶具未来着力提升的主要性能，要开发点火器可靠性技术、生产过程可靠性控制技术、零部件同寿命技术等。

第三：提升舒适、便捷性的技术。开发高负荷调节比技术，提高热负荷调节范围，满足不同用户对热负荷的需求；优化火焰分布技术，使其更均匀，减小烹饪对居民的热辐射，改善厨房环境；改善灶具整体结构，降低零部件温升，尤其是旋钮部分，防止发生烫伤，提升产品的安全性与使用寿命；操作和显示面板的人性化设计，语音识别与控制技术等。

第四：智能化技术。研发基于家用燃气灶的智能触摸操控、智能防干烧保护、烟灶联动、智能控温、智能菜谱和网络互联等智能化技术，未来技术发展将更着重于产品本身的使用功能，结合互联网技术、多种传感方式及人工智能等先进技术，研究不同应用场景下的智能调控，实现全方位的智能控制。

第五：集成化、细分化技术。燃气灶的功能由单一加热向加热＋自烹调功能进化，功能的集成化使空间利用率更高，未来受新生代人群需求驱动，将催生更多样的集成方案；集成更多安全功能装置也是未来的发展方向，如燃气泄漏报警、重要部件过温保护、燃气稳压等。灶具功能向着集成化方向发展，但产品类型可逐步细分化，根据特殊功能的需要，演化派生出新产品；品质高、功能强、体积小、颜值高的小型化燃气具也是未来发展的潮流之一。

（2）家用燃气快速热水器

家用燃气热水器，其技术重点将放在燃烧、换热、恒温、冷凝、故障处理等关键技术的突破上。要大力促进微电子技术在燃气热水器上的应用，积极开发技术含量高的关键零部件；开拓燃气热水器智能化和信息化的发展道路；在新型材料的研发上投入精力，找到可替代的新型、低成本材料，促进燃气快速热水器产品的更新换代；推动燃气燃烧和换热新技术在燃气热水器上的应用；进一步研发冷凝式燃气快速热水器，提高能效，降低碳氮产物的排放量。燃气热水器技术将继续朝着舒适、节能环保、健康及智能化方向发展，同时小型化、集成化近年来也逐步丰富燃气热水器市场。

其主要技术发展趋势如下：

第一：提升舒适性的技术。注重机器设备给用户带来的感观感受和体验，主要有恒温技术、降噪技术、零冷水技术、洗浴体验升级技术及外观设计提升技术。其中恒温技术是基于控制技术手段，实时调节与温度相关的参数，保持出水温度恒定；噪音控制技术在降低燃烧、水路、气路等传统噪音基础上，也将关注整机噪音研究；零冷水技术将进一步研发更易安装的循环管路系统方式、快速循环预热技术以及精确温度控制技术；洗浴体验升级和外观设计提升技术则从机器基础功能和恒温功能基础上，进行体验功能外延，设计理念与设计元素升级，使产品更加高端化、品质化。

第二：基于节能环保的技术。主要有低氮高效燃烧技术和高效换热技术，其中低氮高效燃烧技术主要有浓淡燃烧、水冷低氮燃烧、全预混燃烧、催化燃烧、掺氢燃烧以及无焰燃烧等技术；高效换热技术突出研究其高效换热结构、机理、方式与材料，研发新材料合金热交换器，完善不锈钢翅片管热交换器结构，应用经济型材料，以及其它高效导热、耐高温、防腐蚀、防结垢材料，研发高效功能涂层材料，提升热交换器的防腐性能和使用寿命。

第三：基于健康应用的技术。带有杀菌、消毒、健康功能的产品将是未来市场发展重点，水质健康相关的过滤、杀菌、净化、滋养等技术研究将是未来技术发展趋势，加强在净水和软水等有效提升水质技术方面的研究，完善燃气热水器产品结构集成化设计。

第四：智能化技术。基于大数据、云计算技术，通过主控制器或云控制系统来管控机器设备的运行数据信息，利用智能无感交互技术提升设备性能，利用物联网等技术丰富操作方式、实现远程协助、增加可拓展性，利用人工智能技术自主调节燃烧工况、自主判断机器部件状态、自主学习提高人机交互体验。

第五：小型化、集成化技术。随着紧凑厨房的家居家装趋势，燃气热水器体积小型化趋势也愈发突出，小型化嵌入式为产品创新提供了新的切入点；集成化技术也为产品创新增加亮点，模块化、套系化、整体浴室、整体厨房等多品类集成技术将为用户提升使用功能扩展。

（3）燃气采暖热水炉

燃气采暖热水炉产品，其技术重点将放在节能、排放、安全、舒适、智能等方面。首先要满足高能效、低氮氧化物排放要求，低氮氧化物采暖炉和冷凝式炉是技术研发首选；燃气采暖热水炉可与其他产品联合使用，燃气采暖热水炉作为主或辅助能源和空气源热泵、太阳能集热器等产品组合应用，是实现节能减排和提升舒适度的重要技术手段；使用可再生能源的生物燃料炉和热电联产炉已经占据了欧洲市场的一定份额，也将是我国市场的发展方向；要积极研发更高舒适性、节能型的智能燃气采暖热水炉操作、运行和控制技术。

其主要技术发展趋势如下：

第一：基于节能环保的技术。燃气采暖热水炉在燃烧技术发展方面主要是实现低成本的低氮燃烧技术、全预混冷凝燃烧技术研发；积极发展掺氢燃烧技术，保证燃烧工况不变和可靠性不变，在未来几年内达成掺氢体积组分达到20%的试点应用。

第二：智能化技术。随着人工智能技术的快速发展和计算机深度学习能力的提升，人们对高水平家居生活的追求不断提高，智能家居产业将继续保持快速发展，智能互联技术在燃气采暖炉上的应用将会更深入。应用程序可以提供个人对配置文件进行编程的可能性，可以根据个人的生活习惯，实现个性化温度调节和精准调节。

第三：舒适性技术。将高输出调节比、燃烧比例控制、分段燃烧、水量伺服等技术运用到燃气采暖热水炉中的生活热水部分，持续提升燃气采暖热水炉生活热水的性能和舒适性，供热、供水同时使用，极大提升使用的舒适度；对于生活热水"即开即热"的需求，研制更优秀的节能算法以及更完美的无回水管解决方案的零冷水系统产品；低噪音技术将在燃烧控制、给排气控制和水流控制方面需要持续改进；应用气候补偿技术，保证采暖出水温度设定，提高采暖舒适度。

第四：体积小型化技术。小型化采暖炉便于既有的燃气热水器用户在原安装位置直接更新为采暖炉，适合小型厨房安装，提高配件集成度，促进采暖炉小型化技术发展将为燃气采暖热水炉在更多场景安装应用提供有效解决方案。

第五：安全耐用性技术。将进一步通过技术升级来保证用户获得更安全、稳定、可靠的体验，提升换热技术，从结构、材料等方面研究并优化热交换器，使其设计寿命增加，同时强化换热。发展鼓风的直流变频燃烧技术，解决相关配件高温老化、积碳腐蚀等寿命问题，有效调节部分负荷的热效率，使燃气采暖炉持续在最佳状态运行；结合智能化技术，利用云端大数据、边缘计算等实现智能安全监控技术支持，提高整个采暖系统长期稳定性，延长可靠性和使用寿命。

第六：多能源联动供应技术。对于新型组合系统技术，要为家庭各种能源的接入和使用热水的舒适性及便利性提供技术支持，接受其他品类冷热源的端口多元化，考虑其他标准化的通讯协议和端口，实现关键冷热源设备之间的数据通讯；冷热源切换和互补控制方面，以简单的气候条件为切换控制主条件，辅以能源价格条件的控制模型等，实现燃气采暖热水炉作为主或辅助能源和空气源热泵、太阳能集热器等产品联合使用，进行系统集成化整合应用。

第七：燃气多气源自适应燃烧技术。燃气多气源自适应燃烧技术将在逻辑控制技术上实现突破，实现免调。具有较大调节比的燃气-空气比例控制技术、烟气-空气反馈调节技术将是燃气自适应技术未来发展的重要方向。

（4）集成灶

在倡导绿色出行、环保生活的今天，人们对周围环境、空气质量关注程度日益加大，随着国家系列节能减排政策的推出，"企业领跑者"标准及"双碳"目标等政策的落地实施，低排放和高能效燃烧技术成为集成灶的主要发展目标。随着5G、物联网、大数据技术发展和应用的成熟，智能互联技术逐步融入家电行业，智能化将是未来家电产品发展的主基调，未来集成灶的技术发展将在智能化的基础上聚焦功能集成化和性能提升两方面。

第一：功能集成化技术。包括"智能集成"技术、"智能服务"技术。其中"智能集成"技术是指未来智能化集成灶将以油烟机和灶具为主体，实现厨房各种多功能电器的集成开发，将各个功能完美的融合在一起，缩小空间的同时，提供更加人性化、个性化的便捷操作方式和服务。"智能服务"技术则通过传感器实时监测机器的运行及待机健康状态，实时将监测数据传送至云端服务器，通过智能化数据分析处理，实现上门服务或云端直接远程维护。

第二：性能提升技术。包括"智能燃烧"技术、"智能净化"技术与"智能烹饪"技术。其中"智能燃烧"技术包括了低 NOx 燃烧技术、易洁燃烧技术、聚能燃烧技术、全预混燃烧技术、高效燃烧技术以及智能燃烧技术等；"智能净化"技术涵盖了静电吸附油污技术、动态螺旋滤油技术、负离子净化技术、活性吸附技术、织物过滤技术、湿式净化技术、UV 净化技术、风机烟道环境自适应技术、降噪风道结构技术、直流变频驱动技术等；"智能烹饪"技术则指随着温度传感技术、比例阀技术、电控技术、算法等智能精控技术的逐渐成熟及广泛应用，开发语言识别控制技术、在线网络菜谱、自动烹饪和健康食材定制或配送等技术，从而实现智能烹饪。

3 商用燃气燃烧器具

目前，针对以中餐燃气炒菜灶、炊用大锅灶为主的商用燃气燃烧器具存在的能源效率利用低、烟气排放超标等问题，行业发展形成了一些比较成熟的节能技术和燃烧技术。主要是：一、改善燃烧技术，主要是通过研究鼓风全预混式燃烧技术，开发风机供风内向火全预混燃烧器，研究红外燃烧技术，金属纤维表面燃烧技术等；二、减少热量流失技术，进行新型保温材料的应用，烟气的再利用，烟气余热回收利用，防止"荒火"技术，燃具配合节能铁锅等举措。由此实现商用燃气燃烧器具的高效节能和优化燃烧。2021年《中华人民共和国安全生产法》进行了修订，新增了"餐饮等行业的生产经营单位使用燃气的，应当安装可燃气体报警装置，并保障其正常使用"，法律法规的修订进一步强调了燃气安全问题。商用燃气燃烧器具中熄火保护技术与燃气泄漏报警联动控制技术是保障其用气安全的重要措施。

商用燃气燃烧器具，其未来技术发展主要表现在高安全性、智能化、优化燃烧、绿色设计技术等四个方面。

第一：高安全性技术。熄火保护装置已成熟应用于商用燃气燃烧器具产品中，未来将重点研究提升熄火保护装置的稳定性、可靠性和耐久性的技术，保证安装有熄火保护装置的产品在调试运行工作中的有效性。燃气泄漏报警联动控制技术，可保证燃气使用安全，在检测到燃气泄漏时第一时间关闭集成灶及燃气管路的阀门，切断燃气管道，同时关闭设备的点火开关功能，防止燃气着火爆炸等事故。

熄火保护装置、燃气泄漏报警装置等商用燃气具用安全装置及相关技术未来将进一步优化，通过与智能化技术的融合，实现在线健康监测，提前预警，及时切断燃气阀门，保障燃气安全。

第二：优化燃烧技术。研发新型全预混燃烧器，如金属网、陶瓷板燃烧器，提高燃烧器的燃烧效率及辐射传热能力，进而提高能源利用率；通过调整炉膛结构、炉膛排烟口大小及位置，改变烟气在炉膛内的流向，提高换热效率，以及进行余热回收利用等，提高能源利用率，降低燃烧产物排放；通过控制燃气量和风量比例变化，改善大小火时燃烧效率不均的问题，使燃气使用量控制更加精确，同时避免风量过大造成的热能浪费，节约燃气。

第三：智能化技术。研发温度智能化监测技术，使设备温度控制更均匀、更精确，烹饪效果更好；研发燃烧智能化监测技术，对燃烧火焰、烟气温度及组分进行精准监测控制，燃气-空气比例阀与新型燃烧器配合应用，使设备的热量供应更可控，燃烧效率更高，实现充分燃烧和低排放。

研发商用燃气燃烧器具大数据平台、售后维修控制平台。利用5G、物联网、大数据等信息技术，实现设备远程控制、安全监控、能源消耗统计、自动故障报修等功能，为产品的技术改进、品质改善提供数据支持。

第四：绿色设计技术。

基于全生命周期的商用燃气具的绿色设计技术，包括原材料的选择、生产、使用及报废回收等全过程的节能环保，以节约能源、充分利用资源、减少环境污染、有利于保护环境为指导思想。在原材料选择方面优先选择低能耗、少污染的绿色材料；在生产过程中，应注意产品的可拆卸性,有利于零部件的重新利用或进行材料的循环再生;在使用过程中,应注意提升商用燃气具的燃烧性能,使其在满足燃烧要求的工况下运行,以提升燃气热效率,实现节能减排;在报废回收方面,在进行产品设计时应充分考虑产品的回收再利用等性能,以节约材料、减少浪费,并对环境污染最小为目的。

在商用燃气燃烧器具的全生命周期内保证节能环保,环境友好,实现绿色设计。

4 工业等其他燃气应用终端

燃气应用行业,如本书第1章的发展概述所言,所涉及的面较广,产品较多;家用燃气燃烧器具是其中的一个大类,此外,还有工业、商用等各类燃气应用设备产品,以及燃气电厂用户、燃气汽车、特种设备用户等终端用户。对广义的燃气应用终端设备产品,其未来技术发展,亦以能源节约、低碳排放、安全高效、综合利用为主要方向。

这方面的发展方向和关键技术比较多,限于篇幅所限,本文简要列举工业锅炉、多能源互补利用系统、智能区域供能系统及燃料电池等几项,作为说明。

(1) 燃气工业锅炉

目前,我国工业锅炉已经形成了比较完备的体系,随着国家节能环保要求的提高以及科学技术的发展,燃气工业锅炉行业的发展主要在于核心设备与关键技术的自主研发、节能减排技术研究推广以及检测和自动化程度的完善提高等方面。其中节能减排技术依然是工业用气技术的发展重点,燃气工业锅炉将向着低氮燃烧、冷凝换热与多燃料适应目标发展;基于物联、传感等信息技术,开发智能控制技术系统,以提高工业用气设备热效率,降低用气消耗,减少烟气中污染物排放。

(2) 基于天然气的多能互补利用系统

随着清洁能源利用、智能物联网等技术的不断发展,多种能源组合的集成供应成为多能互补联供系统发展的新趋势。天然气作为稳定供应的基础能源,通过与其他能源联合使用,融入风电、太阳能、生物质能、地源热泵、水源热泵、蓄热蓄冷装置、热回收等,构建多能互补供能系统,使其发挥各自优势,实现能源供应的耦合集成和互补利用,可因地制宜地补充城镇地区热电联产和工业余热所无法满足的供热、供能缺口,替代小县城燃煤锅炉和农村地区散煤燃烧。

(3) 融合智能微电网的集成化智能区域供能系统

智能微电网依靠"互联网+"技术,集各类分布式电源、储能设备、能量转化设备、负荷监控和保护设备于一体,通过智能管理和协调控制,可以最大化地发挥分布式能源的效率,同时可带动天然气管网智能控制技术、供热供冷管网智能控制技术、蓄热蓄冷等蓄能技术的发展,构建以分布式能源为基础的智能区域供能系统。通过智能冷热网连接分布式能源站、换热站和用户,形成集成的供热、供冷、供电系统,且可以通过开展配售电业务,实现发、配、售一体化,形成区域一体化综合能源服务,进而更好地满足用户多样化和定制化的需求。

(4) 燃气驱动的燃料电池

燃料电池(Fuel Cell)是一种将存在于燃料(氢、天然气或甲醇等)与氧化剂(例如空气)中的化学能直接转化为电能的发电装置。燃料种类较多,除了氢气燃料以外,还可采用小分子碳氢化合物如煤气、沼气、天然气、甲醇等;其发电过程燃料并不发生燃烧,因此不受热力学定律（卡诺循环效应）的限制，能量转换效率高。以固定式燃料电池（主要应用于家用燃料电池、发电用燃料电池）和交通用燃料电池（主要应用于燃料电池汽车）为主。其中燃料电池汽车产业是拉动氢能和燃料电池技术发展的重要抓手，是实现碳中和的重要路径，需不断提升核心零部件、关键材料和燃料电池系统的性能及技术水平，降低系统成本。

以上提及的发展方向和关键技术为燃气应用行业发展一些急需的方向和技术。但是燃气应用的发展方向和关键技术还有很多，需要行业人士不断去深入研究、探讨、验证和完善。

附　录

1. 住房和城乡建设部燃气标准化技术委员会归口标准（110 项）

1.1　工程标准（23 项）

序号	标准编号	标准名称	主编单位
1	GB/T 50680-2012	城镇燃气工程基本术语标准	北京市煤气热力工程设计院有限公司
2	CJJ 94-2009	城镇燃气室内工程施工与质量验收规范	
3	GB/T 50811-2012	燃气系统运行安全评价标准	中国城市燃气协会
4	CJJ 51-2016	城镇燃气设施运行、维护和抢修安全技术规程	
5	CJJ/T 146-2011	城镇燃气报警控制系统技术规程	
6	CJJ/T 259-2016	城镇燃气自动化系统技术规范	
7	GB/T 51063-2014	大中型沼气工程技术规范	北京市公用事业科学研究所
8	CJJ/T 216-2014	燃气热泵空调系统工程技术规程	
9	GB 50494-2009	城镇燃气技术规范	住房和城乡建设部标准定额研究所、中国市政工程华北设计研究总院有限公司
10	GB 51142-2015	液化石油气供应工程设计规范	中国市政工程华北设计研究总院有限公司
11	GB 51102-2016	压缩天然气供应站设计规范	
12	GB 50028-2006（2020 年版）	城镇燃气设计规范	
13	CJJ 12-2013	家用燃气燃烧器具安装及验收规程	
14	CJJ/T 130-2009	燃气工程制图标准	
15	CJJ/T 148-2010	城镇燃气加臭技术规程	
16	CJJ 95-2013	城镇燃气埋地钢质管道腐蚀控制技术规程	北京市燃气集团有限责任公司
17	CJJ/T 147-2010	城镇燃气管道非开挖修复更新工程技术规程	
18	CJJ/T 153-2010	城镇燃气标志标准	
19	CJJ/T 215-2014	城镇燃气管网泄漏检测技术规程	
20	CJJ/T 268-2017	城镇燃气工程智能化技术规范	
21	CJJ/T 250-2016	城镇燃气管道穿跨越工程技术规程	中交煤气热力研究设计院有限公司
22	CJJ 33-2005	城镇燃气输配工程施工及验收规范	中国城市建设研究院有限公司
23	CJJ 63-2018	聚乙烯燃气管道工程技术标准	住房和城乡建设部科技发展促进中心

1.2 产品标准

1.2.1 国家标准（42项）

序号	标准编号	标准名称	主编单位
1	GB 16914-2012	燃气燃烧器具安全技术条件	中国市政工程华北设计研究总院有限公司
2	GB 17905-2008	家用燃气燃烧器具安全管理规则	中国市政工程华北设计研究总院有限公司
3	GB 18111-2000	燃气容积式热水器	中国市政工程华北设计研究总院有限公司
4	GB 25034-2020	燃气采暖热水炉	广州迪森家用锅炉制造有限公司
5	GB 27790-2020	城镇燃气调压器	中国市政工程华北设计研究总院有限公司
6	GB 27791-2020	城镇燃气调压箱	中国市政工程华北设计研究总院有限公司
7	GB 29410-2012	家用二甲醚燃气灶	中国市政工程华北设计研究总院有限公司
8	GB 29550-2013	民用建筑燃气安全技术条件	中国市政工程华北设计研究总院有限公司
9	GB 35848-2018	商用燃气燃烧器具	中国市政工程华北设计研究总院有限公司
10	GB 35844-2018	瓶装液化石油气调压器	中国市政工程华北设计研究总院有限公司
11	GB/T 10410-2008	人工煤气和液化石油气常量组分气相色谱分析法	中国市政工程华北设计研究总院有限公司
12	GB/T 12206-2006	城镇燃气热值和相对密度测定方法	天津大学
13	GB/T 12208-2008	人工煤气组分与杂质含量测定方法	中国市政工程华北设计研究总院有限公司
14	GB/T 13611-2018	城镇燃气分类和基本特性	中国市政工程华北设计研究总院有限公司
15	GB/T 13612-2006	人工煤气	中国市政工程华北设计研究总院有限公司
16	GB/T 16411-2008	家用燃气用具通用试验方法	中国市政工程华北设计研究总院有限公司
17	GB/T 25035-2010	城镇燃气用二甲醚	中国市政工程华北设计研究总院有限公司
18	GB/T 25503-2010	城镇燃气燃烧器具销售和售后服务要求	中国市政工程华北设计研究总院有限公司
19	GB/T 26002-2010	燃气输送用不锈钢波纹软管及管件	中国市政工程华北设计研究总院有限公司
20	GB/T 28885-2012	燃气服务导则	中国城市燃气协会
21	GB/T 30597-2014	燃气燃烧器和燃烧器具用安全和控制装置通用要求	中国市政工程华北设计研究总院有限公司
22	GB/T 31911-2015	燃气燃烧器具排放物测定方法	中国市政工程华北设计研究总院有限公司
23	GB/T 32492-2016	液化石油气中二甲醚含量气相色谱分析法	浙江省质量检测科学研究院
24	GB/T 34004-2017	家用和小型餐饮厨房用燃气报警器及传感器	中国市政工程华北设计研究总院有限公司
25	GB/T 36051-2018	燃气过滤器	中国市政工程华北设计研究总院有限公司
26	GB/T 36263-2018	城镇燃气符号和量度要求	中国市政工程华北设计研究总院有限公司
27	GB/T 36503-2018	燃气燃烧器具质量检验与等级评定	中国市政工程华北设计研究总院有限公司
28	GB/T 37499-2019	燃气燃烧器和燃烧器具用安全和控制装置 特殊要求 自动和半自动阀	西特燃气控制系统制造(苏州)有限公司

序号	标准编号	标准名称	主编单位
29	GB/T 37992-2019	燃气燃烧器和燃烧器具用安全和控制装置 特殊要求 自动截止阀的阀门检验系统	中国市政工程华北设计研究总院有限公司
30	GB/T 38289-2019	城市燃气设施运行安全信息分类与基本要求	中国市政工程华北设计研究总院有限公司
31	GB/T 38350-2019	带辅助能源的住宅燃气采暖热水器具	中国市政工程华北设计研究总院有限公司
32	GB/T 38390-2019	燃气燃烧器和燃烧器具用安全和控制装置 特殊要求 压力传感装置	中国市政工程华北设计研究总院有限公司
33	GB/T 38442-2020	家用燃气燃烧器具结构通则	中国市政工程华北设计研究总院有限公司
34	GB/T 38522-2020	户外燃气燃烧器具	中国市政工程华北设计研究总院有限公司
35	GB/T 38530-2020	城镇液化天然气(LNG)气化供气装置	中国市政工程华北设计研究总院有限公司
36	GB/T 38595-2020	燃气燃烧器和燃烧器具用安全和控制装置 特殊要求 机械式温度控制装置	中国市政工程华北设计研究总院有限公司
37	GB/T 38603-2020	燃气燃烧器和燃烧器具用安全和控制装置 特殊要求 电子控制器	广东万和热能科技有限公司
38	GB/T 38693-2020	燃气燃烧器和燃烧器具用安全和控制装置 特殊要求 热电式熄火保护装置	奥克利电子(昆山)有限公司
39	GB/T 38756-2020	燃气燃烧器和燃烧器具用安全和控制装置 特殊要求 点火装置	中国市政工程华北设计研究总院有限公司
40	GB/T 39488-2020	燃气燃烧器和燃烧器具用安全和控制装置 特殊要求 电子式燃气与空气比例控制系统	中国市政工程华北设计研究总院有限公司
41	GB/T 39485-2020	燃气燃烧器和燃烧器具用安全和控制装置 特殊要求 手动燃气阀	浙江新涛智控科技股份有限公司
42	GB/T 39493-2020	燃气燃烧器和燃烧器具用安全和控制装置 特殊要求 压力调节装置	广州市精鼎电器科技有限公司

1.2.2 行业标准（45 项）

序号	标准编号	标准名称	主编单位
1	CJ/T 28-2013	中餐燃气炒菜灶	北京市公用事业科学研究所
2	CJ/T 29-2019	燃气沸水器	北京市公用事业科学研究所
3	CJ/T 30-2013	热电式燃具熄火保护装置	浙江三国精密机电有限公司
4	CJ/T 50-2008	瓶装液化石油气调压器	中国市政工程华北设计研究总院有限公司
5	CJ/T 112-2008	IC 卡膜式燃气表	城市建设研究院
6	CJ/T 113-2015	燃气取暖器	国家燃气用具质量监督检验中心

序号	标准编号	标准名称	主编单位
7	CJ/T 125-2014	燃气用钢骨架聚乙烯塑料复合管及管件	华创天元实业发展有限责任公司
8	CJ/T 132-2014	家用燃气燃烧器具用自吸阀	中国市政工程华北设计研究总院有限公司
9	CJ/T 157-2017	家用燃气灶具用涂层钢化玻璃面板	华帝股份有限公司
10	CJ/T 180-2014	建筑用手动燃气阀门	国家燃气用具质量监督检验中心
11	CJ/T 182-2003	燃气用孔网钢带聚乙烯复合管	四川东泰新材料科技有限公司
12	CJ/T 187-2013	燃气蒸箱	北京市公用事业科学研究所
13	CJ/T 197-2010	燃气用具连接用不锈钢波纹软管	宁波市圣宇管业股份有限公司
14	CJ/T 198-2004	燃烧器具用不锈钢排气管	浙江东旺不锈钢实业有限公司
15	CJ/T 199-2018	燃烧器具用不锈钢给排气管	浙江东旺不锈钢实业有限公司
16	CJ/T 222-2006	家用燃气燃烧器具合格评定程序及检验规则	江苏省产品质量监督检验中心所
17	CJ/T 288-2017	预制双层不锈钢烟道及烟囱	苏州云白环境设备股份有限公司
18	CJ/T 305-2009	家用燃气灶具陶瓷面板	深圳市克莱得厨卫电器检测有限公司
19	CJ/T 334-2010	集成电路(IC)卡燃气流量计	北京市公用事业科学研究所
20	CJ/T 335-2010	城镇燃气切断阀和放散阀	北京市公用事业科学研究所
21	CJ/T 336-2010	冷凝式家用燃气快速热水器	广东万家乐燃气具有限公司
22	CJ/T 341-2010	混空轻烃燃气	中国城市燃气协会
23	CJ/T 385-2011	城镇燃气用防雷接头	重庆新大福机械有限责任公司
24	CJ/T 386-2012	集成灶	国家燃气用具质量监督检验中心
25	CJ/T 392-2012	炊用燃气大锅灶	北京市公用事业科学研究所
26	CJ/T 394-2018	电磁式燃气紧急切断阀	中国城市燃气协会
27	CJ/T 395-2012	冷凝式燃气暖浴两用炉	广州迪森家用锅炉制造有限公司
28	CJ/T 435-2013	燃气用铝合金衬塑复合管材及管件	北京航天凯撒国际投资管理有限公司
29	CJ/T 447-2014	管道燃气自闭阀	中国城市燃气协会
30	CJ/T 448-2014	城镇燃气加臭装置	沈阳光正工业有限公司
31	CJ/T 449-2014	切断型膜式燃气表	重庆前卫克罗姆表业有限责任公司
32	CJ/T 450-2014	燃气燃烧器具气动式燃气与空气比例调节装置	广州市精鼎电器科技有限公司
33	CJ/T 463-2014	薄壁不锈钢承插压合式管件	成都品冠管业有限公司
34	CJ/T 466-2014	燃气输送用不锈钢管及双卡压式管件	深圳市雅昌管业股份有限公司
35	CJ/T 469-2015	燃气热水器及采暖炉用热交换器	成都前锋热交换器有限责任公司
36	CJ/T 470-2015	瓶装液化二甲醚调压器	国家燃气用具质量监督检验中心
37	CJ/T 477-2015	超声波燃气表	武汉盛帆电子股份有限公司
38	CJ/T 479-2015	燃气燃烧器具实验室技术通则	中国市政工程华北设计研究总院有限公司

序号	标准编号	标准名称	主编单位
39	CJ/T 490-2016	燃气用具连接用金属包覆软管	杭州万全金属软管有限公司
40	CJ/T 491-2016	燃气用具连接用橡胶复合软管	北京市公用事业科学研究所
41	CJ/T 503-2016	无线远传膜式燃气表	新天科技股份有限公司
42	CJ/T 513-2018	城镇燃气设备材料分类与编码	北京市燃气集团有限责任公司
43	CJ/T 524-2018	加臭剂浓度检测仪	普利莱(天津)燃气设备有限公司
44	CJ/T 514-2018	燃气输送用金属阀门	国家燃气用具质量监督检验中心
45	CJ/T 3062-1996	燃气燃烧器具使用交流电源的安全通用要求	中国市政工程华北设计研究总院有限公司

2. 中国工程建设标准化协会燃气专业委归口标准（17项）

序号	标准编号	标准名称	主编单位
1	CECS 264：2009	建筑燃气铝塑复合管管道工程技术规程	佛山市日丰企业有限公司
2	CECS 364：2014	建筑燃气安全应用技术导则	中国市政工程华北设计研究总院有限公司
3	CECS 415：2015	预制双层不锈钢烟道及烟囱技术规程	苏州云白环境设备制造有限公司
4	T/CECS 215-2017	燃气采暖热水炉应用技术规程	中国市政工程华北设计研究总院有限公司
5	T/CECS 10003-2017	供暖器具用屏蔽式循环泵	合肥新沪屏蔽泵有限公司 格兰富(中国)投资有限公司
6	T/CECS 10004-2018	内置隔膜密闭式膨胀水箱	浙江菲达精工机械有限公司 台州市迪欧电器有限公司
7	T/CECS 518-2018	城镇燃气用二甲醚应用技术规程	中国市政工程华北设计研究总院有限公司
8	T/CECS 519-2018	燃气取暖器应用技术规程	中国市政工程华北设计研究总院有限公司
9	T/CECS 10007-2018	燃气采暖热水炉及热水器用燃烧器	台州市迪欧电器有限公司 中国市政工程华北设计研究总院有限公司
10	T/CECS 583-2019	商用燃气燃烧器具应用技术规程	中国市政工程华北设计研究总院有限公司
11	T/CECS 10012-2019	燃气采暖热水炉及热水器用水路组件	浙江华益精密机械股份有限公司 珠海吉泰克燃气设备技术有限公司
12	T/CECS 632-2019	集成灶安装及验收规程	中国市政工程华北设计研究总院有限公司
13	T/CECS 633-2019	燃气用户工程不锈钢波纹软管技术规程	浙江圣字管业股份有限公司
14	T/CECS 654-2019	提纯制备生物质天然气工程技术规程	北京城市管理科技协会
15	T/CECS 10105-2020	全预混冷凝式商用采暖炉	中国市政工程华北设计研究总院有限公司
16	T/CECS 10127-2021	燃气燃烧器具用风机	西特燃气控制系统制造(苏州)有限公司
17	T/CECS 10131-2021	中小型餐饮场所厨房用燃气安全监控装置	中国市政工程华北设计研究总院有限公司